Apprentissage automatique de la morphologie

SCIENCES POUR LA COMMUNICATION

88

Aris Xanthos

Apprentissage automatique de la morphologie

Le cas des structures racine-schème

PETER LANG

Bern • Berlin • Bruxelles • Frankfurt am Main • New York • Oxford • Wien

Information bibliographique publiée par «Die Deutsche Bibliothek»
«Die Deutsche Bibliothek» répertorie cette publication dans la «Deutsche Nationalbibliografie»; les données bibliographiques détaillées sont disponibles sur Internet sous ‹http://dnb.ddb.de›.

Ouvrage publié avec le soutien de l'Université de Lausanne.

ISBN 978-3-03911-756-7
ISSN 0933-6079

© Peter Lang SA, Editions scientifiques internationales, Berne 2008
Hochfeldstrasse 32, Postfach 746, CH-3000 Berne 9
info@peterlang.com, www.peterlang.com, www.peterlang.net

Graphisme: Gilbert Ummel – Neuchâtel

Imprimé en Allemagne

Résumé

Cette thèse porte sur le développement de méthodes algorithmiques pour découvrir automatiquement la structure morphologique des mots d'un corpus. On considère en particulier le cas des langues s'approchant du type introflexionnel, comme l'arabe ou l'hébreu. La tradition linguistique décrit la morphologie de ces langues en termes d'unités discontinues: les *racines* consonantiques et les *schèmes* vocaliques. Ce genre de structure constitue un défi pour les systèmes actuels d'apprentissage automatique, qui opèrent généralement avec des unités continues.

La stratégie adoptée ici consiste à traiter le problème comme une séquence de deux sous-problèmes. Le premier est d'ordre phonologique: il s'agit de diviser les symboles (phonèmes, lettres) du corpus en deux groupes correspondant autant que possible aux consonnes et voyelles phonétiques. Le second est de nature morphologique et repose sur les résultats du premier: il s'agit d'établir l'inventaire des racines et schèmes du corpus et de déterminer leurs règles de combinaison. On examine la portée et les limites d'une approche basée sur deux hypothèses: (i) la distinction entre consonnes et voyelles peut être inférée sur la base de leur tendance à alterner dans la chaîne parlée; (ii) les racines et les schèmes peuvent être identifiés respectivement aux séquences de consonnes et voyelles découvertes précédemment.

L'algorithme proposé utilise une méthode purement distributionnelle pour partitionner les symboles du corpus. Puis il applique des principes analogiques pour identifier un ensemble de candidats sérieux au titre de racine ou de schème, et pour élargir progressivement cet ensemble. Cette extension est soumise à une procédure d'évaluation basée sur le principe de la longueur de description minimale, dans l'esprit de LINGUISTICA (Goldsmith, 2001). L'algorithme est implémenté sous la forme d'un programme informatique nommé ARABICA, et évalué sur un corpus de noms arabes, du point de vue de sa capacité à décrire le système du pluriel.

Cette étude montre que des structures linguistiques complexes peuvent être découvertes en ne faisant qu'un minimum d'hypothèses a priori sur les phénomènes considérés. Elle illustre la synergie possible entre des mécanismes d'apprentissage portant sur des niveaux de description linguis-

tique distincts, et cherche à déterminer quand et pourquoi cette coopéra-
tion échoue. Elle conclut que la tension entre l'universalité de la distinction consonnes–voyelles et la spécificité de la structuration racine–schème
est cruciale pour expliquer les forces et les faiblesses d'une telle approche.

Abstract

This dissertation is concerned with the development of algorithmic methods for the unsupervised learning of natural language morphology, using a symbolically transcribed wordlist. It focuses on the case of languages approaching the introflectional type, such as Arabic or Hebrew. The morphology of such languages is traditionally described in terms of discontinuous units: consonantal *roots* and vocalic *patterns*. Inferring this kind of structure is a challenging task for current unsupervised learning systems, which generally operate with continuous units.

In this study, the problem of learning root-and-pattern morphology is divided into a phonological and a morphological subproblem. The phonological component of the analysis seeks to partition the symbols of a corpus (phonemes, letters) into two subsets that correspond well with the phonetic definition of consonants and vowels; building around this result, the morphological component attempts to establish the list of roots and patterns in the corpus, and to infer the rules that govern their combinations. We assess the extent to which this can be done on the basis of two hypotheses (i) the distinction between consonants and vowels can be learned by observing their tendency to alternate in speech; (ii) roots and patterns can be identified as sequences of the previously discovered consonants and vowels respectively.

The proposed algorithm uses a purely distributional method for partitioning symbols. Then it applies analogical principles to identify a preliminary set of reliable roots and patterns, and gradually enlarge it. This extension process is guided by an evaluation procedure based on the minimum description length principle, in line with the approach to morphological learning embodied in LINGUISTICA (Goldsmith, 2001). The algorithm is implemented as a computer program named ARABICA; it is evaluated with regard to its ability to account for the system of plural formation in a corpus of Arabic nouns.

This thesis shows that complex linguistic structures can be discovered without recourse to a rich set of a priori hypotheses about the phenomena under consideration. It illustrates the possible synergy between learning mechanisms operating at distinct levels of linguistic description, and attempts to determine where and why such a cooperation fails. It concludes that the tension between the universality of the consonant–vowel distinction and the specificity of root-and-pattern structure is crucial for understanding the advantages and weaknesses of this approach.

Remerciements

Au terme de ce travail de thèse je me sens redevable envers plus de personnes que je ne peux en remercier ici, et pour plus de raisons que je ne peux en citer, mais mon désir d'exprimer ma gratitude l'emporte sur ma conviction de ne pas pouvoir le faire aussi justement que je voudrais.

Il y a, quelque part à l'Université de Lausanne, un couloir aux deux extrémités duquel se trouvent les bureaux de mes co-directeurs, Remi Jolivet et François Bavaud. Mon identité de chercheur s'est forgée durant des années d'allers-retours entre ces bureaux. La rigueur et la finesse de pensée que j'y ai vues appliquées à la linguistique et aux méthodes mathématiques me servent de modèle dans mon propre cheminement. A ce titre, j'ai envers Remi et François une dette bien plus profonde que celle – pourtant considérable – que j'ai contractée en sollicitant et en recevant maintes fois leur attention, leur aide et leur soutien dans ma démarche.

Ma rencontre avec John Goldsmith est plus récente, mais non moins déterminante. C'est en suivant ses enseignements et en travaillant avec lui à l'Université de Chicago que j'ai compris qu'il ne serait pas nécessaire de trancher entre mon goût pour les sciences du langage et pour le formalisme. Au fil de nos discussions, ces intérêts dont je craignais qu'ils soient disparates, voire inconciliables, se sont structurés et consolidés pour former enfin la matière de cette thèse. John m'a convaincu de la force du lien qui existe entre la linguistique américaine «pré-cognitiviste» et les théories de l'information et de la complexité; le moins que je lui doive aujourd'hui est l'aisance que me procure la reconnaissance de ces racines.

J'ai la chance de collaborer depuis bientôt dix ans avec Marianne Kilani-Schoch, de l'Université de Lausanne, dans le cadre de ses recherches sur le développement de la morphologie. Les résultats de cette collaboration ne figurent pas dans cette thèse, mais les connaissances et les savoir-faire que j'ai acquis en travaillant avec Marianne me sont utiles dans toutes mes activités scientifiques. Aussi souvent que j'en ai exprimé le souhait, j'ai bénéficié de sa relecture et ses commentaires sur mes écrits, et de ses conseils sur la façon de naviguer dans le monde académique, et en-dehors. Elle m'a aussi permis de rencontrer et de collaborer avec les professeurs Wolfgang

Dressler, de l'Université de Vienne, et Steven Gillis, de l'Université d'Anvers, que je remercie également pour leur attention et leur confiance.

Les membres de la section de linguistique et de la section d'informatique et méthodes mathématiques de l'Université de Lausanne m'ont aidé de diverses façons avant et pendant la rédaction de cette thèse. Je les en remercie tous, avec une pensée particulière pour le professeur Mortéza Mahmoudian, Laurent Salzarulo, Marie-Eugénie Molina, Davide Picca, Olivier Bianchi, Gabriela Steffen et Maribel Fehlmann. En-dehors de ces sections, et par ordre de proximité géographique décroissante, merci également à André Berchtold, Christian Lachaud, Nora Tigziri, Fred Karlsson, Yu Hu, Colin Sprague, Paul Rodrigues et T. Mark Ellison.

Je ne saurais dire à mes amis combien leurs encouragements, leur intérêt et leur compréhension m'ont été précieux tandis que je préparais cette thèse. Merci pour cela à David, Edouard, Jeanne, Joëlle, Johan, Julien, Kilolo, Nicolas, Rachel, Renaud, Tibor, Valérie, Vassilis et bien d'autres qui me pardonneront, j'espère, de ne pas les avoir cités ici.

Merci à mon père Dimitris et mon frère Nicolas. Ce que je leur dois ne peut s'écrire.

Merci enfin à Noémie, mon soleil pendant ces jours et ces nuits de rédaction, pour sa lumière et sa chaleur.

La recherche présentée dans cette thèse a été partiellement financée par une bourse de chercheur débutant du Fonds national suisse de la recherche scientifique.

Table des matières

Préambule

L'une des préoccupations fondamentales de la linguistique moderne est de déterminer l'ensemble des propriétés communes à toutes les langues du monde. Cet intérêt qui se retrouve, sous une forme ou sous une autre, dans toutes les traditions se réclamant du structuralisme, est particulièrement explicite dans le cadre de la grammaire générative. Dans l'introduction de «Structures syntaxiques», Noam Chomsky pose le problème en ces termes:

> les linguistes doivent s'intéresser à la détermination des propriétés fondamentales qui sont sous-jacentes aux grammaires adéquates. Le résultat final de ces recherches devrait être une théorie de la structure linguistique où les mécanismes descriptifs utilisés dans les grammaires particulières seraient présentés de manière abstraite, sans référence spécifique aux langues particulières. (Chomsky, 1969, p. 13)

Dans la perspective de Chomsky, cette distribution de l'information grammaticale entre la théorie linguistique et les grammaires particulières est pertinente pour la question de la «justification des grammaires»; il s'efforce en effet d'établir des critères permettant de choisir, pour une langue donnée, une grammaire parmi toutes celles qui sont *adéquates*.[1] Dans ce contexte, la fonction de la théorie linguistique est double: d'une part, elle doit restreindre le champ des grammaires envisageables en spécifiant des contraintes sur la forme qu'elles peuvent prendre; d'autre part, elle doit fournir un critère objectif pour sélectionner l'une des grammaires possibles et adéquates. Le critère proposé par Chomsky est la *simplicité* de la grammaire.

De même que la théorie linguistique conditionne le choix d'une grammaire pour une langue particulière, l'examen des grammaires obtenues pour des langues diverses peut conduire à une remise en question du contenu de la théorie linguistique. Il se peut en effet qu'une modification de la théorie permette de produire des grammaires généralement meilleures, en

---

1   La notion d'*adéquation* n'est pas rigoureusement définie à ce point de l'élaboration de la linguistique générative: «Un moyen de déterminer l'adéquation d'une grammaire [...] est de déterminer si les suites qu'elle engendre sont réellement grammaticales ou non, c'est-à-dire acceptables par un locuteur indigène, etc.» (Chomsky, 1969, p. 15).

termes de simplicité et d'adéquation. Ainsi la théorie linguistique et les grammaires particulières s'affinent-elles conjointement à chaque étape de ce cycle.

Il n'y a rien, dans cette caractérisation de l'activité du linguiste, qui soit de nature à susciter des objections majeures chez ceux qui s'y adonnent, à l'intérieur comme à l'extérieur du courant générativiste. Ce qui pose problème, c'est ce qui n'y figure pas: une présentation des méthodes permettant de construire des grammaires à partir des données. D'ailleurs, on ne peut pas reprocher à Chomsky de passer sous silence son absence d'intérêt pour la question:

> Telles que je les interprète, la plupart des propositions les plus sérieuses concernant l'élaboration de la théorie linguistique [...] essaient de formuler des méthodes d'analyse dont un chercheur pourrait réellement se servir, s'il en avait le temps, pour construire une grammaire d'une langue directement à partir des données brutes. Il me paraît douteux que cet objectif puisse être atteint d'une manière intéressante, et je crains que toute tentative de cet ordre ne conduise à un dédale de procédures analytiques de plus en plus complexes et raffinées, qui laisseront sans solution beaucoup de problèmes importants concernant la nature de la structure linguistique. (Chomsky, 1969, pp. 58-59).

Dans le contexte où paraissent les ouvrages fondateurs du générativisme, ce parti pris apparaît surtout comme une façon de s'inscrire en rupture avec les structuralistes des deux côtés de l'Atlantique. Si la linguistique s'est constituée en tant que discipline scientifique dans la première moitié du XXe siècle, c'est qu'elle a adopté un paradigme intellectuel duquel ont pu être systématiquement dérivées des méthodes d'analyse rigoureuses; Chomsky le sait bien, lui qui a contribué à la préparation du manuscrit des «Methods in Structural Linguistics» de Zellig Harris (1951).

Quoi qu'il en soit, dans l'histoire de la pensée linguistique, cette position anti-inductiviste a des conséquences plus sérieuses que l'émancipation intellectuelle d'une génération de chercheurs: elle ouvre la voie à une complexification systématique de la théorie linguistique. Plus on se refuse à exploiter, pour la sélection des grammaires, l'information fournie par les données, plus on se contraint à incorporer cette information directement au niveau de la théorie linguistique. Dans la perspective générativiste, aucun principe ne s'oppose à cette tendance, étant donné que la valeur de la théorie ne se mesure qu'à la simplicité des grammaires qu'elle produit, tandis que sa propre complexité est «gratuite».[2] A l'extrême, on pourrait imaginer une théorie linguistique incluant toute l'information nécessaire pour la description de toute langue, et la grammaire de chaque langue se réduisant à un unique symbole, qui désigne le sous-ensemble de la théorie concerné par cette langue. Le problème de la sélection des grammaires se réduirait alors à celui de l'identification des langues, et les grammaires en question seraient aussi simples qu'on peut vouloir.

Il semble qu'on peut voir dans ce biais l'origine de la conception de l'apprentissage qui émerge, quelques années plus tard, lorsque s'affirme l'orientation psycho-biologique de la grammaire générative[3] :

> Le processus d'apprentissage, selon nous, consisterait en une évaluation des diverses grammaires possibles dans le but de trouver la meilleure [...] Naturellement nous devrions associer l'appareil d'apprentissage avec certains types de principes heuristiques [...] On pourrait cependant simplifier les procédures heuristiques nécessaires en spécifiant à l'avance, de la manière la plus étroite possible, la classe des grammaires potentielles. La division du travail adéquate entre les méthodes heuristiques et la spécification de la forme reste à décider, naturellement, mais il ne faudrait pas faire trop confiance à la puissance de l'induction [...] Après tout, les gens les plus stupides apprennent à parler, mais même le singe le plus brillant n'y parvient pas. (Chomsky et Miller, 1968, p. 8)

Si l'on considère qu'il n'est pas possible, pour un linguiste, de découvrir la structure d'une langue par un examen méthodique des données, c'est faire preuve d'une certaine cohérence que d'attribuer aux données un rôle limité dans un modèle de l'apprentissage par l'enfant. Et dans la mesure où l'enfant parvient indéniablement à une maîtrise de la grammaire de sa langue, se montrer sceptique envers l'induction ne laisse guère d'autre option que de faire l'hypothèse que l'essentiel de l'information grammaticale est accessible préalablement à l'apprentissage.

Dans la terminologie générativiste, ce raisonnement est connu sous le nom d'*argument de la pauvreté du stimulus*. Il est systématiquement utilisé

2   Voir à ce sujet Goldsmith (à paraître).
3   A partir des années 1960, les générativistes accordent de plus en plus d'importance au problème de l'apprentissage. Dans leur perspective, il ne s'agit plus seulement de rendre compte de la grammaire que les locuteurs d'une langue ont intégrée, mais d'expliquer le processus par lequel ils ont intégré cette grammaire. Le problème est donc toujours celui de la sélection des grammaires, mais il ne concerne plus tant le linguiste que l'enfant.

pour justifier le développement de la théorie des *principes et paramètres* (Chomsky, 1981), qui est considérée comme un tournant dans l'histoire de la grammaire générative. Elle se caractérise par le postulat que l'enfant dispose, de façon innée, d'une théorie linguistique – rebaptisée *grammaire universelle* dans ce contexte – possédant une forme bien particulière et propre à restreindre drastiquement le champ des grammaires possibles. La grammaire universelle est conçue comme un ensemble de *principes* décrivant des propriétés grammaticales dont on fait l'hypothèse qu'elles ne varient pas d'une langue à l'autre: par exemple, le fait que les unités linguistiques forment des syntagmes, ou que tout syntagme contient une *tête*, c'est-à-dire un constituant qui détermine sa catégorie (le nom pour un syntagme nominal, le verbe pour un syntagme verbal, etc.). Pour rendre compte des aspects de la grammaire qui varient d'une langue à l'autre, la grammaire universelle comprend un ensemble de *paramètres,* indiquant par exemple comment doit être positionnée la tête d'un syntagme relativement aux autres constituants. L'apprentissage de la grammaire d'une langue se résume ainsi à l'estimation d'un nombre réduit de paramètres, dont chacun peut prendre un nombre réduit de valeurs et contrôle un aspect précis de la variation grammaticale entre les langues.

Depuis ses premières formulations, cette conception n'a jamais cessé de susciter les critiques de linguistes et de psychologues qui ne parviennent pas à se convaincre que l'induction d'une grammaire – que ce soit par le linguiste ou par l'enfant – ne puisse s'expliquer sans recourir à une théorie linguistique contraignant aussi sévèrement la forme des grammaires. En particulier, la prémisse de l'inadéquation des données pour l'apprentissage, sur laquelle repose l'argument de la pauvreté du stimulus, a été critiquée de diverses façons. Ainsi, Pullum et Scholz (2002) analysent plusieurs exemples de recours à cet argument dans la littérature pour montrer que tous échouent à démontrer empiriquement l'insuffisance des données. D'autres linguistes relèvent que l'inadéquation alléguée est relative au type particulier de représentations grammaticales dont on postule qu'elles sont le résultat de l'apprentissage – et qui ne sont pas les seules qu'on puisse postuler: «Some styles of grammatical description lend themselves poorly, if at all, to being integrated into theories of learning, and such descriptions may lead grammarians to conclude that assumptions that they make are innately known, because they are apparently unlearnable» (Goldsmith et O'Brien, 2006).[4]

L'argument de la pauvreté du stimulus est également remis en question par les résultats de certaines recherches en linguistique computationnelle, en particulier dans le domaine de l'*apprentissage non-supervisé*. Ce terme désigne des travaux portant sur le développement d'algorithmes capables d'inférer des connaissances grammaticales (phonologiques, morphologiques, etc.) à partir de corpus linguistiques ne contenant aucune indication explicite relative au type de connaissances inférées; par contraste, on parle d'apprentissage *supervisé* lorsque l'algorithme est d'abord entraîné sur une partie du corpus où les structures cibles sont données, puis testé sur le reste du corpus.

Depuis une quinzaine d'années, le domaine de l'apprentissage non-supervisé est en constante expansion, et les systèmes d'apprentissage présentent une capacité toujours plus grande à inférer des structures linguistiques complexes.[5] Ce n'est pas cette capacité en tant que telle qui constitue une remise en question de l'argument de la pauvreté du stimulus: il n'existe sans doute pas de théorie linguistique pour soutenir qu'il est impossible d'apprendre la grammaire d'une langue. Ce que démontrent ces résultats, c'est qu'on peut acquérir des connaissances grammaticales non triviales en ne faisant que des hypothèses très générales sur la structure linguistique (comme le caractère linéaire de la parole, l'existence d'unités et de classes d'unités, etc.), et en fondant l'apprentissage sur des principes aussi généraux que la simplicité, la probabilité, l'analogie, etc.

C'est à ce niveau que se situe la principale contribution de cette thèse. Il s'agit de la spécification d'*un algorithme visant à découvrir les mécanismes de formation du mot dans les langues du type introflexionnel*, comme l'arabe ou l'hébreu, sur la base d'une simple liste de mots transcrits symboliquement. Nous verrons qu'une part considérable de cet objectif peut être réalisée sur la base de principes inférentiels qui ont été appliqués avec succès à la morphologie des langues flexionnelles (Goldsmith, 2001) et agglutinantes (Creutz et Lagus, 2002). Ce résultat s'ajoute ainsi à un ensemble grandissant d'arguments empiriques qui remettent en ques-

---

4   Voir aussi Bouchard (2001, p. 47).
5   Voir Lappin et Schieber (2007) pour une revue récente.

tion la nécessité de poser des hypothèses fortement contraignantes pour l'induction grammaticale.

A bien des égards, cette étude renoue avec la tradition structuraliste de la première moitié du XXe siècle, en particulier telle qu'elle s'est développée aux Etats-Unis sous l'influence de Leonard Bloomfield et Zellig Harris. Elle met au premier plan le développement de méthodes d'analyse dont la fonction est de guider la construction d'une description en garantissant un certain degré d'objectivité à l'opération. Ces méthodes produisent une description des données en termes d'unités et de règles de combinaisons; de ce point de vue, leur résultat est tout à fait similaire à celui des méthodes décrites par Harris (1951, p. 1): «these procedures determine what may be regarded as identical in various parts of various utterances, and provide a method for identifying all the utterances as relatively few stated arrangements of relatively few stated elements.»

Pour obtenir ce résultat, les méthodes décrites ici se basent exclusivement sur la *distribution* des unités linguistiques; en particulier, elles excluent tout recours à des considérations d'ordre sémantique.[6] Cette restriction ne traduit en aucun cas la conviction que la dimension sémantique ne fasse pas partie de ce qui doit être décrit, ni qu'elle soit inutile pour construire une description, et encore moins qu'elle ne puisse jouer un rôle essentiel dans l'apprentissage humain. Si l'on écarte ici le recours à l'information sémantique, c'est en se fondant sur le fait qu'elle n'est pas toujours accessible, et l'opinion que cela ne devrait pas empêcher le linguiste de pratiquer l'analyse morphologique, ni réduire l'intérêt du résultat de cette analyse.

Si les principes fondamentaux de la linguistique structurale sont adoptés sans réserve dans le cadre de cette thèse, toutes les propositions de la grammaire générative ne sont pas rejetées pour autant. On retrouvera ici, je pense, le même souci de formaliser rigoureusement les objets que mani-

---

6   On pourrait objecter, toutefois, que ces considérations interviennent en amont, au niveau de la préparation des données; les méthodes proposées présupposent en effet la transcription symbolique des données et leur segmentation en mots. Il n'est pas exclu qu'on parvienne à développer des méthodes purement distributionnelles pour effectuer ces opérations avec une efficacité suffisante pour les besoins de l'analyse morphologique, mais à l'heure actuelle, cette recherche ne fait que commencer.

pule le linguiste, à la différence que le processus de construction de ces objets sera traité avec la même rigueur. La question de l'évaluation des grammaires, qui est à l'origine du programme générativiste, joue également un rôle important dans le modèle de l'apprentissage développé ici. En fait, ce modèle se conforme essentiellement à la conception qu'évoquent Chomsky et Miller (1968)[7] : il spécifie une classe de grammaires possibles, et combine des principes heuristiques avec une procédure d'évaluation pour sélectionner l'une des grammaires compatibles avec les données. Ce qu'on rejette explicitement, suivant en cela les propositions de Goldsmith (2001), c'est l'hypothèse que les heuristiques n'ont qu'un rôle mineur à jouer dans ce processus – et que ce rôle n'est pas digne de l'attention du linguiste.

Outre les apports de la linguistique structurale et la grammaire générative, la recherche présentée dans cette thèse fait un usage intensif de méthodes et de modèles basés sur la théorie des probabilités et sur la théorie de l'information de Claude Shannon (1948). En particulier, le principe de la *longueur de description minimale* (angl. *minimum description length* ou *MDL*) proposé par Rissanen (1978, 1989) est systématiquement exploité pour l'évaluation des grammaires. D'autres développements relativement récents des mathématiques discrètes, comme la classification spectrale (voir p. ex. Verma et Meila, 2003) ou les chaînes de Markov cachées (voir p. ex. Rabiner, 1989), sont également abordés.

La stratégie proposée dans ce travail pour l'apprentissage de la morphologie introflexionnelle repose sur une séparation des aspects phonologiques et morphologiques du problème. On cherchera ainsi à résoudre en premier lieu le problème plus simple de partitionner les phonèmes d'un corpus en deux catégories distributionnelles correspondant approximativement aux consonnes et voyelles phonétiques. A partir de ce résultat, l'application de principes d'analogie et l'utilisation d'une procédure d'évaluation basée sur le principe du MDL permettront d'identifier les unités composant les mots du corpus et de formuler des règles de combinaisons. L'algorithme résultant est implémenté sous la forme d'un programme nommé «ARABICA», et appliqué au cas du pluriel nominal arabe.[8]

---

7   Voir citation en page 3.
8   Le lecteur est encouragé à télécharger librement le programme et le corpus constitué pour son évaluation à l'adresse *http://www.unil.ch/imm*.

La structuration du reste de cette thèse reflète celle de l'algorithme d'apprentissage. Elle est divisée en deux grandes parties portant respectivement sur l'inférence de la distinction entre consonnes et voyelles et sur l'apprentissage de la morphologie introflexionnelle. Avec des degrés de granularité variables, les deux parties se conforment au schéma suivant: le problème considéré est d'abord introduit du point de vue linguistique, puis les travaux antérieurs en matière d'apprentissage non-supervisé sont passés en revue; le traitement proposé dans cette thèse est ensuite exposé de façon formelle, et ses résultats sont évalués sur des données linguistiques réelles. Chaque partie se conclut par une discussion du travail accompli et restant à accomplir, et la thèse s'achève sur une discussion plus générale des implications de cette recherche.

Pour clore ce préambule, j'aimerais revenir sur le caractère fondamentalement interdisciplinaire de cette étude. Je pense que la linguistique du XXIe siècle sera caractérisée par un usage toujours plus systématique de méthodes et modèles mathématiques complexes. Les travaux réalisés depuis quinze ans dans le champ de l'apprentissage non-supervisé semblent confirmer la prédiction de Jakobson (1963, p. 99): «les méthodes récentes développées en linguistique structurale et en théorie de la communication [...] ouvriront de vastes perspectives pour une coordination ultérieure des efforts des deux disciplines». Cette thèse est le résultat d'une tentative d'intégrer véritablement les deux domaines. Je me suis efforcé de donner suffisamment d'éléments introductifs en linguistique et en mathématiques pour qu'un mathématicien intéressé par les sciences du langage et un linguiste attiré par le formalisme puissent entrer dans la discussion. Dans les deux domaines, j'ai tenté de pousser la réflexion suffisamment loin pour que les deux types de lecteurs y trouvent leur compte. La conséquence d'une telle conception est que ces lecteurs seront sans doute tentés de renoncer à lire les discussions les plus élémentaires dans leur domaine, ou les plus avancées dans l'autre; cela ne devrait pas les empêcher, j'espère, de trouver ici un discours cohérent sur le sujet de cette recherche.

Première partie

Consonnes et voyelles

Chapitre 1

Introduction

Les langues naturelles sont des systèmes de *signes*. Un signe se définit par le fait qu'il «comporte un signifié, qui est son sens ou sa valeur [...], et un signifiant grâce à quoi le signe se manifeste» (Martinet, 1996, p. 15). Le signifiant linguistique prototypique est de nature *segmentale,* c'est-à-dire qu'il peut s'analyser comme une séquence de *segments* ou *phonèmes.* La *phonématique* est la branche de la phonologie qui s'attache à la description de ces unités. Pour une langue donnée, il s'agit essentiellement de (i) dresser l'inventaire des phonèmes et les analyser en termes de traits distinctifs, et (ii) rendre compte de la façon dont ils se combinent dans la chaîne parlée.

C'est par l'examen des signes d'une langue qu'on peut établir l'inventaire de ses phonèmes. En tant qu'unité linguistique, le rôle du phonème est de distinguer des signifiants entre eux. L'opération dite de *commutation* consiste à mettre cette fonction à l'épreuve afin de déterminer l'existence des phonèmes. En français, par exemple, on constate qu'en remplaçant l'occlusive bilabiale sourde rencontrée à l'initiale de [po][1] 'peau' par la sonore correspondante, on obtient un autre signe: [bo] 'beau'. De même, si l'on conserve le caractère non-voisé de [p] mais qu'on en déplace le point d'articulation, par exemple de bilabial à alvéolaire, on obtient encore un autre signe: [to] 'tôt'. De ces rapprochements découle l'existence d'un phonème /p/, caractérisé par les *traits distinctifs* «sourd» (par rapport à /b/) et «bilabial» (par rapport à /t/). En ajoutant à cela la forme [do] 'dos', et donc en considérant aussi les paires [bo] 'beau' ∼ [do] 'dos' et [to] 'tôt' ∼ [do] 'dos', on peut proposer une description de quatre phonèmes en deux traits dont chacun admet deux modalités:

	bilabial	alvéolaire
sourd	/p/	/t/
sonore	/b/	/d/

---

[1] La notation entre crochets carrés dénote traditionnellement l'usage d'une transcription phonétique; par contraste, les transcriptions phonologiques sont notées entre barres obliques.

Il est important de noter la différence entre une unité phonétique comme [p] (définie ci-dessus comme «occlusive bilabiale sourde») et une unité phonologique comme /p/, dont le mode d'articulation occlusif n'est pas, à ce point de l'analyse, retenu comme trait distinctif. Il ne le sera pas avant qu'on ait pu identifier, dans la langue considérée, un contexte où deux signifiants sont distingués uniquement par le caractère occlusif plutôt que, disons, fricatif d'une bilabiale sourde.

Cette analyse, dont je laisse de côté ici toutes les complications (voir p. ex. Troubetzkoy, 1957), livre l'inventaire des phonèmes d'une langue et leur caractérisation en termes de traits distinctifs. Il faut encore rendre compte de la façon dont ils se combinent pour former les séquences caractéristiques de cette langue. Il n'existe aucune langue où toutes les combinaisons de phonèmes sont admissibles sans restriction. Au contraire, les combinaisons admissibles ne forment en général qu'une portion réduite de toutes les combinaisons (logiquement) possibles. En outre, les restrictions sur la combinatoire des phonèmes sont largement conditionnées par la position au sein d'unités plus complexes comme la syllabe. Ainsi, le français admet la séquence de phonèmes /rt/ en fin de syllabe, comme dans *partent,* ou entre syllabes *(cer·tain)*, mais non au début.[2]

Les plus générales des restrictions combinatoires, comme la syllabation, sont liées aux conditions physiologiques de la parole (activité musculaire, respiration, etc.) et sont donc essentiellement comparables d'une langue à l'autre. D'autres restrictions, à l'exemple de /rt/ en français, sont spécifiques à une langue, et relèvent en somme de son arbitraire phonologique. L'examen des restrictions combinatoires révèle une classification *distributionnelle* des phonèmes.[3] Le premier niveau de cette classification oppose les *consonnes* aux *voyelles,* non en rapport à leur nature phonétique, mais à leur combinatoire: c'est un partitionnement des phonèmes en deux classes telles que leurs membres entrent typiquement dans un schéma

2   La séquence *phonétique* [rt] peut toutefois apparaître à l'initiale d'une syllabe suite à l'élision du *e* muet: p. ex. *retenez-moi* [ʁətənemwa] → [ʁtənemwa] (alternativement [ʁətnemwa]).

3   Selon l'auteur, on parle plutôt d'une classification *structurale, relationnelle, fonctionnelle* ou encore *phonotactique*. Notons que, dans ce contexte, le terme de *distribution* ne se confond pas avec son usage dans le cadre de la théorie des probabilités.

d'alternance mutuelle. La classe des voyelles est identifiée comme celle dont les (ou des) membres peuvent constituer une syllabe à eux seuls.[4]

Les consonnes et voyelles ainsi définies recoupent essentiellement les catégories phonétiques du même nom: en général, les phonèmes dont la combinatoire est celle d'une voyelle présentent les traits distinctifs correspondants et inversement. Cet aspect de la classification distributionnelle semble pertinent pour toute langue, et peut constituer à ce titre une base de comparaison phonologique entre langues. En revanche, lorsqu'on quitte le domaine des restrictions générales liées aux contraintes de la phonation pour examiner les restrictions spécifiques à une langue donnée, on identifie des classes de phonèmes dont le lien avec le niveau phonétique peut être ténu; de telles classes se prêtent mal à une comparaison entre langues.[5]

De part sa généralité, la classification distributionnelle des consonnes et voyelles est donc un élément fondamental de l'analyse phonématique. Elle est également pertinente en tant que prérequis pour la description d'autres phénomènes linguistiques. Ainsi, la phonologie américaine structurale (Harris, 1951) et générative (Chomsky et Halle, 1968) fait un usage régulier des symboles C et V pour encoder les contextes phonologiques dans lesquels s'appliquent des règles d'alternance morphologique.[6] La description des systèmes d'harmonie vocalique[7], repose évidemment sur la distinction entre voyelles et consonnes, de même que l'analyse de certains phénomènes de morphologie non-concaténative, comme ceux qu'on ren-

---

4   Pike oppose cette définition phonologique des voyelles à celle, phonétique, des *vocoïdes:* «sound during which the air escapes from the mouth over the center of the tongue without friction in the mouth» (Pike, 1968, p. 253).

5   Ainsi, en anglais, les sons [s] et [h], qu'on rencontre dans [hɪs] *hiss,* forment la classe des consonnes qui ne peuvent apparaître avant la rétroflexe [ɹ] en position initiale dans la syllabe (Bloomfield, 1970, p. 125). On voit mal à quoi une telle classe pourrait être comparée dans une autre langue.

6   Voir note 1, p. 15.

7   Dans unes langue à *harmonie vocalique,* les voyelles sont partitionnées de telle façon que seuls les membres d'une même classe peuvent apparaître dans un mot (phonologique) donné. Il s'agit typiquement d'une partition en deux classes, qui peuvent se chevaucher partiellement. Ces classes correspondent souvent à une opposition phonétique, p. ex. voyelles d'avant et voyelles d'arrière, comme c'est le cas en finnois (voir p. ex. van der Hulst et van de Weijer, 1995).

contre dans les langues sémitiques et qui seront discutés en détail dans la partie II.

Dans cette partie, j'examinerai les *méthodes* proposées pour la classification des phonèmes d'après leur combinatoire, en mettant particulièrement l'accent sur la distinction entre consonnes et voyelles. Ce travail s'inscrivant dans une perspective d'apprentissage non-supervisé, il s'agira d'évaluer dans quelle mesure cette classification peut être effectuée (i) sans connaissance préalable de la langue considérée, et en particulier de la valeur phonétique de ses phonèmes, (ii) sur la base d'un corpus, donc d'un accès limité aux structures existantes, et (iii) de façon algorithmique, c'est-à-dire par le biais d'une procédure «mécanique» prédéterminée et aboutissant toujours à une classification pour un corpus donné.

Le reste de cette partie est structuré comme suit. Dans le prochain chapitre, je passerai en revue la recherche publiée dans ce domaine, qui peut être essentiellement subdivisée en deux générations: les travaux effectués en linguistique structurale avant les années 1950, et ceux rattachés au paradigme de la linguistique computationnelle et réalisés surtout dans les quinze dernières années. Dans les chapitres 3 et 4, j'expliquerai en détail deux propositions récentes de Goldsmith et Xanthos (soumis pour publication): la première est une méthode de *classification spectrale* inspirée de l'article de Bavaud et Xanthos (2005)[8]; la seconde est basée sur le modèle des *chaînes de Markov cachées*. Le chapitre 5 sera consacré à une évaluation empirique de ces deux méthodes; j'examinerai également les résultats du premier algorithme développé à ma connaissance pour ce problème (Sukhotin, 1962, 1973). En conclusion, je résumerai le parcours effectué avant de revenir sur certains éléments de discussion.

---

8   Voir Belkin et Goldsmith (2002) pour une application similaire en morphologie.

Chapitre 2

Travaux antérieurs

La question de la catégorisation des phonèmes sur la base de critères distributionnels a retenu l'attention des chercheurs dès les débuts de la linguistique structurale, et cet intérêt se renouvelle depuis une quinzaine d'années dans le champ de la linguistique computationnelle et de l'apprentissage machine. Entre ces deux périodes, avec l'avènement de la linguistique générative, les travaux portant sur l'inférence de la structure linguistique ont largement disparu des programmes de recherche. Sans doute la posture ouvertement «anti-méthodologique» de Chomsky a-t-elle contribué à cette disparition momentanée. Sans doute également l'emphase placée par la phonologie générative sur les problèmes d'allomorphie[1] a-t-elle joué un rôle dans le déclin de l'intérêt pour les questions de phonotactique. Quelles qu'en soient les raisons, cette rupture temporaire définit deux générations de travaux, dont la première s'est achevée avant le développement de l'informatique (du moins avant la diffusion de l'ordinateur personnel), tandis que la seconde s'est constituée essentiellement en relation avec cet outil.

2.1 Approches structuralistes

De façon générale, les travaux réalisés dans les diverses écoles de la linguistique structurale jusque dans les années 1950 partagent la conception que l'une des priorités de la théorie linguistique est le développement de méthodes rigoureuses pour produire des descriptions de données linguistiques. Fischer-Jørgensen (1952) passe en revue les pratiques de nombreux

---

1   Le concept d'allomorphie désigne la relation qui existe entre deux ou plusieurs *morphes* (voir chapitre 7) associés à un même signifié, et tels que l'apparition de l'une ou l'autre des variantes est déterminée par le contexte d'occurrence; dans certains cas, il est possible d'expliquer ces variations par un conditionnement phonologique (voir p. ex. Harris, 1942).

structuralistes concernant la catégorisation des phonèmes d'après leurs propriétés distributionnelles. Il ressort de son tour d'horizon que cette catégorisation est d'abord évoquée par Sapir (1925) comme une possibilité, avant d'être revendiquée par Bloomfield (1970) comme la seule définition véritablement structurale du phonème – c'est-à-dire indépendante de sa réalisation physiologique. La méthode que Bloomfield propose et applique à l'anglais est approuvée en théorie par les linguistes américains de son époque, mais peu utilisée en pratique dans leurs descriptions de langues.[2] En Europe, l'école de Prague met l'accent sur l'analyse des phonèmes en traits pertinents, tout en reconnaissant l'importance d'une analyse phonotactique complémentaire (Troubetzkoy, 1957); les linguistes scandinaves donnent une importance prépondérante à la question d'une catégorisation distributionnelle, comme l'illustrent les travaux descriptifs de Vogt (1942) ou Togeby (1951) notamment.[3]

Dans l'article cité, Fischer-Jørgensen propose une méthode fondée sur les présupposés communs de ces recherches, et justifie ce qu'elle considère comme les meilleurs choix pour les points de dissension. En ce qui concerne l'unité de base de son analyse, elle rejette d'emblée le morphème et le mot, dont la structure phonologique est trop variable, pour retenir la *base syllabique,* c'est-à-dire la séquence de phonèmes constituant la syllabe, à l'exclusion de ses spécifications rythmiques ou tonales. Dans la

2   On peut mentionner en revanche la recherche plus récente publiée par Householder (1962). L'auteur y présente un algorithme permettant d'identifier les phonèmes de l'anglais sur la base de leur combinatoire. A titre d'exemple, la première étape de sa procédure consiste à relever les phonèmes qui peuvent apparaître en position initiale mais non finale (dans la syllabe); il s'agit des voyelles brèves additionnées de la fricative glottale /h/. La seconde étape consiste à identifier, parmi les phonèmes de cette classe, le seul qui soit susceptible d'apparaître en position initiale suivi d'un autre phonème de la même classe: il s'agit de /h/, qui est en ce sens le premier phonème anglais «déterminé» par l'algorithme. Si cette démarche aboutit indirectement à la formation de classes distributionnelles, elle n'est évidemment applicable qu'à l'anglais, voire au corpus spécifique utilisé par Householder.

3   Le souci de s'affranchir de l'aspect phonétique du langage est un aspect important de la glossématique de Louis Hjelmslev. Mais sa conception de l'analyse phonologique se base sur la notion de présupposition entre segments plutôt que sur celle de distribution à proprement parler (voir p. ex. Hjelmslev, 1942).

ligne des linguistes européens, elle propose ensuite d'opérer une classification *hiérarchique* des phonèmes – plutôt qu'une classification à un seul
niveau où les phonèmes peuvent appartenir à plusieurs classes simultanément, comme le préconise Bloomfield (1970). Afin que les résultats de
cette analyse puissent être comparés entre différentes langues, il importe
que les critères pour la formation des classes soient appliqués dans un ordre
prédéterminé, du plus général au plus spécifique. Le critère le plus général
est celui qui fonde la distinction entre consonnes et voyelles:

> It will probably be possible in nearly all languages to divide the phonemes into
> two classes, in such a way that the members of each class are mutually com-
> mutable (i. e. are distinctive in a common environment), whereas members of
> the two different classes are not commutable [...] If members of one of the two
> (or three) categories can constitute a syllabic base by themselves (e. g. *i, a,*
> *u*), there is an old tradition for calling members of this category vowels, and
> members of the other category consonants. (Fischer-Jørgensen, 1952)

Les consonnes et voyelles ainsi dégagées sont ensuite subdivisées selon
qu'elles peuvent ou non apparaître en position initiale ou finale dans la
syllabe, puis en fonction de leur capacité à former des combinaisons de
voyelles et consonnes, et ainsi de suite.

L'application de cette méthode présente une difficulté fondamentale:
si elle doit être basée sur un corpus donné, elle est vouée à rencontrer le
problème des syllabes respectant la phonologie de la langue mais non attestées dans le corpus considéré. Ainsi, Fischer-Jørgensen définit la base
syllabique comme: «the class of the smallest units, of which each [...]
is capable of constituting an utterance by itself». Cette définition inclut
d'office les «séquences» constituées d'un phonème unique, comme /ɛ/ 'et'
en français, par exemple; elle recouvre aussi des séquences commes /prɛ/
'prêt' ou /pɛr/ 'père', qui ne peuvent être analysées comme des juxtaposi-
tions d'unités capables de constituer un énoncé à elles seules, puisque ce
n'est pas le cas de /p/ et /r/. Or, il se trouve que le phonème /i/ n'a pas non
plus cette capacité en français – pour des raisons qui ne dépendent pas de
la phonologie de la langue (/i/ peut en effet constituer une syllabe aussi
bien en début qu'en fin de mot, p. ex. /i·rɛ/ 'irais' ou /pɛ·i/ 'pays'); en principe, les séquences /irɛ/ et /pɛi/ devraient donc figurer dans l'inventaire des
bases syllabiques au même titre que /prɛ/ et /pɛr/, et sous cette analyse, /i/
et /r/ sont bel et bien commutables au moins dans les contextes /pɛ_/ et

/_rɛ/. Ce problème n'échappe pas à Fischer-Jørgensen, qui précise ainsi sa définition de la base syllabique:

> «Capable of» [constituting an utterance by itself] does not imply that all members of this class are actually found as utterances [...] but it implies that the fact that some are not found must be due to accidental gaps in the inventory of signs, and cannot be explained by structural laws of the language (Fischer-Jørgensen, 1952)

Mais cet ajustement, s'il est nécessaire en théorie, ne contribue guère à résoudre le problème pratique de la discrimination des lacunes accidentelles et structurelles.

C'est peut-être pour ces raisons que Fischer-Jørgensen ne donne pas d'illustration de sa méthode sur des données réelles. Quoi qu'il en soit, son travail et les recherches qu'elle passe en revue témoignent de l'importance accordée par les structuralistes aux questions de phonotactique en général, et à la classification des phonèmes selon leur distribution en particulier. L'article cité met également en évidence des questions méthodologiques que l'on retrouve encore dans les travaux les plus récents: quel est le contexte pertinent (syllabe, morphème, mot, énoncé); comment intégrer les contraintes portant sur la combinatoire d'un phonème dans les diverses positions où il peut apparaître; quel type de classes cherche-t-on à former (mutuellement exclusives ou non, organisées hiérarchiquement ou non), etc.

Il est intéressant de constater que dans la perspective de cette première génération, dès lors que deux phonèmes sont attestés dans les mêmes contextes, ils définissent une classe. Autrement dit, la classification repose sur une conception absolue de la similarité distributionnelle: les phonèmes sont identiques ou différents, sans degrés intermédiaires. A ma connaissance, la première description adoptant une définition graduelle de la similarité est celle de l'anglais proposée par O'Connor et Trim (1953, pp. 105-109):

> The method followed was to list all those phoneme combinations actually occurring [...] in the first two and the last two places in words [...] The number of contexts occupied in common by every pair of phonemes [...] was determined [...] In assessing the similarities and differences in the distributions of two phonemes, three figures must be taken into consideration, namely, the number

of contexts held in common and the total number of occurrences of each of the two phonemes.

La similarité entre deux phonèmes est alors définie comme le rapport entre le nombre de contextes qu'ils ont en commun et le nombre total d'occurrences du phonème ayant la distribution la plus restreinte. Par exemple, supposons que deux phonèmes x et y ont en commun 15 contextes (c'est-à-dire qu'il y a exactement 15 phonèmes après lesquels x et y peuvent apparaître[4]), et que le phonème x apparaît au total dans 24 contextes différents, contre 20 pour y. Alors la similarité entre x et y vaut $\frac{15}{20} = 75\%$.

O'Connor et Trim observent que, pour leur corpus, les consonnes (phonétiques) ont presque toujours entre elles une similarité de 50% ou plus, et de moins de 50% avec les voyelles – qui ont également entre elles une similarité presque toujours plus élevée que 50%. Il notent toutefois que la valeur *optimale* du seuil (celle qui induit la classification la plus proche des consonnes et voyelles phonétiques) pourrait être différente pour d'autres langues[5]; de toute évidence, si la détermination de ce seuil implique de connaître la valeur phonétique des phonèmes considérés, cela remet en question l'utilité de la méthode comme procédure de découverte. En outre, comme le relève Arnold (1964), toute la démarche repose sur l'hypothèse que les valeurs de similarité sont concentrées dans le haut et le bas de l'échelle, avec un minimum de valeurs autour de 50%, mais cette distribution n'est aucunement garantie. Il cite à titre d'exemple les résultats obtenus pour le grec et le polonais: en grec, la grande majorité des similarités sont supérieures à 70%, et ne se prêtent qu'à la définition d'un grand nombre de petites classes se chevauchant partiellement; en polonais, la plupart des similarités sont comprises entre 40 et 70%, et si une bipar-

---

4 En réalité, la notion de contexte utilisée par O'Connor et Trim est plus complexe: chaque phonème est susceptible d'apparaître avant ou après un phonème donné, et ce en début ou en fin de mot; pour chaque paire de phonème, les contextes communs sont dénombrés dans ces quatre positions avant d'être additionnés.

5 De fait, dans un traitement très similaire du français Arnold (1956) trouve une valeur optimale de 60%. O'Connor et Trim (1953) mentionnent également l'exemple du birman, où tous les mots sont composés d'une voyelle seule ou précédée d'une consonne unique, et toutes les combinaisons sont attestées (Troubetzkoy, 1957, p. 264); dans ce cas extrême, le seuil optimal serait de 100%.

tition s'avère possible, c'est au prix d'un nombre élevé d'«anomalies», c'est-à-dire de divergences par rapport au classement phonétique.[6]

Ces travaux de O'Connor et Trim et d'Arnold montrent que l'approche quantitative de la classification distributionnelle des phonèmes, qui deviendra la norme dans les travaux plus récents en linguistique computationnelle, était déjà envisagée par les linguistes «traditionnels». Entre ces deux générations, les progrès théoriques d'autres disciplines (statistique et théorie de l'information, notamment) et l'accès toujours plus facile aux ressources informatiques rendront possible le développement de procédures véritablement algorithmiques, basées sur des traitements quantitatifs plus complexes. Mais comme on l'a dit, ces problématiques seront généralement exclues de l'agenda générativiste, pour ne revenir au premier plan qu'à la fin des années 1980.

2.2   Approches computationnelles

La seconde génération de recherches sur la classification distributionnelle des phonèmes est principalement le fait de chercheurs en linguistique computationnelle, et donc formés d'abord en mathématiques ou en informatique. Leurs travaux se distinguent des précédents notamment par leur ambition d'automatiser véritablement le processus de classification. Ce changement de perspective s'accompagne d'une prise de conscience de la complexité réelle du problème. Pour ne considérer que le cas «simple» de la distinction entre consonnes et voyelles, il y a $2^{n-1} - 1$ façons de répartir n phonèmes en deux groupes; pour un inventaire relativement modeste de 30 phonèmes, cela représente plus de 500 millions de classifications possibles. Autrement dit, même en disposant d'un moyen d'évaluer exactement la qualité d'une classification donnée, il est excessivement long de les évaluer toutes pour sélectionner la meilleure. C'est donc un problème fon-

---

6   Arnold (1964) propose une mesure de similarité alternative, définie pour deux phonèmes donnés comme le rapport du nombre de contextes communs au nombre total de contextes dans lesquels l'un ou l'autre des phonèmes peut apparaître. Cette mesure améliore sensiblement les résultats obtenus pour le grec, mais dégrade ceux observés pour l'anglais, le français et le polonais.

damental que de déterminer comment restreindre drastiquement le nombre de partitions évaluées – un problème que les structuralistes n'ont jamais été amenés à considérer, leur démarche étant implicitement dirigée par la connaissance de la valeur phonétique des phonèmes.

Parmi les travaux dont j'ai connaissance en linguistique computationnelle, on peut distinguer essentiellement trois approches[7]: (i) l'algorithme de Sukhotin, (ii) les méthodes de classification ascendante hiérarchique et (iii) une méthode basée sur le principe de la longueur de description minimale. Elles seront traitées dans cet ordre dans les sections suivantes.

2.2.1   L'algorithme de Sukhotin

> *L'algorithme de Sukhotin repose sur deux hypothèses fondamentales: premièrement, que le symbole le plus fréquent dans une transcription est toujours une voyelle, et deuxièmement, que voyelles et consonnes tendent à alterner dans la chaîne parlée plutôt qu'à former des combinaisons avec des éléments de la même classe. Partant de la première hypothèse, l'algorithme tente de partitionner les phonèmes en deux groupes satisfaisant la seconde.*

A ma connaissance, Sukhotin (1962, 1973) fut le premier auteur à proposer un véritable algorithme pour l'apprentissage non-supervisé de la distinction entre consonnes et voyelles sur la base d'une transcription symbolique.[8] Sa méthode est suffisamment simple pour être appliquée même sans ordinateur. Considérons un langage comprenant un inventaire de n phonèmes $P := \{p_1, \ldots, p_n\}$, et admettons qu'on dispose d'un échantillon $S \in P^*$ de ce langage. Soit $n(p_i p_j)$ le nombre d'occurrences (ou fréquence *absolue*) de la séquence de phonèmes $p_i p_j$ dans S (avec $i, j \in [1, n]$). On

---

7   Je laisse de côté ici le travail de Živov (1973), qui développe un algorithme de classification des consonnes sur la base des propositions de O'Connor et Trim (1953). La raison de cette omission est que cette méthode n'est pas purement distributionnelle: elle requiert que les traits distinctifs de chaque phonème soient spécifiés au préalable.

8   On lira avec profit l'explication très intuitive qu'en donne Guy (1991).

construit d'abord une matrice carrée $R = (r_{ij})$ de dimensions $(n \times n)$, où chaque ligne et chaque colonne correspond à un phonème, et la valeur à l'intersection de la i-ème ligne et la j-ème colonne correspond au nombre de fois où le phonème p_i est apparu dans le voisinage immédiat (gauche ou droite) de p_j dans S: $r_{ij} := n(p_i p_j) + n(p_j p_i)$. Les valeurs contenues dans la diagonale principale devraient correspondre au double du nombre d'occurrences des séquences de deux phonèmes identiques $(p_i p_i)$, mais la convention de Sukhotin est d'ignorer ces valeurs en les fixant à 0 $(r_{ii} := 0)$.

Ainsi, pour le corpus d'exemple décrit dans l'appendice A (p. 221), nous trouvons un inventaire de $n = 5$ phonèmes $P = \{a, b, i, n, s\}$. Sur la base des fréquences absolues des séquences de deux phonèmes[9] reportées dans le tableau 17 (p. 221), nous pouvons calculer les composantes de R comme indiqué: $r_{11} = 0$ par convention, $r_{12} = n(ab) + n(ba) = 4$, ..., $r_{54} = n(sn) + n(ns) = 2$ et $r_{55} = 0$ par convention. On obtient ainsi la matrice (5×5) suivante[10], dont on peut vérifier qu'elle est symétrique, c'est-à-dire que la i-ème ligne est identique à la i-ème colonne, ou de façon équivalente $r_{ij} = r_{ji}$:

$$R = \begin{array}{c} \\ a \\ b \\ i \\ n \\ s \end{array} \begin{pmatrix} a & b & i & n & s \\ 0 & 4 & 0 & 7 & 2 \\ 4 & 0 & 3 & 0 & 0 \\ 0 & 3 & 0 & 3 & 2 \\ 7 & 0 & 3 & 0 & 2 \\ 2 & 0 & 2 & 2 & 0 \end{pmatrix} \tag{2.1}$$

Le fonctionnement de l'algorithme est basé sur le contenu de la matrice R, ainsi que sur deux vecteurs à n composantes qui sont mis à jour à chaque étape. Le premier vecteur, que nous noterons $c := (c_1, \ldots, c_n)$, sert à mémoriser l'état actuel de la classification: il associe à chaque phonème la valeur 0 s'il est classé parmi les consonnes, et 1 s'il est classé parmi les

---

9   Les séquences comprenant une frontière de mot ne sont pas utilisées dans ce cas.

10 Pour faciliter la lecture, je note ici explicitement les phonèmes qui indexent les lignes et colonnes des matrices (et les colonnes des vecteurs). Ces entêtes ne sont pas prises en considération dans la numérotation des lignes et colonnes; dans le cas particulier, c'est ce qui justifie de dire que la composante r_{11} vaut 0, et que R est de dimension (5×5).

voyelles. Le second vecteur, $v := (v_1, \ldots, v_n)$, associe à chaque phonème un score correspondant à la *différence* entre le nombre de fois qu'il est apparu dans le voisinage d'une consonne et le nombre de fois qu'il est apparu dans le voisinage d'une voyelle; cette différence est grande lorsque le phonème considéré est souvent voisin d'une consonne et rarement d'une voyelle, c'est-à-dire lorsqu'il se comporte comme une voyelle (selon l'hypothèse d'alternance). Donc, plus le score v_i est élevé, plus il est vraisemblable que le phonème p_i soit une voyelle.

En phase d'initialisation, l'algorithme étiquette provisoirement tous les phonèmes comme des consonnes; dans notre exemple, cela signifie que toutes les composantes du vecteur c sont initialisées à 0. A ce stade, puisque tous les phonèmes sont considérés comme des consonnes, toutes leurs occurrences sont dans le voisinage de consonnes; en conséquence, la i-ème composante du vecteur v est initialisée au nombre total d'occurrences du i-ème phonème[11], c'est-à-dire la somme des valeurs de la i-ème ligne de R. Dans l'exemple considéré, on a donc:

$$c = \begin{pmatrix} a & b & i & n & s \\ 0 & 0 & 0 & 0 & 0 \end{pmatrix} \qquad v = \begin{pmatrix} a & b & i & n & s \\ 13 & 7 & 8 & 12 & 6 \end{pmatrix} \qquad (2.2)$$

L'algorithme entre ensuite dans une phase itérative. A chaque itération, il effectue quatre opérations successives.

1. Il identifie, parmi les phonèmes classés comme consonnes, le phonème p_j dont le score v_j est maximal.
2. Ce phonème est classé parmi les voyelles (c_j est fixé à 1).
3. Tous les scores v_i sont ajustés pour rendre compte de la nouvelle classification. On sait maintenant que les occurrences de chaque phonème p_i dans le voisinage de p_j étaient en fait dans le voisinage d'une voyelle, et non d'une consonne. Ces occurrences sont au nombre de r_{ij}. Par rapport à la classification précédente, p_i est donc apparu $r_{i\hat{j}}$ fois de moins après une consonne, et r_{ij} fois de plus après une voyelle. Puisque v_i représente la différence entre entre ces deux nombre, il faut y soustraire le double de $r_{i\hat{j}}$.

11   Le terme d'*occurrence* est utilisé ici dans un sens un peu particulier: pour être précis, il s'agit d'une occurrence du phonème *en première ou en seconde position dans une séquence de deux phonèmes*.

4. La dernière opération consiste à vérifier s'il reste encore des phonèmes classés comme consonnes dont le score v_i (mis à jour) est positif. Dans le cas contraire, l'algorithme se termine.

Dans notre exemple, c'est le phonème *a* qui a le score est le plus élevé à la première itération ($v_1 = 13$); il est donc classé parmi les voyelles. Il faut alors soustraire $2 \cdot r_{i1}$ à chaque score v_i:

$$
\begin{aligned}
v_1 &= v_1 - 2 \cdot r_{11} &= 13 - 2 \cdot 0 &= 13 \\
v_2 &= v_2 - 2 \cdot r_{21} &= 7 - 2 \cdot 4 &= -1
\end{aligned}
$$

et ainsi de suite. Les vecteurs c et v mis à jour valent ainsi:

$$
c = \begin{pmatrix} a & b & i & n & s \\ 1 & 0 & 0 & 0 & 0 \end{pmatrix} \qquad v = \begin{pmatrix} a & b & i & n & s \\ 13 & -1 & 8 & -2 & 2 \end{pmatrix} \tag{2.3}
$$

Comme il reste au moins un phonème classé comme consonne et dont le nouveau score est positif, l'algorithme passe à l'itération suivante. Parmi les consonnes, le score le plus élevé est celui de *i* ($v_3 = 8$). Elle est donc classée à son tour parmi les voyelles et les vecteurs sont à nouveau mis à jour:

$$
c = \begin{pmatrix} a & b & i & n & s \\ 1 & 0 & 1 & 0 & 0 \end{pmatrix} \qquad v = \begin{pmatrix} a & b & i & n & s \\ 13 & -7 & 8 & -8 & -2 \end{pmatrix} \tag{2.4}
$$

Cette fois-ci, toutes les consonnes restantes ont un score négatif et l'algorithme se termine. Au final, les phonèmes *a* et *i* forment la classe des voyelles, et *b, n* et *s* forment celle des consonnes.

Cet algorithme a été appliqué précédemment à des corpus de langues naturelles. Apresjan (1973) formule ainsi les résultats qu'il obtient sur des transcriptions orthographiques:

> Sur le matériel allemand, l'algorithme a donné 3 erreurs (s, h et k ont été classés parmi les voyelles [...]); sur le matériel anglais, français et russe, l'algorithme a fonctionné correctement et n'a donné chaque fois qu'une erreur insignifiante et facilement explicable; sur le matériel espagnol, il a travaillé sans erreurs. (Apresjan, 1973, p. 137)

Sassoon (1992) fait un compte-rendu plus détaillé d'expériences conduites sur des corpus provenant d'une variété de langues dont il juge l'orthographe proche d'une transcription phonétique: georgien, croate, gaélique, hongrois et hébreu. Il conclut sa discussion des succès et échecs de la méthode comme suit:

> [...] Sukhotin's vowel-finding algorithm works very well on languages spelt phonetically and with very few consonant clusters. On languages with such clusters, some consonants are misidentified as vowels on small text samples [...] On languages with many discrete vowels, rarer ones may be misidentified as consonants [...] The presence of diphtongs and triphtongs appears to have little effect on vowel identification. (Sassoon, 1992, p. 171)[12]

Dans le chapitre 5, je commenterai les résultats de mes propres expériences sur des données anglaises, françaises et finnoises. Retenons pour l'instant que l'algorithme de Sukhotin est sans doute la première méthode véritablement automatique et non-supervisée pour la classification distributionnelle des consonnes et voyelles, et qu'il est d'une remarquable simplicité dans la mesure où il sélectionne l'une des $2^{n-1} - 1$ bipartitions possibles de n phonèmes en moins de n itérations.

2.2.2 Classification ascendante hiérarchique (CAH)

Dans la perspective de la classification ascendante hiérarchique, le problème de l'inférence des catégories consonantique et vocalique peut être formulé ainsi: pour un ensemble de phonèmes donné, comment peut-on (i) traduire les propriétés distributionnelles de chaque phonème sous la forme d'un profil quantitatif, (ii) utiliser ces profils pour évaluer la distance qui sépare chaque paire de phonèmes, et (iii) former des groupes de telle façon que la distance entre les phonèmes appartenant à un même groupe soit minimale et celle entre les différents groupes de phonèmes maximale?

---

12 Cet auteur s'interroge également sur la possible existence d'un contre-exemple à l'hypothèse que le phonème le plus fréquent est toujours une voyelle: «Perhaps some obscure Caucasian dialect exists to meet this requirement» (Sassoon, 1992, p. 171). Il s'avère que c'est le cas de notre corpus français (voir chapitre 5).

A partir de la fin des années 1950, les travaux de plusieurs statisticiens ont contribué à développer une approche de la classification basée sur l'agrégation progressive de tous les objets considérés (voir en particulier Ward, 1963). Au début du processus, chaque objet constitue une classe à lui seul; puis les objets sont progressivement regroupés en fonction de leur similarité, ainsi que les groupes d'objets, jusqu'à ce qu'il ne reste qu'une classe unique les contenant tous. Dans cette perspective, tous les objets appartiennent à des classes différentes à l'origine et à une même classe au terme du processus; plus deux objets sont similaires, et plus leur regroupement est effectué rapidement. Ainsi, par contraste avec une méthode comme celle de Sukhotin (voir section 2.2.1), les techniques de classification ascendante hiérarchique (CAH) n'aboutissent pas à *un* partitionnement de n objets en deux ou plusieurs groupes distincts, mais à une *série* de partitionnements successifs en $n, n - 1, \ldots, 2, 1$ groupes.

Cette méthodologie est appliquée par Powers (1997) au problème de la classification en consonnes et voyelles. Sur la base de travaux effectués surtout au début des années 1990 (Powers, 1991; Finch, 1993; Schifferdecker, 1994), il évalue un nombre impressionnant de façons de paramètrer ce traitement. En dépit de sa richesse, l'article de Powers n'a pas eu beaucoup de retentissement; si j'en donne ici un résumé assez détaillé, c'est en partie pour lui rendre justice, et en partie parce qu'il permet d'introduire des concepts et notations qui seront réutilisés dans les chapitres suivants. Il est à noter que la plupart des aspects examinés ici sont liés aux méthodes de CAH en général et non spécifiquement au problème de phonologie considéré; pour traiter de ces questions, j'adopterai les notations et la terminologie du «Cours de statistiques multivariées» de François Bavaud (2001).

Représentation des données

Les données de base généralement utilisées dans ce type de traitement sont les fréquences absolues des phonèmes dans les divers contextes où ils peuvent apparaître (dans un corpus donné). Le contenu précis de la notion de *contexte* est une première dimension de variation: il s'agit typiquement du phonème précédent le phonème considéré, mais il peut s'agir aussi des deux phonèmes précédents, du phonème suivant, ou de toutes les combinaisons concevables. Pour simplifier la présentation, nous pouvons restreindre notre attention au cas simple du phonème précédent – qui semble par ailleurs suffisant pour capturer la distinction entre voyelles et consonnes (Powers, 1997). Dans ce cas, l'inventaire des m contextes $Q :=$ $\{q_1, \ldots, q_m\}$ est le même que celui des n phonèmes $P := \{p_1, \ldots, p_n\}$, avec l'addition du symbole dénotant une frontière de mot si cette information est prise en compte. Pour un corpus donné, on peut donc construire une matrice $F = (f_{jk})$, de dimension $(n \times m)$, où la valeur à l'intersection de la j-ème ligne et la k-ème colonne est égale à la fréquence absolue du phonème p_j dans le contexte q_k: $f_{jk} := n(q_k p_j)$.

Pour notre corpus d'exemple (voir appendice A, p. 221), dont l'inventaire de phonèmes est $P = \{a, b, i, n, s\}$, on trouve ainsi un inventaire de $m = 6$ contextes $Q = \{\#, a, b, i, n, s\}$, le symbole # dénotant une frontière de mot. Sur la base des fréquences reportées dans le tableau 17 (p. 221), on peut construire la matrice F comme indiqué: $f_{11} = n(\#a) = 0$, $f_{12} = n(aa) = 1$, ..., $f_{55} = n(ns) = 2$, $f_{56} = n(ss) = 0$:

$$F = \begin{array}{c} \\ a \\ b \\ i \\ n \\ s \end{array} \begin{pmatrix} \# & a & b & i & n & s \\ 0 & 1 & 2 & 0 & 3 & 2 \\ 4 & 2 & 0 & 1 & 0 & 0 \\ 0 & 0 & 2 & 0 & 1 & 1 \\ 1 & 4 & 0 & 2 & 0 & 0 \\ 3 & 0 & 0 & 1 & 2 & 0 \end{pmatrix} \qquad (2.5)$$

Les propriétés distributionnelles de chaque phonème sont ainsi représentées sous la forme d'un vecteur à $m = 6$ composantes. Par exemple, les phonèmes a et i sont identiques du point de vue du contexte #: aucun des deux n'est susceptible d'apparaître en début de mot, ce qui se traduit dans la matrice par l'égalité $f_{11} = f_{31} = 0$. Cette même dimension permet d'opposer clairement ces deux phonèmes à b, qui apparaît très fréquemment à l'initiale ($f_{21} = 4$). On peut également interpréter chaque vecteur comme un point dans un espace à 6 dimensions. La figure 1 (p. 28) représente ainsi les phonèmes dans l'espace des deux premières dimensions, correspondant aux contextes # et a.

Transformations des données

Préalablement à la classification proprement dite, la matrice F des données brutes peut être modifiée de diverses façons. Il est possible de la normali-

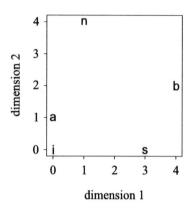

Figure n⁰ 1. Représentation des phonèmes dans l'espace des deux premiers contextes (dimension 1 = #, dimension 2 = *a*).

ser, c'est-à-dire de diviser ses lignes et/ou ses colonnes par leur *norme* L_1 ou L_2 afin de les ramener à une unité commune.[13] Puisque les composantes de F sont des fréquences absolues, elles sont toujours non-négatives; la norme L_1 de chaque vecteur ligne ou colonne de F est donc simplement égale à la somme de ses composantes, et diviser ces vecteurs par leur norme L_1 revient à transformer des fréquences absolues en fréquences *relatives* (dont la somme est, par construction, égale à 1). Par exemple, pour la première ligne de F, cette normalisation aboutit au vecteur $(0, \frac{1}{8}, \frac{1}{4}, 0, \frac{3}{8}, \frac{1}{4})$, chacune de ces valeurs s'interprétant comme la fréquence relative d'un contexte *conditionnellement* au phonème *a*. Le même traitement peut être appliqué aux colonnes pour obtenir les fréquences des phonèmes conditionnellement aux contextes. Dans les deux cas, le résultat est la suppression des *effets de taille*. Par exemple, soit deux phonèmes caractérisés par les vecteurs $x = (1, 0, 2)$ et $y = 2x = (2, 0, 4)$; la version normalisée des deux vecteurs est identique, traduisant le fait que ces phonèmes ne diffèrent que par leur fréquence totale, et non par leurs «préférences» contex-

---

13 Rappel: la norme L_1 d'un vecteur $x := (x_1, \ldots, x_n)$ quelconque, notée $||x||_1$, est la somme des valeurs absolues de ses composantes; sa norme L_2 ou norme *euclidienne* est définie comme $||x||_2 := \sqrt{x_1^2 + \ldots + x_n^2}$.

tuelles[14]: $\frac{x}{\|x\|_1} = \frac{y}{\|y\|_1} = (\frac{1}{3}, 0, \frac{2}{3})$. La division par la norme L_2 aboutit essentiellement au même résultat, à la différence que les vecteurs norma-lisés n'ont pas d'interprétation statistique immédiate. On peut mentionner encore la normalisation préconisée par Finch (1993) et consistant à diviser chaque composante f_{jk} de la matrice par le produit des sommes en ligne et en colonne correspondantes, puis à multiplier le résultat par le grand total: $f_{jk} \rightarrow \frac{f_{jk} f_{\bullet\bullet}}{f_{j\bullet} f_{\bullet k}}$; les scores ainsi définis sont appelés *quotients d'indépen-dance* (Bavaud, 2004a) et sont normalisés en ligne *et* en colonne.[15]

Outre les opérations de normalisation, Powers (1997) considère deux autres types de modification des données qu'il appelle *substitutions de fonctions* et *ajustements statistiques*. Les modifications du premier type consistent à remplacer les fréquences (absolues ou relatives) par une fonc-tion déterministe de celles-ci (logarithme, inverse, etc.). Deux cas particu-liers sont intéressants dans la mesure où ils impliquent une perte d'infor-mation qui semble paradoxalement souhaitable dans certaines situations: il s'agit de la substitution des fréquences par les rangs correspondants, ou par une valeur binaire indiquant simplement si la fréquence considé-rée est nulle ou non-nulle. L'argument avancé par Powers en faveur de ces transformations est qu'elles peuvent réduire l'influence des variations liées à l'échantillonnage. C'est également la vocation des *ajustements sta-tistiques,* qui consistent dans ce cas à ajouter une petite valeur aléatoire aux fréquences originales.

Notons enfin que Powers (1997) applique systématiquement la méthode suivante pour réduire la dimensionnalité du problème: le profil de chaque phonème est remplacé par les coordonnées qui lui correspondent sur les 10 premiers vecteurs propres obtenus par la *décomposition en valeurs singu-lières* du produit FF' de la matrice F et de sa transposée.[16] Powers indique que cette manipulation, si elle réduit considérablement la complexité des calculs, est sans effet négatif sur les résultats. La méthode de classification

---

14   En termes géométriques, ces vecteurs ne diffèrent que par leur longueur, non par leur direction.

15   La normalisation porte non sur la somme mais sur la moyenne pondérée de chaque ligne et colonne, qui vaut 1: $\sum_j \frac{f_{j\bullet}}{f_{\bullet\bullet}} \frac{f_{jk} f_{\bullet\bullet}}{f_{j\bullet} f_{\bullet k}} = \sum_k \frac{f_{\bullet k}}{f_{\bullet\bullet}} \frac{f_{jk} f_{\bullet\bullet}}{f_{j\bullet} f_{\bullet k}} = 1$.

16   La décomposition en valeurs singulières est une généralisation de la décom-position spectrale pour des matrices non carrées.

spectrale que nous discuterons au chapitre 3 est fondamentalement basée sur ce type de traitement.

Indices de dissimilarité

Il existe de nombreuses façons de mesurer la dissimilarité d_{ij} entre deux phonèmes p_i et p_j.[17] En général, un indice de dissimilarité doit être non-négatif ($d_{ij} \geq 0$), symétrique ($d_{ij} = d_{ji}$) et normalisé ($d_{ii} = 0$). Powers (1997) commente et évalue notamment les indices suivants (où m dénote le nombre de contextes, c'est-à-dire le nombre de colonnes de F):

1. Distance euclidienne: $d_{ij}^{(1)} := \sqrt{\sum_{k=1}^{m}(f_{ik} - f_{jk})^2}$.

2. Distance euclidienne carrée: $d_{ij}^{(2)} := (d_{ij}^{(1)})^2$.

3. Distance de Manhattan: $d_{ij}^{(3)} := \sum_{k=1}^{m}|f_{ik} - f_{jk}|$.

4. Distance du cosinus[18]: $d_{ij}^{(4)} := 1 - \frac{(f_i, f_j)}{\|f_i\|_2 \, \|f_j\|_2}$.

Il mentionne également, pour des données normalisées en ligne, l'usage de la divergence de Jensen-Shannon $d_{ij}^{(5)} := \frac{1}{2}\left(KL(f_i\|\bar{f}) + KL(f_j\|\bar{f})\right)$, où la fonction $KL(x\|y)$ représente la divergence de Kullback-Leibler entre les distributions x et y[19], et $\bar{f}$ dénote la distribution moyenne ($\frac{f_{i1}+f_{j1}}{2}, \ldots, \frac{f_{im}+f_{jm}}{2}$). Enfin, Powers relève l'efficacité de la corrélation de rang de Spearman, en référence à Finch (1993); il ne donne toutefois pas de détails sur la façon dont cet indice dont l'empan est $[-1, 1]$ est converti en indice de dissimilarité.

A titre d'exemple, voici les matrices de dissimilarité obtenues à partir de la matrice F en utilisant la distance euclidienne carrée (gauche) et celle

---

17 Voir par exemple Dagan, Lee et Pereira (1999) pour une revue détaillée appliquée aux distributions de mots, mais directement transposable au domaine phonologique.

18 Dans ce contexte, f_i et f_j dénotent les i-ème et j-ème lignes de F, et $(f_i, f_j) := \sum_{k=1}^{m} f_{ik}f_{jk}$ leur produit scalaire.

19 Rappel: la divergence de Kullback-Leibler entre deux distributions $x := x_1, \ldots, x_n$ et $y := y_1, \ldots, y_n$ sur le même ensemble de modalités est définie comme $KL(x\|y) := \sum x_i \log \frac{x_i}{y_i}$.

de Manhattan (droite):

$$
\begin{pmatrix}
 & a & b & i & n & s \\
a & 0 & 35 & 6 & 19 & 20 \\
b & 35 & 0 & 27 & 18 & 9 \\
i & 6 & 27 & 0 & 23 & 16 \\
n & 19 & 18 & 23 & 0 & 20 \\
s & 20 & 9 & 16 & 20 & 0
\end{pmatrix}
\quad
\begin{pmatrix}
 & a & b & i & n & s \\
a & 0 & 13 & 4 & 9 & 10 \\
b & 13 & 0 & 11 & 8 & 5 \\
i & 4 & 11 & 0 & 9 & 8 \\
n & 9 & 8 & 9 & 0 & 7 \\
s & 10 & 5 & 8 & 7 & 0
\end{pmatrix}
\tag{2.6}
$$

On peut relever qu'aucune des dissimilarités mentionnées par Powers ne présente la propriété d'*invariance par agrégation* aussi appelée *équivalence distributionnelle* (voir p. ex. Bavaud, 2004a). Cette propriété signifie ici que si deux contextes ont les mêmes fréquences relatives conditionnellement aux phonèmes, ils peuvent être *agrégés* pour former un contexte unique sans que cela modifie la dissimilarité entre les phonèmes. Autrement dit, l'invariance par agrégation permet de supprimer, sans perte d'information, la distinction entre des contextes contribuant de façon identique à la discrimination des phonèmes. La dissimilarité la plus connue présentant cette propriété est celle du chi-carré:

$$
d_{ij}^{(5)} := \sum_{k=1}^{m} \frac{f_{\bullet\bullet}}{f_{\bullet k}} \left(\frac{f_{ik}}{f_{i\bullet}} - \frac{f_{jk}}{f_{j\bullet}} \right)^2
\tag{2.7}
$$

Méthode de constitution des classes

Le principe général de la CAH est d'agréger en premier lieu les deux objets les plus similaires, puis de traiter ce groupe comme un nouvel objet. La même opération est réitérée jusqu'à ce que tous les objets fassent partie d'une classe unique. Après chaque agrégation, on calcule la dissimilarité entre le nouveau groupe et chacun des autres objets ou groupes. La distance $D(A, B)$ entre deux groupes peut être définie de plusieurs façons, qui aboutissent fréquemment à des classifications différentes. Powers (1997) considère entre autres:

1. La méthode du saut minimal, où la distance entre deux groupes est définie comme la plus petite distance entre deux membres de ces groupes: $D_m(A, B) := \min_{i \in A, j \in B} d_{ij}$.
2. La méthode du saut maximal: $D_M(A, B) := \max_{i \in A, j \in B} d_{ij}$.

3. La méthode du saut moyen entre les groupes, qui définit la distance entre groupes comme la moyenne (éventuellement pondérée) de la distance entre chaque phonème d'un groupe et chaque phonème de l'autre: $D_b(A, B) := \frac{1}{|A||B|} \sum_{i \in A, j \in B} d_{ij}$, où $|A|$ dénote le nombre d'éléments dans le groupe A.

4. La méthode du centroïde, où la distance entre groupe est définie comme la distance (euclidienne carrée) entre les vecteurs moyens de chacun des groupes: $D_C(A, B) := d^{(2)}(\bar{f}^A, \bar{f}^B)$, avec $\bar{f}^A := (\frac{1}{|A|} \sum_{i \in A} f_{i1}, \ldots, \frac{1}{|A|} \sum_{i \in A} f_{im})$.

5. La méthode de Ward, qui vise à agréger les groupes de façon à minimiser l'augmentation totale de la variance (sur chaque contexte) à l'intérieur des groupes (voir p. ex. Bavaud, 2001); la distance entre groupes est alors donnée par $D_W(A, B) := \frac{|A||B|}{|A|+|B|} D_C(A, B)$.

Le mécanisme d'agrégation peut être illustré sur la base des distances de Manhattan calculées précédemment (matrice 2.6, droite), en adoptant par exemple la méthode du saut maximal. A la première étape, les phonèmes les plus similaires sont *a* et *i,* avec une distance de 4; ils sont donc regroupés, si bien que l'inventaire des objets considérés est maintenant réduit à 4 membres: $\{\{a, i\}, b, n, s\}$. La matrice de dissimilarité doit être modifiée en conséquence, et en particulier il importe de déterminer la distance entre le nouveau groupe et chaque autre objet. Selon la méthode du saut maximal, il s'agit de la distance la plus grande entre leurs membres: ainsi, puisque la distance entre *a* et *b* est égale à 13, et celle entre *i* et *b* à 11, la distance entre $\{a, i\}$ et *b* sera égale à 13.

En procédant de la même manière avec les autres distances, on obtient la matrice suivante:

$$\begin{pmatrix} & \{a,i\} & b & n & s \\ \{a,i\} & 0 & 13 & 9 & 16 \\ b & 13 & 0 & 8 & 5 \\ n & 9 & 8 & 0 & 7 \\ s & 10 & 5 & 7 & 0 \end{pmatrix} \qquad (2.8)$$

A ce point, la distance minimale est celle de 5 qui sépare *b* et *s.* Ils sont donc agrégés, avec pour résultat un nouvel inventaire de 3 objets $\{\{a, i\},$

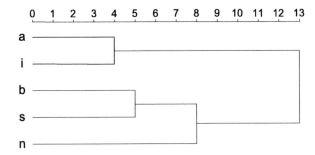

Figure n° 2. Dendrogramme obtenu avec la distance de Manhattan et la méthode du saut maximal.

$\{b, s\}$, $n\}$ et une nouvelle matrice de dissimilarité associée:

$$
\begin{pmatrix}
 & \{a,i\} & \{b,s\} & n \\
\{a,i\} & 0 & 13 & 9 \\
\{b,s\} & 13 & 0 & 8 \\
n & 9 & 8 & 0
\end{pmatrix}
\tag{2.9}
$$

L'agrégation suivante est celle de $\{b, s\}$ et n, avec une distance de 8. L'inventaire ne compte plus que 2 objets $\{\{a, i\}, \{b, s, n\}\}$, et la matrice se simplifie encore:

$$
\begin{pmatrix}
 & \{a,i\} & \{b,s,n\} \\
\{a,i\} & 0 & 13 \\
\{b,s,n\} & 13 & 0
\end{pmatrix}
\tag{2.10}
$$

Tous les objets sont finalements agrégés dans un groupe unique avec une distance de 13 et l'algorithme se termine. Les agrégations effectuées successivement peuvent être représentées sous la forme d'un diagramme en arbre appelé *dendrogramme,* indiquant à quelle distance chaque groupe a été formé (voir figure 2). Pour obtenir un partitionnement en deux groupes, il suffit de «couper» l'arbre entre les deux dernières agrégations (c'est-à-dire dans l'intervalle $]9, 13[$), ce qui aboutit dans cet exemple à la même classification que l'algorithme de Sukhotin – à la différence, toutefois, que ce dernier *identifie* le groupe des voyelles, tandis que la CAH forme des groupes «anonymes» (voir chapitre 6).

Evaluation

L'article de Powers (1997) se présente lui-même comme une «évaluation empirique» de la méthodologie présentée dans les paragraphes précédents. De fait, l'auteur présente les résultats obtenus pour l'identification de la classe des voyelles dans un corpus orthographique anglais[20], pour quelques 12 000 combinaisons de normalisations, substitutions de fonctions, ajustements statistiques, indices de dissimilarité et méthodes d'agrégation. La représentation qu'il adopte est bien sûr extrêmement condensée, et il n'est pas possible d'en rendre compte ici. Il est toutefois intéressant de relever les principes qui guident sa méthode d'évaluation, ainsi que les grandes lignes des résultats obtenus.

Dans la perspective de Powers, l'évaluation d'une «métrique» (c'est-à-dire d'une combinaison particulière des paramètres répertoriés ci-dessus) relativement à une classe cible donnée (en l'occurrence celle des voyelles) se doit de répondre à deux questions: (i) avec quel degré de *pureté* la classe cible est-elle identifiée (contient-elle tous les symboles cibles et uniquement ces symboles) et (ii) dans quelle mesure cette classe est-elle compacte et nettement *discriminée* des autres. Par ailleurs, ces deux dimensions peuvent être évaluées soit directement au niveau des dissimilarités que la métrique induit entre les symboles, soit en aval, au niveau de la classification obtenue par l'application d'une méthode de constitution des groupes à ces dissimilarités. En théorie, combiner les deux dimensions (pureté et discrimination) avec les deux niveaux (dissimilarités et classification) implique l'usage de 4 mesures d'évaluation, mais Powers explique dans son article que la définition d'une mesure de pureté au niveau des dissimilarités est problématique et qu'il y renonce. Voici la définition des trois autres mesures:

1. La mesure de *discrimination* au niveau des *dissimilarités* est définie comme la plus petite distance entre un membre de la classe cible et un autre symbole, divisée par la plus grande distance entre deux membres de la classe cible. Par exemple, pour la distance de Manhattan tabulée dans la matrice 2.6 (droite), p. 31, et en prenant $\{a, i\}$ comme classe cible (soit les lignes 1 et 3), on obtient $\frac{8}{4} = 2$.

---

20   La classe cible est définie dans ce cas comme l'ensemble des symboles $\{a, e, i, o, u\}$, éventuellement additionnés de y ou de l'*espace* (séparateur).

2. La mesure de *discrimination* au niveau de la *classification* est définie comme la distance minimale à laquelle un symbole n'appartenant pas à la classe cible la rejoint, divisée par la distance maximale à laquelle un membre de cette classe la rejoint. Dans notre exemple, on obtient $\frac{13}{4} = 3.25$ (voir figure 2, p. 33).

3. La mesure de *pureté* (qui n'est évaluée qu'au niveau de la classification) n'est pas définie de façon tout à fait univoque: il semble s'agir de l'opposé du nombre de membres de la classe cible exclus du plus petit groupe comprenant à la fois des membres de la classe cible et des membres n'y appartenant pas. Si cette interprétation est correcte, cette mesure est nulle dans notre exemple (le plus petit groupe en question étant $\{a, b, i, n, s\}$, qui contient toutes les voyelles cibles).

Powers (1997) n'est pas non plus totalement explicite sur la façon dont les deux mesures portant sur la classification (discrimination et pureté) sont combinées pour être finalement représentées sur une échelle unique allant du plus impur au mieux discriminé.[21] Quoi qu'il en soit, les principales régularités qui émergent de l'examen de ces mesures sont:

- l'influence positive de la normalisation en ligne (particulièrement dans le cas de la norme L_1, donc de l'usage des fréquences *relatives*);
- l'influence très positive de la transformation en rangs, et celle très négative de la binarisation;
- l'efficacité des distances de Manhattan, euclidienne et euclidienne carrée – celle-ci apparaissant comme le meilleur choix en général;
- la supériorité de la méthode d'agrégation de Ward;
- l'influence négative de l'addition de bruit aléatoire.

Conclusion sur les méthodes de CAH

L'article de Powers (1997) et les travaux qu'il passe en revue constituent une avancée appréciable dans la formalisation du problème de la classifi-

---

21   Si la pureté est bien définie comme je le suppose, mon hypothèse est que Powers reporte la mesure de pureté pour tous les cas où la classe cible n'est pas parfaitement pure (et donc que l'indice de pureté est inférieur à 0), et la mesure de discrimination dans le cas contraire (c'est-à-dire quand la pureté est égale à 0).

cation distributionnelle des phonèmes. Les paramètres considérés (normalisation, indices de dissimilarité, etc.) forment peut-être plus de combinaisons qu'on ne peut en comparer posément dans un article de ce format,
mais le fait même d'identifier ces dimensions de variation et la réflexion
qui les entoure sont des contributions importantes. En ce qui concerne le
problème spécifique de l'identification des consonnes et voyelles, on peut
toutefois soulever le point suivant: si les expériences conduites par Powers
voient fréquemment émerger, au fil des agrégations, une classe contenant
la plupart ou la totalité des voyelles et peu ou pas de consonnes, rien n'indique que cette classe soit celle que l'on obtient en «coupant» l'arbre avant
la dernière agrégation – c'est-à-dire en partitionnant les phonèmes en deux
groupes. Dans un contexte non-supervisé, on voit mal comment identifier
la classe des voyelles si elle se trouve à un niveau arbitraire de la hiérarchie.

2.2.3 Longueur de description minimale

> *Partitionner les phonèmes d'un corpus permet une simplifica-*
> *tion de l'information originale: les propriétés distributionnelles*
> *de chaque phonème sont assimilées aux propriétés de sa classe.*
> *La classification la plus complexe est celle qui place chaque pho-*
> *nème dans une classe distincte; elle reproduit le plus fidèlement*
> *les données observées. La plus simple, celle qui place tous les*
> *phonèmes dans la même classe, revient à renoncer à toute l'in-*
> *formation originale. Le principe de la longueur de description*
> *minimale est une façon de conjuguer ces objectifs contradic-*
> *toires: conservation de l'information et simplicité de la classi-*
> *fication.*

La classification distributionnelle des phonèmes peut être envisagée comme
un problème de sélection de modèle. Etant donné un corpus D, on cherche
à identifier le modèle (en l'occurrence, la classification) M optimal du
point de vue de sa conformité à certains critères spécifiques. Selon le principe de la *longueur de description minimale* (angl. *minimum description
length*, ou *MDL*) formalisé par Rissanen (1989), il convient d'adopter les
critères suivants: d'une part, le modèle doit être aussi simple que pos-

sible; d'autre part, il doit permettre de décrire les données de façon aussi simple que possible.[22] Intuitivement, le raisonnement qui sous-tend cette approche peut être résumé comme suit. A moins que les données n'aient été générées par un mécanisme aléatoire, elles présentent un certain degré de régularité. Modéliser les données consiste précisément à extraire ces redondances pour les représenter sous la forme d'un modèle. Pour une part, le succès de cette opération peut se mesurer au fait qu'elle permet de représenter les données de façon plus compacte. Il y a toutefois un coût associé à cette simplification: la complexification du modèle. Il est donc nécessaire de prendre en compte non seulement la simplicité de la description des données sous le modèle, mais aussi la simplicité du modèle lui-même.

Prenons l'exemple de la classification distributionnelle des phonèmes. Dans ce contexte, chaque classification possible constitue un modèle hypothétique, dont la fonction est de décrire les propriétés distributionnelles des phonèmes. La classification la plus complexe est celle qui consiste à placer chaque phonème dans une classe distincte. En contrepartie, ce modèle rend la description des données aussi simple que possible, en ce sens que les propriétés distributionnelles d'un phonème sont entièrement déterminées par sa classe; autrement dit, outre le coût (relativement élevé) de la spécification du modèle lui-même, il n'y a aucun coût supplémentaire associé à la description des données. Par contraste, la classification la plus simple est celle où tous les phonèmes appartiennent à la même classe. Sous ce modèle, c'est la complexité de la description des données qui est maximale, puisque dans ce cas, la connaissance de la classe d'un phonème n'apporte aucune information sur ses propriétés distributionnelles; en d'autres termes, le coût (relativement faible) associé à la spécification du modèle ne permet aucune économie sur la complexité de la description des données.

Adopter la première de ces classifications (chaque phonème seul dans une classe) revient à faire l'hypothèse que la combinatoire de chaque phonème n'a rien en commun avec celle des autres; adopter la seconde (tous les phonèmes dans une seule classe) revient à admettre que la combinatoire de chaque phonème est identique à celle des autres. La configuration effectivement observée dans les langues naturelles se situe quelque part entre ces deux extrêmes. Elle justifie de sélectionner des classifica-

---

22 Cette conception de l'inférence est discutée plus en détail dans la partie II, en particulier la section 9.4, p. 130.

tions qui résument *utilement* l'information distributionnelle, dans un sens très concret: elles permettent de simplifier la description des données sans que cette économie ne soit annulée par le coût de la spécification de la classification elle-même. Dans les termes du MDL, le choix de telles classifications minimise *simultanément* la complexité du modèle et celle de la description des données sous le modèle.

La méthode d'Ellison

Ellison (1991, 1994) présente une méthode de classification basée sur ces considérations. Dans cette approche, les données sont une liste de mots (non répétés) transcrits symboliquement: $D \subset P^*$, où P représente l'inventaire des phonèmes (ou lettres). Le résultat de l'algorithme est la sélection d'une partition de P en $m \leq |P|$ classes, où $|P|$ dénote le nombre de symboles distincts dans P. Chaque partition possible est associée de façon unique à un modèle M et une description D^M des données sous ce modèle; ensemble, M et D^M permettent de reconstituer exactement le corpus D. Pour illustrer la structuration particulière de ces deux termes dans l'approche d'Ellison[23], nous considèrerons l'exemple du corpus décrit dans l'appendice A et reproduit ci-dessous (le symbole «·» représente une frontière de mots):

$$D := ban \cdot banana \cdot bib \cdot binis \cdot nab \cdot saab \cdot sans \cdot sins \qquad (2.11)$$

Description du corpus sous le modèle

Paradoxalement, il est plus simple de présenter d'abord la façon dont est constituée la description D^M du corpus (sous le modèle M correspondant à une partition donnée). Admettons qu'on examine une partition en $m = 2$ classes $C := \{b, n, s\}$ et $V := \{a, i\}$. On peut alors répartir les occurrences des phonèmes du corpus dans deux chaînes de phonèmes telles que chacune ne contient que les phonèmes appartenant à l'une des deux classes; ces chaînes sont appelées *plans* (angl. *planes*) et font partie de la

---

23   En principe, dans les applications du MDL, les termes M et D^M sont clairement identifiés. La présentation d'Ellison (1991) est très claire, mais pas explicite sur ce point. La répartition de l'information entre M et D^M que je décris ici est ma propre interprétation de ce texte.

D		*b a n*	*b a n a n a*	*b i b*	...
D^M	plan *C*	*b*　　*n*	*b*　*n*　　*n*	*b*　*b*	...
	plan *V*	*a*	*a*　*a*　　*a*	*i*	
	séq. des schèmes	1	2	1	
	séq. des longueurs	3	6	3	

Figure n° 3. Structure de la description D^M du corpus D sous un modèle M donné dans la méthode de classification d'Ellison (1991).

description D^M du corpus (voir figure 3). Dans notre cas, on obtient ainsi les plans *bnbnnbbbnsnbsbsnssns* et *aaaaiiiaaaai*. Notons que l'ordre dans lequel les mots sont placés n'est pas pertinent, pour autant qu'il soit cohérent entre les différents plans et les autres constituants de D^M.

Outre les plans, D^M contient deux autres objets que j'appellerai *séquence des schèmes* et *séquence des longueurs*. Dans ce cadre, un *schème* (angl. *pattern*) est une séquence de symboles spécifiant l'ordre dans lequel apparaissent les classes de phonèmes à l'intérieur d'un mot. Par exemple, le schème *CVC* correspond aux mots *ban*, *bib* et *nab*, *CVCVCV* à *banana*, etc. Les schèmes proprement dits font partie du modèle M et non de la description D^M. La séquence des schèmes et celle des longueurs, qui font partie de D^M, peuvent être représentées comme des séquences de n nombres entiers, où n dénote le nombre de mots dans le corpus (voir figure 3). Dans la séquence des schèmes, chaque nombre successif désigne le schème associé à un mot donné (voir paragraphe suivant); dans la séquence des longueurs, chaque nombre spécifie la longueur du mot considéré – et donc celle du schème associé. Dans notre exemple, on trouve respectivement 12131455 pour les schèmes[24] et 36353444 pour les longueurs. Comme on le verra plus loin, ces deux chaînes sont nécessaires pour la reconstitution du corpus sur la base du modèle.

---

24 Cette chaîne dépend de l'ordre dans lequel les schèmes sont notés dans le modèle (voir équation 2.12 ci-dessous).

Modèle

Le modèle M contient la spécification des schèmes correspondant aux mots du corpus. Cette information est encodée sous la forme d'une chaîne où chaque schème distinct associé à un ou plusieurs mots n'apparaît qu'une seule fois. Pour notre corpus d'exemple, on trouve ainsi:

$$M := \underbrace{CVC}_{1} \underbrace{CVCVCV}_{2} \underbrace{CVCVC}_{3} \underbrace{CVVC}_{4} \underbrace{CVCC}_{5} \qquad (2.12)$$

Ici encore, l'ordre dans lequel sont placés les schèmes n'est pas pertinent. Ce qui compte est qu'ils soient numérotés en fonction de l'ordre dans lequel ils apparaissent, et que cette numérotation soit employée pour encoder la séquence des schèmes.

La chaîne M n'est pas segmentée, car cette information peut être déduite à partir de la séquence des schèmes et celle des longueurs.[25] Supposons qu'on veuille isoler le schème 3. Pour connaître la longueur d'un schème, il suffit de connaître la longueur d'un mot qui lui est associé. Par exemple, le schème 1 est associé au premier mot du corpus (d'après la séquence des schèmes), dont la longueur est 3 (d'après la séquence des longueurs); on trouve de la même façon que la longueur du schème 2 est 6, et celle du schème 3 est 5. En additionnant ces longueurs, on peut déterminer que le schème 3 commence au 10è symbole de M et se termine au 14è symbole: *CVCVC*.

Reconstitution du corpus

Etant donné le modèle M et la description D^M du corpus D sous ce modèle, le corpus peut être reconstitué de la façon suivante. Pour chaque symbole successif dans la séquence des schèmes, on identifie le schème correspondant dans M comme indiqué au paragraphe précédent. On peut alors «émettre» les phonèmes de ce mot en respectant l'ordre des classes dans le schème. Par exemple, le premier mot est basé sur le schème 1, qui se trouve être *CVC;* ce mot est donc constitué du premier symbole du plan C, suivi du premier symbole du plan V et du deuxième symbole du plan C: *ban.*

---

25 Les accolades horizontales et les indices numériques ne sont donnés ici que pour faciliter la lecture.

Calcul de la longueur de description

Les conventions que nous avons discutées dans les paragraphes précédents définissent une façon d'encoder l'information nécessaire pour générer un corpus D donné. Cette information est encodée sous la forme de deux objets distincts: un modèle M et la description D^M du corpus sous ce modèle. A chaque partition possible des phonèmes de D est associée de façon unique une paire (M, D^M). Selon le principe du MDL, la partition optimale est celle qui minimise la somme de la complexité de M et de celle de D^M. Dans ce contexte, la complexité de ces objets est mesurée en termes de *longueur de description*, c'est-à-dire du nombre minimal de bits nécessaire pour les encoder dans un code possédant certaines propriétés particulières.[26]

En général, la théorie de l'information justifie de définir la longueur de description d'une chaîne de symboles donnée comme le nombre l de symboles dans cette chaîne multiplié par l'entropie H sur la distribution des symboles dans la chaîne; celle-ci est définie comme:

$$H := - \sum_i f_i \log f_i \qquad (2.13)$$

où f_i dénote la fréquence relative du i-ème symbole de l'alphabet dans lequel la chaîne est encodée.[27] Dans notre exemple, la chaîne M (équation 2.12) contient $l = 22$ symboles, et son alphabet comprend les deux symboles C et V, avec les fréquences respectives $\frac{13}{22}$ et $\frac{9}{22}$. L'entropie vaut donc $H = - \frac{13}{22} \log \frac{13}{22} - \frac{9}{22} \log \frac{9}{22} = 0.98$ bits, et la longueur de description de la chaîne vaut $DL(M) = 22 \cdot 0.98 = 21.56$ bits.

La longueur de description de D^M s'obtient commme la somme des longueurs de description des chaînes qui la constituent, à savoir les m plans correspondant aux m classes de phonèmes, la séquence des schèmes et la séquence des longueurs.[28] Dans notre cas, on trouve ainsi une longueur de

26 Voir partie II, section 9.4 (p. 130) pour plus de détails sur la notion de longueur de description et la façon de la calculer.

27 Par convention, log désigne ici le logarithme en base 2, si bien que l'entropie est exprimée en bits.

28 Dans la mesure où la séquence des longueurs ne dépend que du corpus D, elle n'a aucune influence sur la sélection de la partition optimale; elle sera donc ignorée dans la suite de cette discussion.

description de 31.6 bits pour le plan C, 11.04 bits pour le plan V et 17.28 bits pour la séquence des schèmes. La longueur de description associée à D^M vaut donc $DL(D^M) = 31.6 + 11.04 + 17.28 = 59.92$ bits. La longueur de description totale associée à la paire (M, D^M), et donc à la partition en 2 classes $C := \{b, n, s\}$ et $V := \{a, i\}$, vaut $21.56 + 59.92 = 81.48$ bits. Ce calcul est résumé dans le tableau suivant:

			DL
M	$\underbrace{CV C}_{1} \underbrace{CV CV CV}_{2} \underbrace{CV CV C}_{3} \underbrace{CV V C}_{4} \underbrace{CV CC}_{5}$		**21.56**
D^M	plan C	*bnbnnbbbnsnbsbsnssns*	31.6
	plan V	*aaaaiiiaaaai*	11.04
	séq. schèmes	12131455	17.28
		Total D^M	**59.92**
		Total (M, D^M)	**81.48**

Considérons, à titre d'exemple, les valeurs obtenues pour les deux partitions extrêmes évoquées dans l'introduction de cette section. Dans le cas où tous les phonèmes sont groupés dans une seule classe, les schèmes ne varient que par leur longueur, et le modèle s'écrit:

$$M' := \underbrace{PPP}_{1} \underbrace{PPPPP}_{2} \underbrace{PPPP}_{3} \underbrace{PPPP}_{4} \tag{2.14}$$

Sa longueur de description est minimale et égale à zéro (par définition, c'est le cas de toute chaîne composée par répétition d'un symbole unique). La description $D^{M'}$ du corpus sous ce modèle ne contient qu'un seul plan P *(banbananabibbinisnabsaabsanssins)*, dont la longueur de description est élevée: 73.28 bits. La séquence des schèmes est 12131444, et sa longueur de description est légèrement plus basse que celle obtenue avec la partition précédente: 14.48 bits. La longueur de description totale de la paire $(M', D^{M'})$ vaut donc 87.76 bits, et elle est entièrement due à la complexité de la description $D^{M'}$. Cette valeur totale est plus élevée que celle associée à la partition en consonnes et voyelles, ce qui signifie que cette dernière est plus compacte et donc préférable. Le tableau suivant récapitule cette discussion.

			DL
M'		$\underbrace{PPP}_{1}\underbrace{PPPPP}_{2}\underbrace{PPPP}_{3}\underbrace{PPPP}_{4}$	**0**
$D^{M'}$	plan P	banbananabibbinisnabsaabsanssins	73.28
	séq. schèmes	12131444	14.48
		Total $D^{M'}$	**87.76**
		Total $(M, D^{M'})$	**87.76**

L'autre cas extrême est celui où chaque phonème est seul dans sa classe. Si l'on convient de représenter chaque classe par la lettre majuscule correspondante, on voit que toute l'information contenue dans le plan unique de la partition précédente est transférée ici dans le modèle:

$$M'' := \underbrace{BAN}_{1}\underbrace{BANANA}_{2}\underbrace{BIB}_{3}\underbrace{BINIS}_{4}\underbrace{NAB}_{5}\underbrace{SAAB}_{6}\underbrace{SANS}_{7}\underbrace{SINS}_{8} \quad (2.15)$$

Sa longueur de description vaut $DL(M'') = 73.28$ bits. A l'inverse, l'information contenue dans la description $D^{M''}$ du corpus sous ce modèle est minimale. On obtient en effet 5 plans homogènes *bbbbbbb, nnnnnnn, sssss, aaaaaaaa* et *iiii*, dont chacun a une longueur de description nulle. La séquence des schèmes est légèrement plus complexe que dans les cas précédents, puisqu'elle ne contient plus aucune régularité: 12345678 (24 bits). Au total, la longueur de description de $D^{M''}$ vaut donc 24 bits, et la longueur de description de la paire $(M'', D^{M''})$ vaut 97.28 bits – elle est donc nettement plus élevée que celle associée aux deux partitions précédentes. Cette évaluation est résumée dans le tableau suivant:

			DL
M''	$\underbrace{BAN}_{1}\underbrace{BANANA}_{2}\underbrace{BIB}_{3}\underbrace{BINIS}_{4}\underbrace{NAB}_{5}\underbrace{SAAB}_{6}\underbrace{SANS}_{7}\underbrace{SINS}_{8}$		**73.28**
$D^{M''}$	plan B	bbbbbbb	0
	plan N	nnnnnnn	0
	plan S	sssss	0
	plan A	aaaaaaaa	0
	plan I	iiii	0
	séq. schèmes	12345678	24
		Total $D^{M''}$	**24**
		Total $(M'', D^{M''})$	**97.28**

Ces exemples montrent que la partition optimale est le fruit d'un compromis entre deux pressions antagonistes: d'une part, on souhaite que le modèle soit aussi simple que possible, ce qui favorise la réduction du nombre de classes de phonèmes; d'autre part, on souhaite que la description du corpus sous le modèle soit aussi simple que possible, ce qui encourage la multiplication du nombre de classes. Les expériences conduites par Ellison (1994) sur trente langues typologiquement variées montrent que le jeu de ces contraintes opposées aboutit très généralement à une partition en deux classes correspondant aux voyelles et consonnes – alors même que l'algorithme est libre de fixer le nombre de classes.

Recherche de la partition optimale

Le fait que cette approche ne requiert pas même le minimum de supervision consistant à fixer le nombre de classes est particulièrement séduisant, mais cela rend d'autant plus important de trouver une façon de parcourir l'espace des partitions efficacement. Or, si le principe du MDL fournit une évaluation objective d'une partition donnée, il ne donne aucune indication quant à la manière de réduire l'ensemble des partitions considérées. La solution adoptée par Ellison est l'algorithme du *recuit simulé* (angl. *simulated annealing*, cf. Kirkpatrick, Gelatt et Vecchi, 1983). Sans entrer dans les détails mathématiques, le principe est le suivant. Les partitions possibles d'un ensemble de phonèmes sont assimilées aux sommets d'un graphe (cf. section 3.1). Deux partitions sont considérées *voisines*, et sont donc connectées par une arête, s'il est possible d'obtenir l'une à partir de l'autre en déplaçant un seul phonème d'une classe dans une autre.[29]

Pour rechercher la partition optimale, l'algorithme sélectionne une partition initiale de façon aléatoire[30] et évalue sa complexité. Ensuite, à chaque itération, il examine une partition prise dans le voisinage de la partition

---

29 Par construction, le graphe ainsi défini est *connexe*, c'est-à-dire qu'on peut atteindre n'importe quelle partition à partir de n'importe quelle autre en effectuant un nombre fini de pas le long des arêtes du graphe.

30 Les descriptions que donne Ellison (1991, 1994) ne sont pas explicites sur ce point, mais c'est la pratique usuelle dans les applications du recuit simulé. Il serait intéressant d'essayer d'utiliser comme point de départ une partition obtenue par l'application d'un algorithme peu coûteux, comme celui de Sukhotin par exemple (voir section 2.2.1), et d'observer l'impact de cette modification sur la durée d'exécution de l'algorithme et la classification résultante.

actuelle avec probabilité uniforme. Si la complexité de cette partition est moindre, elle devient la partition actuelle et le processus est réitéré; dans le cas contraire, la transition n'est effectuée qu'avec une certaine probabilité: au début de la recherche, le système est susceptible de transiter indifféremment vers n'importe quelle partition voisine, et à mesure que les itérations passent, il est de plus en plus improbable qu'il transite vers une partition plus complexe; au terme de la recherche, les transitions vers des états plus complexes sont impossibles. Selon Ellison, l'application de cette méthode aboutit rapidement au partitionnement des phonèmes en voyelles et consonnes.

La présentation de cette approche élégante de la classification phonologique conclut ce passage en revue des travaux existant dans ce domaine à ma connaissance. Dans les chapitres suivants, nous considèrerons deux propositions alternatives formulées récemment par Goldsmith et Xanthos (soumis pour publication), basées respectivement sur le principe de la classification spectrale et sur le modèle des chaînes de Markov cachées.

Chapitre 3

Classification spectrale

Il est possible de représenter les phonèmes d'un corpus sous forme de graphe: un réseau où chaque nœud représente un phonème, et les nœuds sont reliés par des connexions plus ou moins fortes. Dans un «graphe de commutation», la force d'une connexion entre deux phonèmes représente leur tendance à apparaître dans les mêmes contextes. La classification spectrale est une méthode permettant de partitionner facilement les nœuds d'un graphe en deux groupes tels que (i) les connexions à l'intérieur des groupes soient fortes et (ii) les connexions entre les groupes soient faibles. Appliquée à un graphe de commutation, cette approche aboutit à regrouper les phonèmes qui apparaissent dans les mêmes contextes, et les catégories résultantes correspondent bien à celles qu'un phonologue appelle consonnes et voyelles.

Dans ce chapitre, je présente en détail l'approche spectrale de la catégorisation phonologique proposée par Goldsmith et Xanthos (soumis pour publication). Après un bref rappel de théorie des graphes, j'exposerai une méthode permettant de construire un *graphe de commutation* à partir des fréquences des phonèmes dans les contextes où ils apparaissent, sur la base du formalisme markovien décrit par Bavaud et Xanthos (2005). Puis je montrerai comment ce graphe peut être soumis à une technique de classification spectrale[1] afin d'inférer la distinction entre consonnes et voyelles.

---

1   Afin d'éviter une possible ambiguïté, notons que dans ce contexte, le terme «spectral» n'a pas le même sens que dans le cadre de la phonétique acoustique, où il désigne une type particulier d'analyse et de représentation du signal de parole; le caractère *spectral* de la méthode de classification présentée ici est lié à la décomposition de matrices en vecteurs propres et valeurs propres (voir p. ex. Bavaud, 2001).

3.1   Rappel de théorie des graphes

Un graphe G est un ensemble P de *noeuds* ou *sommets* connectés entre
eux par des *arêtes* (voir p. ex. Biggs, 1993; Chung, 1997). Les graphes que
nous considérons ici sont *non orientés,* c'est-à-dire que leurs arêtes n'ont
pas de direction inhérente: la connexion entre p_i et p_j est la même que celle
entre p_j et p_i. Par ailleurs, ce sont des graphes *pondérés* (ou *valués*), c'est-
à-dire que chaque arête est associée à un nombre réel positif qui spécifie la
force de la connexion entre les sommets considérés; un poids nul indique
une absence totale de connexion.

Un graphe contenant n sommets $P := \{p_1, \dots, p_n\}$ peut être représenté par une matrice d'adjacence $E = (e_{ij})$, de dimension $(n \times n)$, où
la composante e_{ij} contient le poids de la connexion entre p_i et p_j.[2] La
somme $d(p_i) := e_{i\bullet}$ des poids de la i-ème ligne de E est le *degré* du sommet p_i; cette quantité est une mesure de la «connectivité» qui existe entre
le sommet en question et tous les autres (y compris lui-même[3]). Le *volume*
$vol(G) := e_{\bullet\bullet}$ du graphe est défini comme la somme de ses connexions et
caractérise sa connectivité totale.

3.2   Construction d'un graphe de commutation

En phonologie classique, on dit que deux phonèmes *commutent* s'il existe,
dans la langue considérée, deux signes qui ne se distinguent que par la
présence d'un des phonèmes à la place de l'autre dans leur signifiant (voir
chapitre 1). Dans cette section, j'utiliserai le terme «commutation» dans
une acception sensiblement différente: je définis ainsi la *commutation* entre
deux phonèmes p_i et p_j (notée $p_i \to p_j$) comme le processus consistant à
sélectionner un contexte parmi ceux où p_i peut apparaître, puis sélectionner
le phonème p_j parmi ceux qui peuvent apparaître dans ce contexte. Cette
conception diverge de la définition traditionnelle en ce qu'elle évacue toute
référence à la notion de signe linguistique: il n'est question ici que de la

---

2   E est symétrique puisque G est non orienté.
3   Les graphes que nous utiliserons admettent des *boucles,* c'est-à-dire des
     arêtes entre un phonème et lui-même.

possibilité pour deux phonèmes d'apparaître dans le même contexte. Elle se distingue également par le caractère *orienté* qu'elle attribue au processus considéré: $p_i \rightarrow p_j$ est un autre processus que $p_j \rightarrow p_i$. En outre, l'*auto-commutation,* c'est-à-dire la commutation $p_i \rightarrow p_i$ d'un phonème avec lui-même, est prise en considération au même titre que la commutation entre phonèmes différents; les implications de ce point apparaîtront dans un instant.

Nous envisagerons ici un modèle *probabiliste* de la commutation. Dans cette perspective, on ne dira plus simplement que p_i commute avec p_j, mais qu'ils ont une certaine *probabilité de commutation* $P(p_i \rightarrow p_j)$. Celle-ci sera nulle lorsque les deux phonèmes n'apparaissent jamais dans les mêmes contextes, et maximale et égale à 1 lorsqu'ils commutent de façon systématique.[4] Les probabilités de commutation entre les n phonèmes d'une langue peuvent être représentées sous la forme d'une *matrice de commutation W,* de dimension $(n \times n)$, où la valeur à l'intersection de la i-ème ligne et la j-ème colonne dénote la probabilité de commutation du phonème p_i vers le phonème p_j. Suivant les propositions de Bavaud et Xanthos (2005), nous présenterons ci-dessous une méthode pour construire une telle matrice sur la base des fréquences absolues des phonèmes dans les contextes où ils apparaissent.

La matrice de commutation W que nous construirons ne sera pas symétrique, c'est-à-dire qu'on aura $P(p_i \rightarrow p_j) \neq P(p_j \rightarrow p_i)$ en général. Par contre, nous verrons qu'elle jouit de certaines propriétés qui justifient de lui appliquer une opération mathématique simple pour la rendre symétrique et la transformer ainsi en matrice d'adjacence décrivant un graphe *pondéré non orienté.* Dans ce graphe, que nous appellerons *graphe de commutation,* chaque sommet correspond à un phonème, et les arêtes qui relient les sommets ont un poids d'autant plus élevé qu'il est probable de commuter d'un des phonèmes à l'autre (indépendamment de la direction).

---

4   En théorie, puisque la probabilité d'auto-commutation $P(p_i \rightarrow p_i)$ est nécessairement supérieure à zéro, la probabilité maximale de 1 ne pourrait être atteinte que par l'auto-commutation d'un phonème n'apparaissant *jamais* dans les contextes où d'autres phonèmes peuvent apparaître (dans tout autre cas, les probabilités de commutation seraient réparties entre deux ou plusieurs phonèmes); or, comme on l'a vu au chapitre 1, il n'y a aucun fondement linguistique pour postuler l'existence d'un phonème s'il n'existe pas de contexte où il s'oppose à un autre.

C'est ce graphe que nous soumettrons ensuite à un algorithme de classification spectrale, afin d'inférer la classification des phonèmes en consonnes et voyelles.

3.2.1 Matrice de commutation

Nous avons déjà vu comment construire, pour notre corpus d'exemple, une matrice contenant la fréquence absolue des phonèmes dans les contextes où ils peuvent apparaître (voir section 2.2.2, p. 27). La matrice en question, dont chaque ligne correspond à l'un des $n = 5$ phonèmes de l'ensemble $P = \{a, b, i, n, s\}$, et chaque colonne à l'un des $m = 6$ contextes de l'ensemble $Q = \{\#, \mathrm{a}, \mathrm{b}, \mathrm{i}, \mathrm{n}, \mathrm{s}\}^5$, est reproduite ci-dessous:

$$
F = \begin{pmatrix}
 & \# & \mathrm{a} & \mathrm{b} & \mathrm{i} & \mathrm{n} & \mathrm{s} \\
a & 0 & 1 & 2 & 0 & 3 & 2 \\
b & 4 & 2 & 0 & 1 & 0 & 0 \\
i & 0 & 0 & 2 & 0 & 1 & 1 \\
n & 1 & 4 & 0 & 2 & 0 & 0 \\
s & 3 & 0 & 0 & 1 & 2 & 0
\end{pmatrix} \tag{3.1}
$$

Nous considérons d'abord la construction de la matrice de commutation W (5×5) à partir de F (5×6). Comme on l'a vu, la valeur f_{jk} représente le nombre d'occurrences du phonème p_j dans le contexte q_k. La norme L_1 de la j-ème ligne, définie comme la somme $f_{j\bullet}$ de ses valeurs, est donc le nombre total d'occurrences de p_j, indépendamment du contexte. En divisant les valeurs de cette ligne par sa norme, on obtient les probabilités

---

5   Rappelons que, dans ce cas, le contexte d'un phonème est défini comme le symbole précédent dans le mot. Si j'adopte ici cette définition très simple, c'est pour simplifier la présentation et parce que la matrice F résultante est très similaire à un objet familier en statistique textuelle: la matrice de transition d'une chaîne de Markov (voir section 4.1), exprimée en fréquences absolues. Notons par ailleurs qu'il est utile d'utiliser ici une notation différente pour les phonèmes et les contextes.

conditionnelles des contextes étant donné le phonème p_j [6]:

$$P(p_j \rightarrow q_k) := \frac{f_{jk}}{f_{j\bullet}} \tag{3.2}$$

En appliquant ce traitement à toutes les lignes de F, on obtient une nouvelle matrice (5×6) normalisée en ligne, que nous notons L:

$$L = \begin{pmatrix} & \# & a & b & i & n & s \\ a & 0 & 1/8 & 1/4 & 0 & 3/8 & 1/4 \\ b & 4/7 & 2/7 & 0 & 1/7 & 0 & 0 \\ i & 0 & 0 & 1/2 & 0 & 1/4 & 1/4 \\ n & 1/7 & 4/7 & 0 & 2/7 & 0 & 0 \\ s & 1/2 & 0 & 0 & 1/6 & 1/3 & 0 \end{pmatrix} \tag{3.3}$$

La même procédure peut être appliquée aux *colonnes* de F. La probabilité conditionnelle du phonème p_j étant donné le contexte q_k s'obtient comme:

$$P(q_k \rightarrow p_j) := \frac{f_{jk}}{f_{\bullet k}} \tag{3.4}$$

On peut ainsi définir une nouvelle matrice C (5×6) normalisée en colonne:

$$C = \begin{pmatrix} & \# & a & b & i & n & s \\ a & 0 & 1/7 & 1/2 & 0 & 1/2 & 2/3 \\ b & 1/2 & 2/7 & 0 & 1/4 & 0 & 0 \\ i & 0 & 0 & 1/2 & 0 & 1/6 & 1/3 \\ n & 1/8 & 4/7 & 0 & 1/2 & 0 & 0 \\ s & 3/8 & 0 & 0 & 1/4 & 1/3 & 0 \end{pmatrix} \tag{3.5}$$

Les matrices L et C permettent de calculer la probabilité de commutation du phonème p_i au phonème p_j. Considérons d'abord le cas d'un contexte unique q_k. La composante l_{ik} indique la probabilité $P(p_i \rightarrow q_k)$ de ce contexte étant donné le phonème p_i; la composante c_{jk} indique la probabilité $P(q_k \rightarrow p_j)$ du phonème p_j étant donné ce contexte. Le produit de

---

6   C'est ce que j'ai appelé les «fréquences relatives des contextes conditionnellement aux phonèmes» en section 2.2.2, p. 28; ce changement de terminologie – et surtout de notation – permet de simplifier la suite de cette discussion.

ces deux valeurs peut être interprété comme la probabilité de sélectionner le contexte q_k parmi les contextes où le phonème p_i apparaît, *puis* le phonème p_j parmi ceux qui apparaissent dans ce contexte. Nous appelons ce produit la probabilité de commutation de p_i à p_j *dans le contexte q_k:*

$$P(p_i \rightarrow p_j | q_k) := P(p_i \rightarrow q_k)P(q_k \rightarrow p_j) = l_{ik}c_{jk} \qquad (3.6)$$

Par exemple, la probabilité de commutation du phonème b ($i = 2$) au phonème n ($j = 4$) dans le contexte a ($k = 2$) vaut $P(b \rightarrow n|$a$) = P(b \rightarrow$ a$)P($a $\rightarrow n) = l_{22}c_{42} = 2/7{\cdot}4/7 = 8/49$. La probabilité de commutation entre les mêmes phonèmes dans le contexte i ($k = 4$) est moindre: elle vaut $P(b \rightarrow n|$i$) = P(b \rightarrow$ i$)P($i $\rightarrow n) = l_{24}c_{44} = 1/7 \cdot 1/2 = 1/14$.

Cette conception peut être étendue à *tous* les contextes dans lesquels p_i et p_j apparaissent. Ainsi, la probabilité de commutation de p_i à p_j (dans *tous* les contextes) est définie comme la somme des probabilités de commutation entre ces deux phonèmes dans chaque contexte q_k possible:

$$P(p_i \rightarrow p_j) := \sum_k P(p_i \rightarrow p_j | q_k) = \sum_k l_{ik}c_{jk} \qquad (3.7)$$

Dans notre exemple, la probabilité de commutation entre les phonèmes b et n vaut ainsi $P(b \rightarrow n) = \sum_k l_{2k}c_{4k} = 1/14 + 8/49 + 0 + 1/14 + 0 + 0 = 15/49 = .31$. Nous pouvons donc construire la *matrice de commutation* $W = (w_{ij})$, de dimension (5×5), en définissant w_{ij} comme la probabilité de commutation de p_i à p_j:

$$W = \begin{pmatrix} & a & b & i & n & s \\ a & .5 & .04 & .27 & .07 & .13 \\ b & .04 & .4 & 0 & .31 & .25 \\ i & .54 & 0 & .38 & 0 & .08 \\ n & .08 & .31 & 0 & .49 & .13 \\ s & .17 & .29 & .06 & .15 & .34 \end{pmatrix} \qquad (3.8)$$

La probabilité $P(p_i \rightarrow p_j)$ est d'autant plus élevée que (i) p_i et p_j ont des fréquences relatives similaires dans tous les contextes[7], (ii) ils apparaissent dans peu de contextes et (iii) les autres phonèmes apparaissent

---

7   Ces fréquences sont identiques lorsque la i-ème ligne de F est égale à la j-ème ligne multipliée par une constante non-nulle; du point de vue géométrique, il s'agit du cas où les vecteurs-lignes correspondant aux deux phonèmes sont parallèles.

rarement dans ces contextes. Elle est minimale et nulle lorsque p_i et p_j n'apparaissent jamais dans les mêmes contextes.[8]

3.2.2 Matrice de commutation symétrisée

Par construction, la matrice de commutation W possède certaines propriétés qui suggèrent une façon simple de la rendre symétrique (Bavaud et Xanthos, 2005):

1. W est la *matrice de transition* d'une chaîne de Markov (voir section 4.1), c'est-à-dire que ses composantes sont non-négatives et la somme de chaque ligne vaut 1.

2. Soit $\pi_i := \frac{f_{i\bullet}}{f_{\bullet\bullet}}$ la fréquence relative du phonème p_i (indépendamment du contexte). Alors le vecteur $\pi = (\pi_i, \ldots, \pi_n)$ est la *distribution stationnaire* associée à W: si l'on choisit un phonème initial quelconque, et qu'on réitère aléatoirement le processus de commutation suffisamment longtemps (avec des probabilités de commutation données par W), le phonème p_i apparaît avec probabilité π_i quel que soit le choix du phonème initial.[9]

3. La chaîne de Markov est *réversible:* la probabilité de sélectionner le phonème p_i puis de commuter avec le phonème p_j est égale à la probabilité de sélectionner le phonème p_j puis de commuter avec le phonème p_i ($\pi_i w_{ij} = \pi_j w_{ji}$).

En vertu de ces propriétés, il existe une relation d'équivalence entre la chaîne de Markov décrite par la matrice de commutation W et le graphe valué non orienté décrit par la matrice de commutation *symétrisée* $E =$

---

8   Dans ce cas, les vecteurs-lignes correspondant aux phonèmes sont orthogonaux, c'est-à-dire que l'angle entre eux vaut 90°.

9   La distribution π est unique si la chaîne de Markov est (i) *irréductible,* c'est-à-dire s'il est possible de passer de tout phonème à tout autre en un nombre T fini de commutations, et (ii) *apériodique,* c'est-à-dire si l'ensemble de ces T possibles n'est pas une série de multiples d'un entier (supérieur à 1), comme $T = 3, 6, 9, 12, \ldots$ par exemple. Une chaîne satisfaisant ces deux conditions est dite *régulière*.

(e_{ij}) dont les composantes sont définies comme (Chung, 1997):

$$e_{ij} := \pi_i w_{ij} \tag{3.9}$$

Autrement dit, la matrice E cherchée s'obtient en multipliant chaque ligne de W par la probabilité stationnaire π_i correspondante. Dans notre exemple, on trouve que la distribution stationnaire vaut:

$$\pi = \begin{pmatrix} a & b & i & n & s \\ .25 & .22 & .13 & .22 & .19 \end{pmatrix} \tag{3.10}$$

d'où la matrice de commutation symétrisée suivante:

$$E = \begin{pmatrix} & a & b & i & n & s \\ a & .12 & .01 & .07 & .02 & .03 \\ b & .01 & .09 & 0 & .07 & .05 \\ i & .07 & 0 & .05 & 0 & .01 \\ n & .02 & .07 & 0 & .11 & .03 \\ s & .03 & .05 & .01 & .03 & .06 \end{pmatrix} \tag{3.11}$$

La matrice de commutation symétrisée E est la matrice d'adjacence d'un graphe non orienté G que nous appellerons *graphe de commutation* (voir figure 4, p. 55), dont les sommets sont les phonèmes $P = \{a, b, i, n, s\}$. Les poids associés aux arêtes qui relient les sommets du graphe s'interprètent comme des «flux» (symétriques) de commutation entre les phonèmes correspondants: deux phonèmes auront une connexion d'autant plus forte qu'ils sont fréquents et qu'ils commutent fréquemment ensemble. La matrice E possède les propriétés suivantes:

1. Elle est symétrique et ses composantes sont comprises entre 0 et 1. On a $e_{ij} = 0$ ssi $w_{ij} = w_{ji} = 0$ (voir note 8, p. 53); le cas $e_{ij} = 1$ n'est jamais réalisé si, comme on en fait l'hypothèse ici, W est irréductible (voir note 9, p. 53) et le nombre de phonèmes dans la langue considérée est supérieur à 1.

2. Le *degré* $d(p_i)$ associé au phonème p_i est égal à sa probabilité stationnaire π_i. Autrement dit, un phonème est d'autant plus fréquent que le nœud correspondant dans le graphe de commutation est fortement connecté aux autres (et à lui-même) – et inversement.

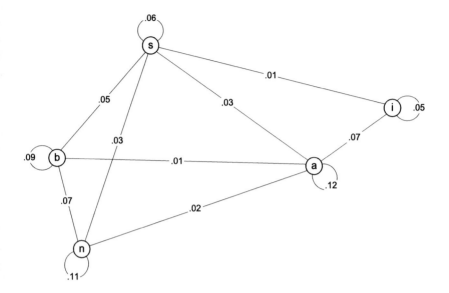

Figure nᵒ 4. Graphe de commutation pour notre corpus d'exemple.

3. Le volume $vol(G)$ du graphe est normalisé à 1. En conséquence, toute modification d'une connexion e_{ij} donnée se traduit par un ajustement de toutes les autres connexions dans la direction opposée. Par ailleurs, cette normalisation justifie d'interpréter le poids e_{ij} d'une connexion comme la probabilité de commuter d'un des deux phonèmes vers l'autre (indépendamment de la direction).

Pour comprendre les implications de ces propriétés, il est utile d'observer les comportements extrêmes de la matrice E. L'un de ces extrêmes est le cas où les n phonèmes ont exactement les mêmes fréquences absolues en contexte, c'est-à-dire que les lignes de F sont identiques; dans ce cas, le degré $d(p_i)$ (et donc la probabilité stationnaire π_i) de chaque phonème est égal à $1/n$, et toutes les connexions ont le même poids $e_{ij} = 1/n^2$. Les matrices suivantes illustrent cette configuration dans le cadre minimal de $n = 2$ phonèmes et $m = 2$ contextes:

$$F = \begin{pmatrix} 1 & 9 \\ 1 & 9 \end{pmatrix} \quad \pi = \begin{pmatrix} .5 \\ .5 \end{pmatrix} \quad W = \begin{pmatrix} .5 & .5 \\ .5 & .5 \end{pmatrix} \quad E = \begin{pmatrix} .25 & .25 \\ .25 & .25 \end{pmatrix} \quad (3.12)$$

On peut alors considérer deux façons de diverger de cette situation de connectivité totale. D'une part, la distribution des fréquences totales $f_{i\bullet}$ peut s'écarter de l'uniformité pour tendre vers le cas déterministe où un seul phonème $p_{\hat{\imath}}$ peut apparaître (sans nécessairement modifier les fréquences *relatives* des phonèmes en contexte); dans ce cas, la distribution stationnaire se concentre sur $p_{\hat{\imath}}$ ($\pi_{\hat{\imath}}$ tend vers 1 et π_j tend vers 0 pour $j \neq \hat{\imath}$), et la connexion $e_{\hat{\imath}\hat{\imath}}$ entre $p_{\hat{\imath}}$ et lui-même augmente et tend vers 1 alors que les autres composantes de A tendent vers 0:

$$F = \begin{pmatrix} 1 & 9 \\ 10 & 90 \end{pmatrix} \quad \pi = \begin{pmatrix} .09 \\ .91 \end{pmatrix} \quad W = \begin{pmatrix} .09 & .91 \\ .09 & .91 \end{pmatrix} \quad E = \begin{pmatrix} .01 & .08 \\ .08 & .83 \end{pmatrix} \quad (3.13)$$

D'autre part, les phonèmes peuvent se différencier par leur «spécialisation» dans les divers contextes (sans nécessairement modifier les fréquences totales $f_{i\bullet}$). Dans ce cas, la connexion e_{ii} entre chaque phonème et lui-même augmente et tend vers la probabilité stationnaire π_i alors que les autres composantes e_{ij} ($i \neq j$) tendent vers 0:

$$F = \begin{pmatrix} 1 & 9 \\ 9 & 1 \end{pmatrix} \quad \pi = \begin{pmatrix} .5 \\ .5 \end{pmatrix} \quad W = \begin{pmatrix} .82 & .18 \\ .18 & .82 \end{pmatrix} \quad E = \begin{pmatrix} .41 & .09 \\ .09 & .41 \end{pmatrix} \quad (3.14)$$

Considérer séparément ces deux types de divergence (écart à l'uniformité des probabilités stationnaires et spécialisation contextuelle des phonèmes) n'est qu'une abstraction commode pour comprendre les propriétés de la matrice d'adjacence E. En pratique, bien sûr, on s'attend à observer des graphes de commutation où les deux facteurs sont mêlés.

3.2.3   Expression matricielle

Dans les paragraphes précédents, j'ai choisi de présenter la méthode de construction du graphe de commutation en mettant en évidence les opérations effectuées sur les *composantes* des matrices impliquées; ce choix, qui m'a semblé préférable pour les besoins de l'explication, est loin d'être optimal du point de vue de la concision. En effet, la méthode proposée peut être notée de façon beaucoup plus compacte en adoptant les conventions du calcul matriciel.

Soit $H = (h_{ij})$ la matrice diagonale $(n \times n)$ contenant les sommes des lignes de la matrice F des fréquences en contexte ($h_{ii} := f_{i\bullet}$), et $V = (v_{ij})$ la matrice diagonale $(m \times m)$ contenant les sommes des colonnes de F ($v_{jj} := f_{\bullet j}$). La matrice contenant les fréquences relatives des contextes étant donné les phonèmes s'obtient comme $L := H^{-1}F$, et la matrice contenant les fréquences relatives des phonèmes étant donné les contextes comme $C := FV^{-1}$. La matrice de commutation est alors définie comme $W := LC'$, et la matrice de commutation symétrisée comme $E := \Pi W$, où $\Pi := \frac{1}{f_{\bullet\bullet}}H$ dénote la matrice diagonale contenant les probabilités stationnaires.[10]

3.3 Partitionnement du graphe

Dans la section précédente, nous avons vu comment construire, sur la base de la fréquence des phonèmes en contexte, un graphe de commutation $G := (P, E)$, où P dénote l'ensemble des phonèmes et E la matrice d'adjacence spécifiant le poids des connexions entre les phonèmes; ces connexions représentent les flux (symétriques) de commutation entre les phonèmes. J'expliquerai maintenant comment le graphe G peut être soumis à une technique de classification spectrale pour inférer la distinction entre consonnes et voyelles. On considèrera d'abord la définition d'une mesure de qualité pour une partition donnée, avant de déterminer une stratégie pour réduire le nombre de partitions effectivement évaluées.

3.3.1 Evaluation de la qualité d'une partition

Si l'on admet que la notion de commutation introduite en section 3.2 est une approximation de l'acception traditionnelle du terme en phonologie (voir section 3.2), alors les motifs de connectivité d'un graphe de commutation peuvent être mis en relation avec la distinction entre consonnes et

---

10   Si l'on n'est pas spécifiquement intéressé par W, la matrice symétrisée s'obtient plus simplement comme $E := \Pi LC' = \frac{1}{f_{\bullet\bullet}}HH^{-1}FC' = \frac{1}{f_{\bullet\bullet}}FC'$.

voyelles. Rappelons que les membres de ces deux classes sont caractérisés par leur capacité à commuter entre eux, mais non avec les membres de l'autre classe[11]; dans un graphe de commutation, cette structure se traduit par la présence de deux groupes de sommets tels que les membres de chaque groupe sont fortement connectés entre eux, et faiblement connectés avec les membres de l'autre groupe.[12] Formellement, le problème consiste à partitionner les sommets P du graphe en deux sous-ensembles disjoints S et S^c tels que la *coupe* $e(S)$ associée (angl. *cut*), c'est-à-dire la somme des connexions *entre* les deux groupes, soit minimale:

$$e(S) := \sum_{i \in S} \sum_{j \in S^c} e_{ij} \tag{3.15}$$

Pour le graphe de commutation de notre corpus d'exemple (voir équation 3.11, p. 54 et figure 4, p. 55), ce critère conduit à la partition $S = \{b, n, s\}$ et $S^c = \{a, i\}$, dont la coupe est minimale et vaut $e(S) = .01 + .02 + .03 + .01 = .07$ (voir tableau 1, p. 59).[13]

11   Voir la citation de Fischer-Jørgensen (1952), p. 17.
12   L'hypothèse que la matrice de commutation est irréductible (voir note 9, p. 53) implique que le graphe est *connecté,* c'est-à-dire qu'il existe toujours un chemin permettant de relier deux sommets du graphe – et donc au moins une arête entre les deux groupes cherchés.
13   Notons que si l'approche spectrale de la classification des phonèmes s'exprime ici comme un problème de coupe *minimale,* c'est parce que dans un graphe de commutation, deux phonèmes sont d'autant plus fortement connectés qu'ils tendent à apparaître dans les mêmes contextes. Et si un graphe de commutation possède cette propriété, c'est parce qu'il résulte essentiellement d'un processus d'itération appliqué à la matrice des fréquences en contextes: sélection d'un contexte étant donné un phonème, puis d'un phonème étant donné ce contexte (voir section 3.2.1). En revanche, si l'on opérait sur une matrice de cooccurrences (symétrique) non itérée, comme la matrice R de l'algorithme de Sukhotin (voir p. 22), l'interprétation de la force des connexions serait inversée: deux phonèmes seraient d'autant plus *faiblement* connectés qu'ils apparaissent souvent dans les mêmes contextes, puisque dans ce cas l'un ne sert pas souvent de contexte à l'autre, et donc leur cooccurrences ne sont pas fréquentes. Il s'agirait alors de chercher au contraire la coupe *maximale,* c'est-à-dire telle que les connexions entre les groupes soient aussi *fortes* que possible.

S	S^c	$e(S)$	$\phi(S)$
$\{a,b,i,n\}$	$\{s\}$	.12	.67
$\{a,b,i,s\}$	$\{n\}$	.12	.52
$\{a,b,n,s\}$	$\{i\}$	.08	.62
$\{a,i,n,s\}$	$\{b\}$	.13	.59
$\{b,i,n,s\}$	$\{a\}$	.13	.5
$\{a,b,i\}$	$\{n,s\}$	.18	.44
$\{a,b,n\}$	$\{i,s\}$	.18	.58
$\{a,i,n\}$	$\{b,s\}$	.15	.38
$\{b,i,n\}$	$\{a,s\}$	.19	.43
$\{a,b,s\}$	$\{i,n\}$	.2	.51
$\{a,i,s\}$	$\{b,n\}$	.11	.24
$\{b,i,s\}$	$\{a,n\}$	.21	.43
$\{a,n,s\}$	$\{b,i\}$	.21	.6
$\{b,n,s\}$	$\{a,i\}$	**.07**	**.18**
$\{i,n,s\}$	$\{a,b\}$	.24	.5

Tableau n° 1. Coupe et conductance pour chacune des $2^{n-1} - 1 = 15$ partitions du graphe de commutation de notre corpus d'exemple.

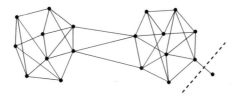

Figure n° 5. Un exemple de «mauvaise» coupe minimale.

Dans certaines situations, le critère de la coupe minimale s'avère insuffisant. Par exemple, il est possible que l'un des sommets du graphe ne soit connecté qu'à un seul autre, et dans ce cas la coupe minimale pourrait consister simplement à déconnecter ce sommet des autres (voir figure 5). Dans un problème comme celui qui nous occupe, ce résultat n'est pas satisfaisant, car on s'attend à ce que le volume des deux classes ne soit pas complètement déséquilibré. Rappelons que le degré du phonème p_i, c'est-à-dire la somme des connexions émanant de lui, est égal à sa probabilité stationnaire: $d(p_i) := e_{i\bullet} = \pi_i$ (voir section 3.2.2, p. 54). Puisque le volume du graphe (donc la somme des probabilités stationnaires) vaut 1 par construction, la somme $\pi(S) := \sum_{i \in S} \pi_i$ des probabilités stationnaires des membres de S représente la proportion de la connectivité totale liée à ce groupe. De ce point de vue, une partition est d'autant plus équilibrée que $\pi(S)$ est proche de $\pi(S^c)$, et donc que le plus petit des deux est grand (et proche de .5). La *conductance* $\phi(S)$ d'une partition (Kannan, Vempala et Vetta, 2000), également appelée *constante de Cheeger*, est une façon de combiner les deux contraintes (minimiser la coupe et équilibrer les volumes) en un seul indicateur[14]:

$$\phi(S) := \frac{e(S)}{\min(\pi(S), \pi(S^c))} \tag{3.16}$$

Dans notre exemple, la minimisation de ce critère aboutit également à la partition $S = \{b, n, s\}$ et $S^c = \{a, i\}$, dont la conductance est minimale et vaut $\phi(S) = \frac{.07}{\min(.63, .38)} = .18$ (voir tableau 1, p. 59).[15]

3.3.2   Recherche de la partition optimale

Nous disposons d'un critère objectif – la conductance – pour évaluer la qualité d'une partition donnée d'un graphe de commutation. Idéalement, on souhaite identifier la partition dont la conductance est minimale, mais comme on l'a vu, le nombre de partitions possibles est trop élevé pour qu'on puisse les évaluer toutes. C'est précisément le but d'une approche spectrale de la classification que d'écarter la plus grande partie des partitions sans les évaluer. Le terme de *classification spectrale* (angl. *spectral clustering*) s'applique à une variété de méthodes qui ont toutes en commun le fait d'être basées sur la décomposition spectrale d'une matrice dérivée de

---

14   La coupe *normalisée,* définie par Shi et Malik (1997) comme $Ncut(S) := \frac{e(S)}{\pi(S)} + \frac{e(S)}{\pi(S^c)}$, est une autre proposition dans ce sens.

15   Pour illustrer la correction que le critère de la conductance apporte à celui de la coupe minimale, notons que la partition $S = \{a, b, n, s\}$, $S^c = \{i\}$, classée immédiatement après la partition optimale du point de vue de la coupe (.08 contre .07), est reléguée au fond du tableau du point de vue de la conductance (.62 contre .18).

la matrice d'adjacence E d'un graphe[16]. Je présente ici l'une des variantes les plus simples (voir notamment Pothen, Simon et Liou, 1990; Kannan et al., 2000; Bavaud, 2006).

Soit un graphe de commutation décrit par une matrice d'adjacence E de dimensions $(n \times n)$. Supposons qu'on dispose d'un vecteur $x := (x_1, ..., x_n)$, associant à chaque phonème p_i une valeur x_i de telle façon que x_i et x_j sont d'autant plus proches que la connexion e_{ij} entre p_i et p_j est forte. On comprend intuitivement que le vecteur x ne peut en général constituer qu'une représentation approximative de la structure de connectivité du graphe telle qu'elle est encodée dans la matrice E: décrire un objet au moyen d'un seul nombre x_i au lieu d'un vecteur de n nombres $(e_{i1}, \ldots, e_{in})$ implique une certaine perte d'information. Toutefois, si cette approximation est bonne, une stratégie raisonnable pour diviser les phonèmes en deux groupes en n'évaluant qu'un petit nombre de partitions peut être formulée comme suit:

1. On ordonne les n phonèmes par ordre croissant de leur valeur x_i; formellement, on définit une fonction rang(p_i) associant aux phonèmes les valeurs entières $1, \ldots, n$ de telle sorte que rang$(p_i) >$ rang(p_j) ssi $x_i > x_j$.[17]
2. Pour $r = 1, \ldots, n - 1$, on évalue la conductance $\phi(S_r)$ de la partition obtenue en plaçant les phonèmes de rang 1 à r dans le groupe S_r et les phonèmes de rang $r + 1$ à n dans le groupe complémentaire S_r^c: $S_r := \{p_i : \text{rang}(p_i) \leq r\}$, $S_r^c := \{p_i : \text{rang}(p_i) > r\}$.
3. On sélectionne la partition $\{S_{\hat{r}}, S_{\hat{r}}^c\}$ dont la conductance $\phi(S_{\hat{r}})$ est minimale.

Cette approche, qui permet de réduire le nombre de partitions évaluées de $2^{n-1} - 1$ à $n - 1$, repose sur l'hypothèse qu'on connaît le vecteur x. A priori, ce n'est pas le cas, mais il est possible de définir formellement un problème dont il est la solution. On cherche un vecteur $x := (x_1, \ldots, x_n)$ tel que la distance $d(x_i, x_j)$ est d'autant plus faible que le poids e_{ij} est élevé. Si l'on choisit la distance euclidienne carrée (voir p. 30), c'est donc la somme

---

16 On trouvera dans l'article de Verma et Meila (2003) une comparaison des algorithmes les plus populaires.

17 En cas d'égalité, la pratique courante consiste à attribuer aux ex-aequos le rang moyen (p. ex. 1.5 si ce sont les deux premiers).

$\frac{1}{2} \sum_{i,j} e_{ij}(x_i - x_j)^2$ qu'on cherche à minimiser.[18] Sous cette forme, le problème admet une infinité de solutions: si x en est une, $x + c$ (où c désigne une constante arbitraire) en est une également. Pour régler ce problème, on ajoute la contrainte que x soit *centré*, c'est-à-dire que la moyenne (pondérée) de ses composantes soit nulle: $\sum_i \pi_i x_i = 0$. Il convient alors d'écarter la solution triviale consistant à placer tous les points à l'origine ($x_i = 0$ pour tout i); à cet effet, on pose la contrainte que x soit *normé*, c'est-à-dire que le carré de sa norme euclidienne (pondérée) vaille 1: $\sum_i \pi_i x_i^2 = 1$. En résumé, le problème considéré peut s'écrire:

$$\hat{x} := \arg\min_x \frac{1}{2} \sum_{i,j} e_{ij}(x_i - x_j)^2$$
$$\text{avec} \quad \sum_i \pi_i x_i = 0 \quad \text{et} \quad \sum_i \pi_i x_i^2 = 1 \tag{3.17}$$

Il se trouve qu'une solution à ce problème est donnée par le deuxième vecteur propre (ou *vecteur de Fiedler*) de la matrice $N = (n_{ij})$, qui s'obtient à partir de la matrice d'adjacence E en divisant chaque composante e_{ij} par la racine carrée du produit des probabilités stationnaires π_i et π_j: [19]

$$n_{ij} := \frac{e_{ij}}{\sqrt{\pi_i \pi_j}} = \frac{\sqrt{\pi_i}}{\sqrt{\pi_j}} w_{ij}. \tag{3.18}$$

N est symétrique, de dimension ($n \times n$), et sa décomposition spectrale est $N = U \Lambda U'$, où Λ est la matrice diagonale contenant les valeurs propres de N ordonnées par valeurs décroissantes ($\lambda_1, \ldots, \lambda_n$), et U est la matrice orthogonale dont les colonnes sont les vecteurs propres de N. Les composantes du vecteur $\hat{x}$ satisfaisant le problème 3.17 s'obtiennent comme:

$$\hat{x}_i := \frac{u_{i2}}{\sqrt{\pi_i}} \tag{3.19}$$

où u_{i2} dénote la i-ème composante du deuxième vecteur propre de N.

Reprenons l'exemple développé dans les sections précédentes. La matrice N dérivée de la matrice d'adjacence E (voir équation 3.11, p. 54)

---

18   Le facteur $1/2$ compense le fait que chaque arête est comptée deux fois dans la sommation.

19   En notation matricielle, on a $N := \Pi^{-\frac{1}{2}} E \Pi^{-\frac{1}{2}} = \Pi^{\frac{1}{2}} W \Pi^{-\frac{1}{2}}$.

Figure n⁰ 6. Représentation du vecteur $\hat{x}$ pour notre corpus d'exemple.

vaut:

$$
N = \begin{array}{c} \\ a \\ b \\ i \\ n \\ s \end{array}
\begin{pmatrix}
\begin{array}{ccccc} a & b & i & n & s \end{array} \\
.5 & .04 & .38 & .08 & .14 \\
.04 & .4 & 0 & .31 & .27 \\
.38 & 0 & .38 & 0 & .07 \\
.08 & .31 & 0 & .49 & .13 \\
.14 & .27 & .07 & .13 & .34
\end{pmatrix}
\tag{3.20}
$$

Sa décomposition spectrale $N = U\Lambda U'$ livre les valeurs propres $1, .75, .26, .07, .02$, avec les vecteurs propres suivants[20]:

$$
U = \begin{array}{c} a \\ b \\ i \\ n \\ s \end{array}
\begin{pmatrix}
.5 & .55 & .1 & -.37 & -.55 \\
.47 & -.44 & -.23 & .58 & -.45 \\
.35 & .54 & .08 & .56 & .51 \\
.47 & -.43 & .69 & -.23 & .27 \\
.43 & -.15 & -.68 & -.41 & .41
\end{pmatrix}
\tag{3.21}
$$

En divisant les composantes de la deuxième colonne de U par la racine carrée des probabilités stationnaires, on trouve que le vecteur $\hat{x}$ cherché est:

$$
\pi = \begin{pmatrix}
a & b & i & n & s \\
1.11 & -.94 & 1.54 & -.92 & -.34
\end{pmatrix}
\tag{3.22}
$$

Il est représenté graphiquement sur la figure 6.

Il s'agit ensuite d'ordonner les phonèmes par leur valeur $\hat{x}_i$ associée, et d'évaluer la conductance des partitions $\{S_r, S_r^c\}$ obtenues en «coupant» le vecteur après le r-ème phonème, pour $r = 1, \ldots, n-1$:

1. $S_1 = \{b\}$, $S_1^c = \{n, s, a, i\}$;
2. $S_2 = \{b, n\}$, $S_2^c = \{s, a, i\}$;

---

20   Les colonnes de U ne sont pas directement liées aux phonèmes; pour cette raison, les indices ne sont donnés que pour les lignes.

3. $S_3 = \{b, n, s\}$, $S_3^c = \{a, i\}$;
4. $S_4 = \{b, n, s, a\}$, $S_4^c = \{i\}$.

Nous avons déjà vu que la partition (iii) est celle dont la conductance est minimale (voir tableau 1, p. 59). On constate qu'elle est effectivement présélectionnée par cette méthode, au contraire de la plupart des partitions suboptimales: nous avons pu l'identifier en n'évaluant que $n - 1 = 4$ partitions parmi les $2^{n-1} - 1 = 15$ possibles. Ce résultat n'est pas *garanti*, mais il est d'autant plus probable que les connexions du graphe définissent nettement deux groupes de phonèmes qui commutent fréquemment à l'intérieur des groupes mais non entre eux.[21]

3.4   Résumé

Dans ce chapitre, j'ai expliqué en détail comment les principes de la classification spectrale peuvent être appliqués au problème de l'inférence des consonnes et voyelles. En faisant abstraction des étapes de la présentation dont la portée était essentiellement explicative (et en reprenant les notations matricielles introduites en section 3.2.3), la méthode proposée peut être résumée comme suit:

---

21   La valeur propre λ_2 associée au deuxième vecteur propre de N possède également une interprétation intéressante. En effet, la quantité $1 - \lambda_2$, appelée *saut spectral* du graphe, est une mesure de la vitesse à laquelle la chaîne de Markov décrite par la matrice de commutation W (voir section 3.2.1) converge vers sa distribution stationnaire π. Deux cas particuliers permettent d'illustrer cette propriété. Si toutes les connexions a_{ij} du graphe sont uniformes (ce qui se produit si toutes les lignes de la matrice des fréquences en contexte sont identiques, voir l'exemple 3.12, p. 55), λ_2 vaut 0, et donc le saut spectral est maximal et vaut 1: le processus converge immédiatement vers la distribution stationnaire, ce qu'on peut vérifier en constatant que les lignes de la matrice W, dans l'exemple 3.12, sont égales à π. Si au contraire la chaîne est *réductible*, c'est-à-dire que les phonèmes forment deux groupes qui ne commutent pas du tout entre eux, alors λ_2 vaut 1, d'où un saut spectral nul: le système reste pour toujours dans l'une des deux composantes, et donc ne converge jamais vers la distribution stationnaire π.

1. Soit F la matrice $(n \times m)$ des fréquences en contexte, $H = (h_{ij})$ la matrice diagonale $(n \times n)$ contenant les sommes des lignes de F ($h_{ii} := f_{i\bullet}$), et $V = (v_{ij})$ la matrice diagonale $(m \times m)$ contenant les sommes des colonnes de F ($v_{jj} := f_{\bullet j}$). La normalisation de F en ligne s'obtient comme $L := H^{-1}F$, et la normalisation en colonne comme $C := FV^{-1}$.

2. Soit $\Pi := \frac{1}{f_{\bullet\bullet}}H$ la matrice diagonale $(n \times n)$ contenant les probabilités stationnaires. On calcule la matrice $E := \Pi LC' = \frac{1}{f_{\bullet\bullet}}FC'$, et la matrice N définie comme $N := \Pi^{-\frac{1}{2}}E\Pi^{-\frac{1}{2}}$ (toutes deux de dimension $n \times n$).

3. On effectue la décomposition spectrale $N = U\Lambda U'$, et l'on calcule le vecteur $\hat{x} := u_2'\Pi^{-\frac{1}{2}}$, où u_2 dénote le deuxième vecteur propre de N; la valeur $\hat{x}_i$ est utilisée pour calculer le rang du phonème p_i.

4. Pour $r = 1, \ldots, n-1$, on évalue la conductance $\phi(S_r)$[22] de la partition $S_r := \{p_i | \text{rang}(p_i) \leq r\}$, $S_r^c := \{p_i | \text{rang}(p_i) > r\}$.

5. On sélectionne la partition $\{S_{\hat{r}}, S_{\hat{r}}^c\}$ dont la conductance $\phi(S_{\hat{r}})$ est minimale.

Au chapitre 5, nous examinerons les résultats de cette approche sur des données linguistiques réelles.

---

22 Rappel: $\phi(S) := \frac{e(S)}{\min(\pi(S), \pi(S^c))}$, où $e(S) := \sum_{i \in S} \sum_{j \in S^c} e_{ij}$ et $\pi(S) := \sum_{i \in S} \pi_i$.

Chapitre 4

Modèles de Markov

Le modèle des chaînes de Markov cachées repose sur l'hypothèse que les séquences de phonèmes d'un corpus sont générées par le mécanisme suivant: à chaque instant, le système se trouve dans un «état» donné, pris dans un ensemble fini; en fonction de cet état, le système a une certaine probabilité d'«émettre» chacun des phonèmes, et une certaine probabilité d'effectuer une «transition» vers un autre état. Il existe un algorithme permettant d'estimer ces deux types de probabilités de façon non-supervisée à partir d'un corpus. Lorsque cet algorithme est contraint à utiliser exactement deux états, il aboutit à une solution où l'un des états génère l'ensemble des consonnes, et l'autre celui des voyelles.

Dans ce chapitre, je présente une seconde méthode de catégorisation phonologique proposée récemment par Goldsmith et Xanthos (soumis pour publication) et basée sur le formalisme des chaînes de Markov cachées. Je donnerai d'abord un bref rappel sur les notions d'automate à états finis et de chaîne de Markov, avant de montrer comment les chaînes de Markov cachées peuvent être utilisées pour l'inférence des catégories phonologiques.

4.1 Chaînes de Markov

Le modèle des *chaînes de Markov* est lié au concept d'*automate à états finis*. Un tel automate peut être décrit comme un graphe orienté (voir section 3.1) dont chaque arête est associée à un symbole[1], comme sur la fi-

---

1   Selon le contexte, les symboles peuvent être des phonèmes, des lettres, des mots, etc.

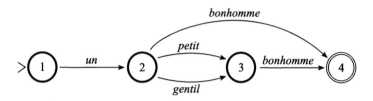

Figure n° 7. Un automate à états finis reconnaissant les chaînes *un bonhomme, un petit bonhomme* et *un gentil bonhomme*. Le symbole > indique un état initial, et le double cercle un état final.

gure 7 ci-dessus. Certains états de l'automate, c'est-à-dire certains nœuds du graphe, sont spécifiés comme étant des états *initiaux* et/ou *finaux*. Une chaîne de symboles donnée est «reconnue» (ou de façon équivalente «générée») par l'automate s'il existe un chemin allant d'un nœud initial à un nœud final et tel que la concaténation de tous les symboles figurant sur les arêtes de ce chemin correspond à la chaîne en question (voir p. ex. Roche et Schabes, 1997).

Une chaîne de Markov permet de rendre compte du même processus de reconnaissance/génération de chaînes en termes de *probabilités de transition*. Considérons l'automate illustré sur la figure 7. Soit $P := \{un, petit, gentil, bonhomme, \#\}$ l'ensemble des symboles qui apparaissent sur les arêtes du graphe.[2] On définit la probabilité de transition $P(p_i \rightarrow p_j)$ du symbole p_i au symbole p_j comme la probabilité que p_j apparaisse au temps t sachant que p_i est apparu au temps $t-1$; par exemple, on a $P(gentil \rightarrow bonhomme) = 1$, puisque *gentil* est toujours suivi de *bonhomme*. Les probabilités de transition entre chaque paire de symboles peuvent être reportées dans une *matrice de transition* $A = (a_{ij})$ de composantes $a_{ij} := P(p_i \rightarrow p_j)$. Dans notre exemple, on pourrait avoir:

$$
A = \begin{pmatrix}
 & un & petit & gentil & bonhomme & \# \\
un & 0 & .25 & .25 & .5 & 0 \\
petit & 0 & 0 & 0 & 1 & 0 \\
gentil & 0 & 0 & 0 & 1 & 0 \\
bonhomme & 0 & 0 & 0 & 0 & 1 \\
\# & 1 & 0 & 0 & 0 & 0
\end{pmatrix} \tag{4.1}
$$

2   Le symbole # joue le rôle de marqueur de début et de fin de séquence.

Cette matrice indique que le premier symbole est toujours *un* ($a_{51} = 1$), et qu'il est suivi une fois sur quatre par *petit* ($a_{12} = .25$), une fois sur quatre par *gentil* ($a_{13} = .25$) et une fois sur deux par *bonhomme* ($a_{13} = .5$). Aussi bien *petit* que *gentil* sont toujours suivis par *bonhomme* ($a_{24} = a_{34} = 1$), qui est toujours le dernier symbole de la chaîne ($a_{45} = 1$).

4.2   Chaînes de Markov cachées (HMM)

Dans une chaîne de Markov, la transition d'un état à un autre et l'émission d'un symbole sont indissociables; ainsi, sur la figure 7 (p. 68), transiter de l'état 1 à l'état 2 et émettre le symbole *un* forment une seule opération. La particularité d'une *chaîne de Markov cachée* (angl. *hidden Markov model,* dorénavant *HMM*) est précisément de dissocier transitions et émissions. On introduit à cet effet les notations suivantes (voir p. ex. Rabiner, 1989):

- $C := \{c_1, \ldots, c_m\}$ dénote l'ensemble des *m états* cachés[3].
- $P := \{p_1, \ldots, p_n\}$ dénote l'ensemble des *n symboles* émis par les états cachés.
- $A = (a_{ij})$ est la matrice ($m \times m$) contenant les *probabilités de transition* $a_{ij} := P(c_i \to c_j)$ entre les états cachés.
- $B = (b_{jk})$ est la matrice ($m \times n$) contenant les *probabilités d'émission* $b_{jk} := P(p_k|c_j)$ des symboles étant donnés les états.
- Le vecteur $\pi := (\pi_1, \ldots, \pi_m)$ contient la distribution des *probabilités initiales*.[4]

A l'exception des probabilités initiales, ces éléments sont représentés schématiquement (pour $m = 2$ états et $n = 3$ phonèmes) sur la figure 8 (p. 70).

Sous ce modèle, la reconnaissance/génération d'une chaîne procède comme suit:

1. sélection d'un état initial c_i avec probabilité π_i;

---

3   Les éléments de cet ensemble sont dits «cachés» parce qu'il n'apparaissent pas directement dans la chaîne de symboles.

4   Ces probabilités initiales ne se confondent pas avec les probabilités *stationnaires* notées π_i au chapitre précédent: il s'agit ici de la probabilité que le processus *commence* dans un certain état.

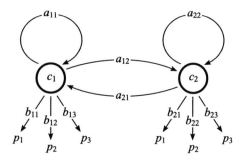

Figure n° 8. Structure schématique d'une chaîne de Markov cachée (HMM).

2. émission d'un phonème p_k avec probabilité b_{ik};

3. transition vers l'état c_j avec probabilité a_{ij} et retour à l'étape 2.

L'hypothèse fondamentale qui sous-tend le modèle est la suivante: les régularités observables au niveau des transitions de symboles dans une séquence donnée (par exemple une chaîne de phonèmes) ne dépendent pas directement des symboles eux-mêmes; elles sont la conséquence de deux facteurs indépendants: (i) les régularités qui gouvernent les transitions entre états cachés, et (ii) la «spécialisation» des symboles relativement aux états. Dans cette perspective, les états cachés apparaissent comme des *catégories* de symboles caractérisant leurs propriétés combinatoires.

4.3 Application à la catégorisation des phonèmes

En termes de HMM, la distinction entre consonnes et voyelles suggère un inventaire de $m = 2$ états cachés, l'un émettant surtout des consonnes et l'autre des voyelles, avec une probabilité de transition élevée entre les deux états, et faible entre chaque état et lui-même ($a_{12}, a_{21} \gg a_{11}, a_{22}$). Dans un contexte d'apprentissage non-supervisé, la question est de savoir dans quelle mesure cette structure peut être inférée sur la seule base d'une transcription phonologique.

L'algorithme de Baum-Welsh, également appelé «forward-backward algorithm» en anglais, permet justement d'estimer les paramètres d'un HMM de façon non-supervisée. Sans entrer dans les détails de cet algorithme, qu'on peut trouver dans de nombreux textes (voir p. ex. Manning et Schütze, 1999, pp. 333-336), on peut dire que le principe général consiste à (i) fixer aléatoirement un jeu de paramètres (π, A, B) initiaux, (ii) *prédire,* sur la base de ces paramètres, la fréquence (absolue) attendue de chaque transition entre états et émission de symboles par les états, (iii) *réestimer* les paramètres à partir de ces fréquences attendues et revenir au point (ii). Les phases de prédiction et de réestimation sont ainsi réitérées jusqu'à ce que le gain de probabilité du corpus étant donné le modèle tombe en dessous d'un seuil fixé au préalable (ou plus simplement après un nombre fixe d'itérations). On peut montrer qu'à chaque cycle de ce processus, la probabilité que le corpus ait été généré par ce modèle ne peut que croître, ou rester la même si l'algorithme a atteint un maximum *local.*[5]

Appliqué à notre corpus d'exemple (voir p. 221), dont l'inventaire de $n = 5$ phonèmes est $P = \{a, b, i, n, s\}$, cet algorithme fournit les probabilités de transition et d'émission suivantes, avec une probabilité initiale de 1 pour l'état c_1:[6]

$$A = \begin{pmatrix} & c_1 & c_2 \\ c_1 & 0 & 1 \\ c_2 & .9 & .1 \end{pmatrix} \quad B = \begin{pmatrix} & a & b & i & n & s \\ c_1 & 0 & .39 & 0 & .39 & .22 \\ c_2 & .57 & 0 & .28 & 0 & .15 \end{pmatrix} \quad (4.2)$$

5   Le caractère *local* de la solution trouvée par cette méthode peut s'expliquer intuitivement par la métaphore suivante. On peut comparer le déroulement de l'algorithme à un déplacement sur un relief montagneux où les dimensions horizontales (nord-sud et est-ouest, par exemple) représentent les paramètres du modèle, et la hauteur représente la probabilité du corpus étant donné le modèle. Partant d'un point au hasard sur cette surface, on cherche à se positionner toujours plus haut, c'est-à-dire à modifier les paramètres du modèle de façon à accroître sa probabilité de générer le corpus. Pour cela, on se dirige toujours là où la pente est la plus raide; tôt ou tard on parvient à un sommet, c'est-à-dire un point où chaque déplacement possible aboutirait à perdre de la hauteur, et donc l'algorithme s'interrompt. Naturellement, il est possible qu'il existe un sommet plus haut à un autre endroit du relief, mais il faudrait d'abord redescendre pour s'y rendre, et l'algorithme n'a pas la capacité de voir plus loin que le pas suivant.

6   Ces résultats ont été produits par le script Perl utilisé au chapitre 5.

Cette solution atteinte en 35 itérations correspond à nos attentes: les états cachés ont une très forte probabilité d'alterner entre eux, et se sont clairement spécialisés dans l'émission des consonnes pour le premier et des voyelles pour le second (je reviendrai sur le cas moins tranché du phonème *s* dans un instant).

On peut définir une classification des phonèmes sur la base de leur plus forte probabilité d'être émis par l'un des deux états cachés en définissant la fonction $f(p_i)$ de la façon suivante:

$$f(p_i) := \left\{ \begin{array}{l} \frac{b_{21}}{b_{11}} \text{ si } b_{11} \neq 0 \\ +\infty \text{ sinon} \end{array} \right. \tag{4.3}$$

Les groupes de phonèmes s'obtiennent alors comme $S := \{p_i | f(p_i) < 1\}$ et $S^c := \{p_i | f(p_i) \geq 1\}$. Dans notre exemple, on trouve $f(a) = +\infty$, $f(b) = 0$, $f(i) = +\infty$, $f(n) = 0$ et $f(s) = .67$, et les groupes sont donc $S = \{b, n, s\}$ et $S^c = \{a, i\}$.

L'une des particularités remarquable du modèle HMM est sa capacité à opérer une classification *contextuelle* des phonèmes. En effet, toutes les méthodes considérées jusqu'ici assignent à chaque phonème d'une langue une et une seule catégorie. Or il existe des situations où l'on peut arguer que le caractère vocalique ou consonantique d'un phonème varie en fonction du contexte où il se réalise. En latin, par exemple, on peut dire que le phonème /u/ connait une réalisation vocalique [u], et une réalisation consonantique [w] (en position intervocalique, éventuellement précédée d'une liquide [r] ou [l], et en début de mot). Dans cette perspective, le phonème /u/ apparaît dans des contextes où apparaissent typiquement des consonnes, et d'autres où apparaissent typiquement des voyelles; on devrait donc le classer à l'intersection des deux catégories.[7]

Il se trouve que l'une des applications traditionnelles du modèle HMM consiste à déterminer la séquence d'états cachés la plus probable pour une

---

7   Formellement, l'intersection de deux catégories formant une partition est vide par définition: $S \cap S^c = \emptyset$. On peut contourner cette limitation en introduisant explicitement une troisième catégorie, ou la dépasser en adoptant une définition *floue* de la notion d'appartenance à un groupe; on dira alors qu'un phonème donné appartient à l'une des catégories avec une certaine probabilité q, et donc à l'autre catégorie avec la probabilité complémentaire $1 - q$.

séquence de symboles donnée.[8] Par exemple, la séquence d'états la plus probable pour le mot *sins* selon le modèle dont les paramètres sont données dans l'équation 4.2 ci-dessus est 1212. Ainsi, la première occurrence du phonème *s* est classé comme une consonne et la seconde comme une voyelle. Cette analyse contre-intuitive s'explique par le fait que, sous ce modèle, le *n* apparaissant en troisième position ne peut avoir été généré que par la catégorie des consonnes ($b_{41} = 1$), et une consonne est *toujours* suivie par une voyelle ($a_{12} = 1$).[9] Quoi qu'il en soit, cet exemple illustre la capacité du modèle à catégoriser *contextuellement* les phonèmes d'une langue.

Cette discussion du modèle HMM conclut ma présentation théorique des méthodes de classification des phonèmes en consonnes et voyelles sur la base de leurs propriétés distributionnelles. Dans le prochain chapitre, nous examinerons les résultats obtenus par cette approche, l'algorithme de Sukhotin et la classification spectrale sur des données anglaises, françaises et finnoises.

---

8   Cette tâche est généralement effectuée au moyen de l'algorithme de Viterbi (voir p. ex. Manning et Schütze, 1999, pp. 332-333).

9   C'est ce qui explique que *s* ait une probabilité non-nulle d'être émis par les deux catégories ($b_{15} = .22$, $b_{25} = .15$).

Chapitre 5

Evaluation empirique

Dans les chapitres précédents, j'ai illustré une variété de méthodes de classification des phonèmes en consonnes et voyelles au moyen du corpus d'exemple décrit en p. 221. Il reste à caractériser le comportement de ces méthodes face à la complexité de données linguistiques réelles. A cet effet, je présenterai dans ce chapitre les résultats obtenus par l'application de trois méthodes (l'algorithme de Sukhotin, la classification spectrale et le modèle HMM[1]) à des données issues de trois langues naturelles (anglais, français et finnois). En particulier, je chercherai à répondre aux questions suivantes:

1. Dans quelle mesure la classification obtenue avec chacune des méthodes correspond-elle à la classification en consonnes et voyelles *phonétiques?*
2. Comment cette correspondance varie-t-elle en fonction de la langue considérée?
3. Pour une langue donnée, comment cette correspondance varie-t-elle en fonction de l'échantillon considéré?

5.1 Méthodologie d'évaluation

L'exposé de la méthodologie utilisée pour cette évaluation se fera en quatre étapes. Je rappellerai d'abord les points importants des trois méthodes comparées, avant de décrire brièvement les corpus utilisés. Puis je présenterai les mesures d'évaluation et finalement les procédures d'échantillonnage appliquées aux données.

---

1   Je ne traiterai pas ici des méthodes de classification ascendante hiérarchique, ni de l'approche basée sur le principe de la longueur de description minimale, puisqu'elles sont systématiquement évaluées par Powers (1997) et Ellison (1991).

5.1.1 Méthodes comparées

Les trois méthodes retenues pour cette comparaison sont l'algorithme de
Sukhotin et les deux propositions récentes de Goldsmith et Xanthos (soumis pour publication): classification spectrale et HMM. L'algorithme de
Sukhotin est implémenté sous la forme d'un script Perl, et fonctionne de la
façon décrite en section 2.2.1, à ceci près qu'il ne s'interrompt pas lorsque
tous les scores v_i sont négatifs ou nuls (voir point 4, p. 24). Tous les phonèmes sont bien classés comme des consonnes à partir de ce point, mais
l'algorithme continue de les ordonner jusqu'au dernier, afin de pouvoir
analyser plus finement les résultats: en effet, une erreur[2] de classification
s'interprète différemment selon que le phonème concerné est à la frontière
entre les deux catégories ou clairement associé à l'une d'entre elles.

La classification spectrale s'opère selon les principes présentés au chapitre 3. Le contexte des occurrences de chaque phonème est défini comme
le symbole précédent dans le mot, le symbole # dénotant le contexte de début de mot. La matrice F des fréquences de phonèmes en contexte est produite au moyen d'un script Perl, et les opérations suivantes (la construction
de la matrice N, sa décomposition spectrale, le calcul du vecteur de coordonnées $\hat{x}$ et des conductances des partitions associées) sont effectuées au
moyen du logiciel R.

L'approche basée sur le modèle HMM suit les indications données dans
la section 4.3. L'algorithme de Baum-Welsh est implémenté sous la forme
d'un script Perl. Le modèle est d'ordre 1, c'est-à-dire que la probabilité de
transiter vers un état donné ne dépend que de l'état qui le précède immédiatement, et le nombre d'états cachés est fixé à 2. Tous les paramètres initiaux
sont déterminés aléatoirement: les paramètres de chaque distribution (probabilités initiales, probabilités de transition et d'émission étant donné un
état) sont d'abord tirés au hasard suivant une loi uniforme $U(.45, .55)$, puis

---

2   C'est afin de simplifier la présentation que je parlerai ici d'«erreurs» pour
     caractériser les divergences entre la classification inférée par une méthode
     donnée et la classification phonétique donnée en référence dans le tableau 2
     (p. 78); il importera de garder à l'esprit que la comparaison avec une réfé-
     rence et le choix de cette référence ne sont conçus ici que comme des moyens
     de structurer l'évaluation empirique des méthodes considérées.

normalisés en les divisant par la somme des paramètres de la distribution considérée.[3] Le nombre d'itérations est fixé arbitrairement à 50.

5.1.2 Données

Les données utilisées pour cette évaluation proviennent de sources différentes. Dans la mesure du possible, j'ai cherché à utiliser des corpus transcrits phonétiquement[4]. Ce type de données n'est généralement pas librement accessible, même pour un usage académique. C'est toutefois le cas des bases de données lexicales CMUDICT.0.6 (Weide, 1995) et BRULEX (Content, Mousty et Radeau, 1990), dont sont extraites les données anglaises et françaises traitées ici. Je tiens à souligner la générosité des équipes ayant constitué ces corpus et choisi de les rendre librement accessibles à la communauté scientifique.

Le lexique CMUDICT.0.6 est un dictionnaire de prononciation de l'anglais nord-américain développé à des fins de reconnaissance de la parole. Comme tous les corpus utilisés ici, il se présente sous la forme d'une liste de mots (sans répétition). Il comprend 101 621 mots distincts pour un to-

---

3   C'est une pratique courante que d'initialiser les paramètres d'un HMM à des valeurs proches d'une distribution uniforme.

4   Il existe un certain flottement dans l'usage des termes *phonétique* et *phonologique* pour qualifier le système de transcription d'un corpus. En linguistique computationnelle anglo-saxonne, par exemple, on parle fréquemment de transcription phonétique lorsque les segments sont décrits par des vecteurs de traits articulatoires simultanés. Dans d'autres contextes, comme en linguistique fonctionnaliste, une transcription phonologique se distingue par la notation explicite des phénomènes de *neutralisation:* en français, par exemple, on fera usage d'un symbole différent de /e/ *et* /ɛ/ au début d'un mot comme *était,* pour rendre compte du fait que l'opposition de ces phonèmes n'est pas pertinente à l'initiale d'un mot. Comme aucun des corpus utilisés ici ne code systématiquement ce type d'information, je parlerai par convention de transcriptions *phonétiques,* tout en reconnaissant que d'autres arguments justifieraient le choix opposé (notamment la transcription des diphtongues anglaises comme symboles uniques). Par ailleurs, j'utiliserai le terme *symbole* pour référer sans distinction aux unités phonétiques et orthographiques.

Anglais	consonnes	[p] [b] [m] [f] [v] [w] [t] [d] [n] [tʃ] [dʒ] [θ] [ð] [s] [z] [ʃ] [ʒ] [l] [ɹ] [j] [k] [g] [ŋ] [h]
	voyelles	[i] [ɪ] [u] [ʊ] [eɪ] [oɪ] [oʊ] [ɛ] [ɚ] [ʌ] [ɔ] [æ] [aɪ] [aʊ] [ɑ]
Français	consonnes	[p] [b] [m] [f] [v] [w] [ɥ] [t] [d] [n] [s] [z] [ʃ] [ʒ] [l] [ɲ] [j] [k] [g] [ŋ] [ʁ] [h]
	voyelles	[i] [y] [u] [e] [ø] [o] [ə] [ɛ] [ɛ̃] [œ] [œ̃] [ɔ] [ɔ̃] [a] [ɑ] [ɑ̃]
Finnois	consonnes	p b m f v w t d n s z l r j k g c x h
	voyelles	i y u e ö o ä a

Tableau nᵒ 2. Classification phonétique en consonnes et voyelles.

tal de 664 970 symboles. La transcription est basée sur un inventaire de 39 symboles, divisés en 24 consonnes et 15 voyelles (y compris 5 diphtongues), dont la liste complète figure sur le tableau 2, dans la notation de l'Alphabet Phonétique International (API).[5]

BRULEX est présenté par ses auteurs comme un «outil développé pour la recherche en psycholinguistique» (Content et al., 1990). Il comporte, outre une variété d'indications lexicales et morphologiques, une transcription phonétique de chaque entrée. L'agrégation des homophones fournit une liste de 29 490 formes distinctes pour 202 289 symboles, codées sur un inventaire de 23 consonnes et 16 voyelles (voir tableau 2).[6]

Les données orthographiques sont naturellement beaucoup plus accessibles et l'on peut considérer que l'orthographe de certaines langues, comme le finnois, est relativement proche d'une transcription phonétique – du moins par rapport à l'anglais ou au français. C'est pour cette raison, et pour accroître la diversité des langues considérées, que j'ai inclus un corpus orthographique finnois. Il s'agit d'une liste de 44 040 mots distincts (pour 466 134 symboles) compilée par Fred Karlsson. L'inventaire des 19 consonnes et 8 voyelles apparaissant dans ce corpus est indiqué sur le tableau 2.[7]

5   CMUDICT.0.6 comprend également des indications relatives à l'accentuation des voyelles; elles sont simplement ignorées ici.
6   Le symbole [h] dénote ici le *h aspiré*.
7   Ce corpus ne contient aucune occurrence des symboles *å* et *z*.

5.1.3 Mesures d'évaluation

La question de l'évaluation d'une méthode de classification est un problème classique en statistique.[8] L'approche utilisée ici est basée sur l'interprétation que donne Wallace (1983) de l'article de Fowlkes et Mallows (1983). On cherche à caractériser la divergence entre une partition *de référence* (en l'occurrence, la classification phonétique donnée dans le tableau 2, p. 78) et une partition *inférée* par une méthode donnée. A cet effet, on convient de représenter une partition de n symboles en $g < n$ groupes mutuellement exclusifs par le biais d'une matrice *d'appartenance* $Z = (z_{jk})$, de dimension $(n \times g)$, où la composante z_{jk} vaut 1 si le symbole j appartient au groupe k, et 0 sinon.

Toute partition induit un ensemble de relations entre les objets considérés. Dans le cas le plus simple, on dira qu'il existe une relation entre deux symboles s'ils appartiennent au même groupe, et non dans le cas contraire. Formellement, le produit matriciel ZZ' entre la matrice Z et sa transposée définit une matrice *de relation* $R = (r_{ij})$, de dimension $(n \times n)$, dont la composante z_{ij} vaut 1 si les symboles i et j appartiennent au même groupe et 0 sinon. Par exemple, étant donné l'inventaire de symboles $P = \{a, b, i, n, s\}$, la classification $S = \{b, n, s\}$ et $S^c = \{a, i\}$ correspond aux matrices Z et R suivantes:

$$
Z = \begin{pmatrix}
 & S & S^c \\
a & 0 & 1 \\
b & 1 & 0 \\
i & 0 & 1 \\
n & 1 & 0 \\
s & 1 & 0
\end{pmatrix}
\qquad
R = \begin{pmatrix}
 & a & b & i & n & s \\
a & 1 & 0 & 1 & 0 & 0 \\
b & 0 & 1 & 0 & 1 & 1 \\
i & 1 & 0 & 1 & 0 & 0 \\
n & 0 & 1 & 0 & 1 & 1 \\
s & 0 & 1 & 0 & 1 & 1
\end{pmatrix}
\tag{5.1}
$$

La somme $r_{\bullet\bullet} = 13$ de toutes les composantes de R correspond au nombre de paires de symboles (i, j) qui appartiennent au même groupe selon la

---

8 Voir p. ex. les contributions de Goodman et Kruskal (1954), Mirkin et Chernyi (1970), Rand (1971), Williams et Clifford (1971), Arabie et Boorman (1973), Rohlf (1974), Day (1981), Hubert et Arabie (1985) et Bavaud (2004b).

partition considérée.[9] La valeur minimale de cette somme, n, est atteinte lorsque chaque symbole forme un groupe séparé et n'est donc en relation qu'avec lui-même; on a alors $R = I$, où I dénote la matrice *identité*, qui contient des 1 dans la diagonale principale et des 0 partout ailleurs. La valeur maximale, n^2, correspond au cas où tous les symboles appartiennent au même groupe et sont reliés; dans ce cas, chaque composante de la matrice R vaut 1.

Notons $Z^{\text{réf}}$ et Z^{inf} les matrices d'appartenance respectives d'une partition de référence et d'une partition inférée, et $R^{\text{réf}}$ et R^{inf} les matrices de relation associées. Le produit $r_{ij}^{\text{réf}} r_{ij}^{\text{inf}}$ vaut 1 si les deux partitions s'accordent à placer les symboles i et j dans le même groupe, et 0 sinon. Soit $M = (m_{ij})$ la matrice de composantes $m_{ij} := r_{ij}^{\text{réf}} r_{ij}^{\text{inf}}$. La somme $m_{\bullet\bullet}$ des composantes de M représente le nombre de paires que les deux partitions s'accordent à grouper; ce nombre est compris entre n et la plus petite des sommes des deux matrices de relation: $n \leq m_{\bullet\bullet} \leq \min(r_{\bullet\bullet}^{\text{réf}}, r_{\bullet\bullet}^{\text{inf}})$. Par exemple, supposons que la partition de référence soit celle donnée en 5.1 (p. 79), et que la partition inférée assigne à tort le symbole i au groupe contenant b, n et s:

$$
Z^{\text{inf}} = \begin{pmatrix} & S & S^c \\ a & 0 & 1 \\ b & 1 & 0 \\ i & 1 & 0 \\ n & 1 & 0 \\ s & 1 & 0 \end{pmatrix} \qquad
R^{\text{inf}} = \begin{pmatrix} & a & b & i & n & s \\ a & 1 & 0 & 0 & 0 & 0 \\ b & 0 & 1 & 1 & 1 & 1 \\ i & 0 & 1 & 1 & 1 & 1 \\ n & 0 & 1 & 1 & 1 & 1 \\ s & 0 & 1 & 1 & 1 & 1 \end{pmatrix} \tag{5.2}
$$

La matrice M vaut alors:

$$
M = \begin{pmatrix} & a & b & i & n & s \\ a & 1 & 0 & 0 & 0 & 0 \\ b & 0 & 1 & 0 & 1 & 1 \\ i & 0 & 0 & 1 & 0 & 0 \\ n & 0 & 1 & 0 & 1 & 1 \\ s & 0 & 1 & 0 & 1 & 1 \end{pmatrix} \tag{5.3}
$$

9   Les paires (i, j) et (j, i) sont comptées séparément dans cette sommation, mais ce n'est pas un problème pour la suite des calculs et il n'y a pas lieu de s'en préoccuper.

La somme $m_{\bullet\bullet}$ vaut 11, et l'on vérifie qu'elle est comprise entre $n = 5$ et $\min(r_{\bullet\bullet}^{\text{réf}}, r_{\bullet\bullet}^{\text{inf}}) = \min(13, 17) = 13$.

Du point de vue de la relation entre deux symboles i et j, les divergences entre les deux partitions peuvent prendre deux formes: soit les symboles sont groupés dans la partition inférée et non dans la partition de référence ($r_{ij}^{\text{inf}} = 1, r_{ij}^{\text{réf}} = 0$), soit l'inverse ($r_{ij}^{\text{inf}} = 0, r_{ij}^{\text{réf}} = 1$). Dans les termes de la théorie de la détection du signal (Green et Swets, 1966), le premier cas est une erreur de *précision* (ou «fausse alarme») et le second une erreur de *rappel* (ou «manqué»). En généralisant ces notions aux partitions entières, on peut définir les rapports suivants:

1. La *précision* de la partition inférée (relativement à la partition de référence) est égale à la proportion des relations inférées qui existent effectivement selon la référence: $\frac{m_{\bullet\bullet}}{r_{\bullet\bullet}^{\text{inf}}}$.

2. Le *rappel* de la partition inférée est égal à la proportion des relations existantes (selon la référence) qui sont correctement inférées: $\frac{m_{\bullet\bullet}}{r_{\bullet\bullet}^{\text{réf}}}$.

Dans notre exemple, on trouve ainsi une précision de $11/17 = .65$ et un rappel de $11/13 = .85$. A titre de comparaison, on peut considérer les deux cas extrêmes déjà mentionnés: si la partition inférée place chaque phonème dans un groupe distinct, on a $M = R^{\text{inf}} = I$, d'où $m_{\bullet\bullet} = r_{\bullet\bullet}^{\text{inf}} = n = 5$, et donc la précision est maximale ($5/5 = 1$) et le rappel minimal ($5/13 = .38$); si au contraire la partition place tous les phonèmes dans un seul groupe, on a $r_{ij}^{\text{inf}} = 1$ pour tous i, j, d'où $r_{\bullet\bullet}^{\text{inf}} = n^2 = 25$, et $M = R^{\text{réf}}$, d'où $m_{\bullet\bullet} = r_{\bullet\bullet}^{\text{réf}} = 13$; la précision est donc égale à $13/25 = .52$, et le rappel est maximal ($13/13 = 1$). On peut vérifier que seul le cas $Z^{\text{inf}} = Z^{\text{réf}}$ fournit une précision *et* un rappel de 1.

Dans toutes les partitions que nous comparerons ci-après, le nombre de groupes sera constant et égal à 2. Dans ce contexte, classer une voyelle parmi les consonnes (par exemple) aboutit à supprimer à tort les relations entre cette voyelle et toutes les autres, ainsi qu'à créer des relations incorrectes avec toutes les consonnes. Cette erreur se traduira donc par une perte de précision *et* de rappel. Ainsi, l'interprétation de ces valeurs est parfois délicate, notamment en ce qui concerne leurs différences; c'est pourquoi l'analyse des résultats de cette évaluation sera également basée sur l'examen des partitions proprement dites, et non simplement sur la comparai-

Corpus	Mots	Symboles (tokens / types)
Anglais	101 621	664 970 / 39
Français	29 490	202 289 / 38
Finnois	44 040	466 134 / 27

Tableau n° 3. Nombre de mots et de symboles pour chaque corpus.

son des valeurs de précision et de rappel (les partitions en question figurent dans l'appendice B, tableaux 18 à 26).

5.1.4 Principes d'échantillonnage

Les trois méthodes comparées ici reposent sur la fréquence des séquences de symboles dans les corpus. Ces valeurs sont généralement influencées par la taille du corpus, et comme l'indique le tableau 3, cette taille varie du simple au triple pour nos données anglaises, françaises et finnoises. Afin de réduire l'impact de ce facteur, les méthodes ne seront pas appliquées aux corpus entiers, mais à des sous-échantillons extraits de ceux-ci. La taille de ces échantillons sera normalisée à un nombre arbitraire de symboles, en l'occurrence 10 000.

A priori, cette approche présente deux inconvénients sérieux: d'une part, n'utiliser que 10 000 symboles implique de renoncer à une part importante de l'information disponible; d'autre part, on peut se demander si les résultats obtenus sur la base d'un échantillon particulier sont identiques à ceux que fournirait le traitement d'un autre échantillon de même taille. Pour ces raisons, on ne se contentera pas d'utiliser un échantillon unique pour chaque langue: les méthodes seront appliquées à un nombre arbitraire d'échantillons (en l'occurrence 25), et les valeurs de précision et de rappel indiquées plus loin seront des moyennes sur ces 25 expériences. Cela permettra également de calculer des intervalles de confiance pour ces valeurs moyennes.

Pour un corpus de taille l, la procédure de constitution d'un échantillon de (environ) 10 000 symboles est définie comme suit. Chaque mot du corpus est considéré successivement, et échantillonné (c'est-à-dire sélectionné pour figurer dans l'échantillon) avec une probabilité uniforme de $10\,000/l$.

Ce processus s'interrompt soit lorsque chaque mot a été traité, soit lorsque le nombre total de symboles dans les mots échantillonnés atteint 10 000. Si l'échantillon ainsi constitué contient au moins 10 000 symboles *et* au moins une occurrence de chaque symbole de l'inventaire du corpus original, il est retenu pour l'évaluation; dans le cas contraire, l'échantillon est supprimé et la procédure est réitérée jusqu'à ce que les deux conditions soient satisfaites.

5.1.5 Résumé

La méthodologie de cette évaluation peut être résumée comme suit. On compare trois méthodes pour la classification non-supervisée en consonnes et voyelles: l'algorithme de Sukhotin, la classification spectrale, et une approche basée sur le modèle HMM. Chaque méthode est appliquée à des échantillons tirés de trois listes de mots: deux transcriptions phonétiques (en anglais et en français) et une transcription orthographique en finnois. Pour chaque combinaison d'une méthode et d'un corpus, on tire 25 échantillons de 10 000 mots, on calcule la précision et le rappel obtenus à partir de chaque échantillon, et l'on relève les valeurs moyennes sur les 25 tirages (ainsi que leurs intervalles de confiance). On calcule également les moyennes pour chaque méthode en agrégeant les valeurs obtenues pour les trois corpus. Ces résultats, ainsi que les partitions proprement dites, sont examinés dans la section suivante.

5.2 Résultats

Considérons d'abord le cas où les résultats des trois corpus sont agrégés. La précision et le rappel moyens pour chaque méthode, ainsi que leurs intervalles de confiance à 95%, sont représentés sur la figure 9 (p. 84).[10] Du point de vue de la proximité avec la classification phonétique de référence, les résultats du modèle HMM sont supérieurs à ceux de l'algorithme de Su-

---

10 Ces moyennes, ainsi que celles correspondant à la figure 10 (p. 85) ci-dessous, sont reportées dans le tableau 4 (p. 85).

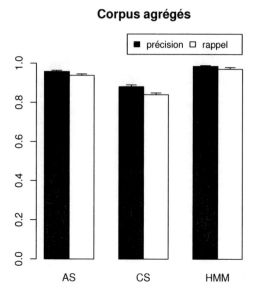

Figure n° 9. Précision et rappel moyens de chaque méthode, tous corpus confondus.

khotin (AS, dorénavant), eux-mêmes supérieurs à ceux de la classification spectrale (CS) – aussi bien pour la précision que pour le rappel.

La précision est généralement plus élevée que le rappel, particulièrement dans le cas de la classification spectrale. Comme on le verra plus loin, l'examen des classifications révèle que la «direction» des écarts à la classification de référence est presque toujours la même: les méthodes tendent à classer parmi les voyelles[11] des symboles classés comme des consonnes selon la référence. Comme les consonnes sont plus nombreuses dans les trois références, en traiter une fraction comme des voyelles rompt plus de relations existantes (dans la référence) que cela n'en crée de fallacieuses; c'est ce qui explique le biais systématique en défaveur du rappel.

Les résultats obtenus pour chaque corpus sont représentés sur la figure 10 (p. 85). Ils diffèrent entre les deux corpus phonétiques d'une part

11   Voir l'appendice B (p. 223) pour une explication de ce que je désigne comme l'ensemble des *voyelles* dans les partitions inférées.

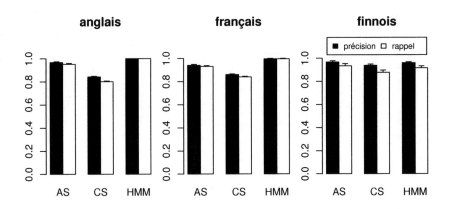

Figure n° 10. Précision et rappel moyens de chaque méthode sur chaque corpus.

	Précision				Rappel			
Méthode	total	angl.	fr.	fi.	total	angl.	fr.	fi.
Sukhotin	.96	.97	.94	.97	.94	.95	.93	.93
c. spectrale	.88	.84	.86	.94	.84	.80	.84	.88
HMM	.99	1.00	1.00	.96	.97	1.00	1.00	.92

Tableau n° 4. Précision et rappel moyens de chaque méthode

et le corpus orthographique d'autre part. Pour l'anglais et le français, l'ordonnancement des trois méthodes est le même que pour les corpus agrégés. La correspondance entre la classification produite par le modèle HMM et la classification de référence est impressionnante: elle est parfaite en anglais, et presque parfaite en français. Pour le finnois, les résultats des trois méthodes sont moins contrastés, bien que la CS présente un rappel sensiblement moindre que les autres; en moyenne, l'AS passe devant le modèle HMM du point de vue de la fidélité à la classification phonétique. Les intervalles de confiance calculés pour le corpus finnois sont aussi plus grands que ceux de l'anglais et du français, traduisant une plus grande variabilité des classifications en fonction des échantillons. A ce point, il est délicat d'attribuer les différences entre le corpus finnois et les autres plutôt au mode de transcription ou au système phonologique considéré; il faudra pour cela effectuer des comparaisons supplémentaires avec les transcriptions orthographiques des corpus anglais et français ou avec un corpus finnois transcrit phonétiquement.

L'examen du détail des classifications (tableaux 18 à 26, pp. 224-232) met en lumière d'autres phénomènes que les valeurs moyennes de précision et de rappel. Comme on l'a dit, les écarts à la classification de référence consistent quasiment toujours à classer des consonnes parmi les voyelles. La seule exception est que la voyelle nasale française [œ̃] (qu'on retrouve dans *un*, p. ex.) est parfois identifiée comme une consonne (dans 7 échantillons sur 25 pour l'AS, 3/25 pour la CS et 1/25 pour le modèle HMM). En fait, on peut s'étonner de ce que ce symbole soit si souvent classé correctement, au vu de son extrême rareté dans les données: 25 occurrences dans le corpus entier, souvent une seule par échantillon.

La seule «erreur» sur laquelle s'accordent les trois méthodes est pour ainsi dire la seule qui fait s'écarter les résultats du modèle HMM de la classification phonétique: le symbole finnois q est fréquemment classé comme une voyelle (AS: 15/25, CS: 20/25, HMM: 19/25). Il s'agit à nouveau d'un symbole très rare (18 occurrences dans le corpus entier), et du point de vue des contextes dans lesquels il apparaît, il se comporte effectivement plutôt comme une voyelle: sur 18 occurrences en position non initiale, 15 sont précédées d'une consonne, et 11/16 occurrences non finales sont suivies d'une consonne. Les consonnes g, c et w sont également classées parmi les voyelles avec une certaine régularité (pour 7 à 13 classifications sur le cumul des échantillons finnois). Les trois sont relativement rares (leurs fréquences relatives sont comprises entre 2×10^{-4} et 2×10^{-3} dans tout le corpus), mais seul g manifeste des préférences contextuelles particulières: plus de la moitié de ses occurrences suivent une consonne, en particulier n (dans 53% des cas) et r (12%). Les quelques cas où c et w sont classés comme des voyelles sont en général des conséquences du processus d'échantillonnage: étant donné la rareté de ces symboles, seule une faible portion de leurs contextes possibles apparaît dans chaque échantillon; pour peu que les contextes consonantiques soient majoritaires dans cette portion (et donc proportionnellement plus nombreux que dans le corpus entier), il est possible que ces symboles soient groupés avec les voyelles.

Un autre écart à la classification phonétique se retrouve régulièrement dans les classifications obtenues pour le corpus anglais par l'AS et la CS; il s'agit du classement de la rétroflexe [ɹ] (finale de *more*) parmi les voyelles (AS: 20/25, CS: 23/25). Contrairement aux cas particuliers considérés jusqu'ici, il s'agit d'un des symboles les plus fréquents: sa fréquence relative dans le corpus total est d'environ .05. Dans le cas de l'AS, il s'avère que les deux premiers symboles classés parmi les voyelles sont généralement [ʌ] *(but)* et [ɪ] *(bit)*; bien que [ɹ] ne soit pas particulièrement rare dans le voisinage de [ʌ] et [ɪ], sa fréquence indépendamment du contexte est suffisamment élevée pour que le score v_1 qui mesure la force de son association avec les voisinages consonantiques[12] soit le plus élevé parmi les symboles classés comme consonnes à ce point, d'où sa catégorisation parmi les voyelles. En ce qui concerne la CS, je n'ai pas pu déterminer en quoi le profil des fréquences de [ɹ] en contexte (ni celui de [z], groupé avec les voyelles dans 19 échantillons sur 25) peut être jugé plus similaire à celui des voyelles que des consonnes; je reviendrai sur ces cas ci-dessous.

L'exemple du traitement de [ɹ] par l'AS révèle une faiblesse de cette approche: l'information sur la base de laquelle est effectué le classement de chaque symbole successif s'affine à mesure que l'algorithme progresse, mais elle est d'abord très approximative. A l'extrême, l'identification de la première voyelle ne se base que sur la fréquence totale des symboles; à mesure que d'autres voyelles sont identifiées, cette fréquence joue un rôle moins important dans l'inférence, et l'information cruciale des fréquences *dans un voisinage consonantique* devient prépondérante. En conséquence, l'AS est susceptible de classer parmi les voyelles les consonnes les plus fréquentes. Cette issue est certaine dans le cas où le symbole le plus fréquent est une consonne, comme l'illustre le groupement systématique de [ʁ] avec les voyelles en français; ce problème ne semble toutefois pas affecter négativement le classement des symboles restants.

Comme on l'a mentionné plus haut, la CS est la méthode qui s'écarte le plus de la classification de référence, en particulier pour les corpus anglais et français. Pour ces deux corpus, elle classe toujours les semi-voyelles [w] (intitiale de *oiseau*) et [j] (initiale de *hier*), ainsi que [ɥ] (initiale de *huit*) en français, parmi les voyelles; cela s'explique par le fait que le contexte

---

12 Rappelons qu'à ce point de l'algorithme, ce score correspond au total des occurrences de [ɹ] en première ou en deuxième position d'une paire de symboles, moins le double de ses occurrences dans le voisinage de [ʌ] ou [ɪ] (voir section 2.2.1).

d'un symbole est défini ici comme le symbole précédent dans le mot, et que pour ces semi-voyelles, il s'agit beaucoup plus fréquemment d'une consonne (phonétique) que d'une voyelle. Par ailleurs, on a déjà vu que les consonnes anglaises [ɹ] et [z] sont aussi régulièrement identifiées comme des voyelles par cette méthode. Le tableau 19 (p. 225) montre que, dans les quelques partitions inférées où [ɹ] ou [z] ne sont pas classées parmi les voyelles, une autre consonne phonétique tend à prendre leur place ([d], le plus souvent), si bien que les consonnes phonétiques identifiées comme des voyelles sont presque toujours au nombre de 4. Une explication possible serait qu'il s'agit là d'un effet de l'usage de la conductance, qui favorise les partitions où les volumes des deux groupes sont équilibrés. D'ailleurs, cet effet est considérablement atténué si l'on applique la variante la plus simple de la classification spectrale, qui consiste à partitionner les symboles selon que leur coordonnée sur le vecteur de Fiedler (voir section 3.3.2) est positive ou négative; dans ce cas, les semi-voyelles phonétiques restent groupées avec les voyelles, mais [ɹ] et [z] sont groupées avec les consonnes.

En résumé, voici les points principaux qui se dégagent de cette évaluation:

1. La classification obtenue par le modèle HMM est de loin la plus proche d'une classification phonétique pour les corpus anglais et français, suivie par l'AS; pour le corpus finnois, la classification produite par l'AS est la plus proche de la référence, mais les résultats sont moins contrastés d'une méthode à l'autre et dans l'ensemble plus variables.

2. Dans la plupart des cas, les écarts à la référence consistent à classer des consonnes phonétiques parmi les voyelles; comme la référence contient toujours plus de consonnes que de voyelles, cela se traduit par un rappel généralement inférieur à la précision. Ce phénomène est particulièrement marqué dans le cas de la CS, qui favorise un partitionnement en groupes équilibrés.

3. De façon somme toute prévisible, aucune des trois méthodes ne parvient traiter correctement les symboles classés comme des consonnes selon la référence, mais plus fréquents en contexte consonantique que vocalique, comme le symbole *q* en finnois; le classement des semi-voyelles parmi les voyelles par la CS relève du même problème, le

contexte étant défini dans ce cas comme symbole précédent dans le mot.

4. Les trois méthodes sont vulnérables aux fréquences particulièrement faibles (p. ex. [œ̃] en français, ou w et c en finnois). Par ailleurs, l'AS est susceptible d'identifier les consonnes phonétiques les plus fréquentes comme des voyelles.

Chapitre 6

Synthèse et discussion

Arrivé au terme de cette première partie, je résume brièvement son contenu avant de soulever certains éléments de discussion. J'ai d'abord introduit la problématique générale de la classification des phonèmes sur la base des restrictions qui portent sur leur combinatoire. Parmi ces restrictions, on peut distinguer celles qui sont conditionnées par les contraintes physiologiques de la phonation, et celles qui ne peuvent s'expliquer en ces termes. Les premières sont en principe indépendantes de la langue considérée, et la plus générale d'entre elles est celle qui fonde la distinction entre consonnes et voyelles: il s'agit d'un partitionnement des phonèmes en deux groupes tels qu'ils tendent à alterner dans la chaîne parlée.

Nous avons vu que la problématique de la classification distributionnelle des phonèmes est un thème important dans les travaux des structuralistes européens et américains jusque dans les années 1950. Si les détails des modèles et méthodes varient (par exemple quant à la définition du contexte pertinent ou au type de classification cherché), les linguistes de cette époque s'accordent à reconnaître l'importance d'une analyse de ce type dans le cadre de la phonématique. C'est seulement avec l'avènement de la linguistique générative, dès les années 1960, que la question cesse d'être une priorité pour les phonologues.

Bien avant que cette probématique soit remise au goût du jour par des travaux de linguistique computationnelle (parus surtout à partir de 1990), les travaux pionniers de Sukhotin (1962, 1973) constituent, semble-t-il, la première proposition pour une méthode d'apprentissage non-supervisé de la classification en consonnes et voyelles. L'ébauche d'une approche quantitative du problème était déjà présente dans les travaux structuralistes des années 1950 (O'Connor et Trim, 1953; Arnold, 1956), mais je n'ai pas connaissance d'une formulation véritablement algorithmique antérieure à celle de Sukhotin. Par la suite, plusieurs publications examinent en détail l'application des méthodes de classification ascendante hiérarchique (Powers, 1991, 1997; Finch, 1993; Schifferdecker, 1994). Ellison (1991, 1994) présente les résultats très positifs d'une approche simple et élégante basée sur le principe de la longueur de description minimale.

Dans les chapitres 3 et 4, j'ai présenté en détail deux approches proposées récemment par Goldsmith et Xanthos (soumis pour publication). La première est une méthode de classification spectrale basée sur le modèle décrit par Bavaud et Xanthos (2005). La seconde est une application du modèle des chaînes de Markov cachées (HMM). Ces deux méthodes, ainsi que celle de Sukhotin, sont systématiquement évaluées au chapitre précédent. Chacune est appliquée à plusieurs échantillons pris dans deux corpus transcrits phonétiquement (en anglais et en français) et un corpus orthographique finnois. Les résultats sont évalués quantitativement du point de vue de la proximité entre les classifications inférées par ces méthodes et la classification phonétique des symboles de chaque langue; les divergences entre les classifications inférées et la référence phonétique font également l'objet d'un examen détaillé.

Il ressort de cette évaluation que les trois méthodes produisent une classification très proche de la classification phonétique. Le modèle HMM est en général le plus fidèle à la référence, et la classification spectrale s'en écarte le plus. Les divergences consistent presque toujours à classer des consonnes (selon la référence) parmi les voyelles. Dans certains cas, cela s'explique par le fait que la distribution d'un symbole correspondant à une consonne phonétique est effectivement plus typique d'une voyelle que d'une consonne. Dans d'autres cas, il s'agit d'un problème d'échantillonnage: par exemple, quand une consonne est peu fréquente dans le corpus, il peut arriver que ses occurrences dans des contextes consonantiques soient sur-représentées dans l'échantillon, favorisant son classement parmi les voyelles. Enfin, l'algorithme de Sukhotin et la classification spectrale semblent présenter des vulnérabilités particulières: le premier risque de classer les consonnes les plus fréquentes comme des voyelles; la tendance de la seconde à former des classes de même volume peut jouer en sa défaveur, dans la mesure où le nombre de consonnes différentes est très généralement – peut-être universellement – plus élevé que le nombre de voyelles différentes.

Pour conclure, j'aimerais discuter en particulier les points suivants: le caractère anonyme des classes inférées, le rôle joué par la segmentation en mots et la question de la définition du contexte. Dans la plupart des cas, les classes identifiées par les méthodes considérées sont «anonymes», en ce sens qu'on ignore quelle est la classe des consonnes et celle des voyelles. L'algorithme de Sukhotin fait exception, puisqu'il repose sur l'hypothèse que la classe des voyelles est celle qui contient le symbole le plus fréquent. Pour les corpus que nous avons considérés ici, ce critère s'avère suffisant et l'algorithme identifie correctement les voyelles. Toutefois, le symbole le plus fréquent dans les échantillons de notre corpus français s'avère être la consonne [ʁ], et si la classe des voyelles est correctement identifiée, c'est uniquement parce que [ʁ] lui est incorrectement assigné. Appliquer le critère du symbole le plus fréquent aux résultats des deux autres méthodes, qui classent [ʁ] parmi les consonnes, aboutirait à la mauvaise décision.

Dans la perspective des structuralistes, ce qui caractérise la classe des voyelles (phonologiques), c'est la capacité d'au moins une partie de ses membres à former une syllabe à eux seuls. Si la syllabation ou, à défaut, la segmentation en mots est connue, c'est là un critère d'application particulièrement simple. Dans sa formulation originale, l'algorithme de Sukhotin est prévu pour opérer sur des données non segmentées, ce qui justifie que le critère d'«autonomie» des voyelles ait été écarté au profit de celui du symbole le plus fréquent. Si les données ne sont pas segmentées, on peut toutefois envisager l'usage d'autres critères, tels que la différence de taille entre les groupes ou la différence de probabilité d'alterner avec les membres de l'autre groupe.[1]

Dans le cadre général de cette thèse, il n'est pas fondamental d'être capable d'identifier la classe des voyelles à ce point. En effet, c'est dans le but de permettre une analyse morphologique ultérieure qu'on effectue cette analyse phonologique, et c'est le niveau morphologique qui fournira le critère pertinent pour nommer (implicitement) les classes. Sans anticiper les détails de la partie suivante, disons simplement ceci: on obtiendra deux analyses morphologiques différentes selon qu'on traite l'une ou l'autre des deux classes de phonèmes comme celle des voyelles; les deux seront consi-

---

1   Mon intuition est que les consonnes (phonologiques) sont plus enclines à se combiner entre elles que les voyelles, mais il faudrait mettre cette hypothèse à l'épreuve d'une variété de langues naturelles. A supposer que ce soit bien le cas, la classe des voyelles pourrait par exemple être définie comme celle dont les probabilités de transition ont l'entropie la plus faible, dans le cas du modèle HMM.

dérées, et l'on retiendra l'analyse la moins complexe (au sens du MDL), ce qui aboutira indirectement à nommer les classes.

On peut s'interroger sur l'influence de la segmentation du corpus en mots sur le résultat des méthodes de classification; en particulier, ce résultat serait-il différent si l'on utilisait un corpus non segmenté? N'ayant conduit aucune expérience dans ce sens, je ne peux répondre que par une conjecture: la classification en consonnes et voyelles serait vraisemblablement peu affectée, pour autant que la transcription rende compte, le cas échéant, des ajustements qui se produisent lorsque les mots sont enchaînés dans la langue en question. En français, par exemple, l'enchaînement des mots [lə] *le,* [ɑ̃sjɛ̃] *ancien* et [ɛlɛv] *élève* donne lieu à l'élision de [ə] dans l'article et à la substition de la finale [ɛ̃] par la séquence [ɛn] dans l'adjectif: [lɑ̃sjɛnɛlɛv]. Ces ajustements ont pour conséquence de préserver l'alternance des consonnes et voyelles; il est vraisemblable que si les données sont ainsi ajustées, les méthodes produisent une classification similaire à celle obtenue à partir de données segmentées.

Dans l'évaluation effectuée plus haut, on a constaté que la classification spectrale tend à grouper systématiquement les semi-voyelles avec les voyelles, parce que du point de vue du contexte pertinent, défini ici comme le symbole précédent, elles sont similaires et tendent à suivre des consonnes plutôt que des voyelles. Si la définition du contexte est étendue pour inclure aussi le symbole *suivant* dans le mot, on observe que les semi-voyelles sont en général groupées avec les consonnes, comme le préconise la classification phonétique. Dans ce travail, j'ai choisi de définir le contexte comme le symbole précédent pour considérer le cas le plus simple, et aussi parce que la matrice des fréquences qui en résulte est très similaire à une matrice de transition de symboles, objet familier en statistique textuelle.[2] Les deux autres méthodes évaluées ici groupent les semi-voyelles avec les consonnes phonétiques parce qu'elles tiennent compte, chacune à leur façon, du symbole suivant.[3] Cet exemple illustre

2   Outre l'usage des fréquences absolues, la différence tient à l'inclusion du contexte de début de mot #.

3   L'algorithme de Sukhotin repose sur les occurrences des symboles dans le voisinage gauche *ou* droite des autres symboles (d'où la symétrie de la matrice R); dans le cas du modèle HMM, l'algorithme Baum-Welsh opère sur des mots entiers (voir p. ex. Manning et Schütze, 1999, pour plus de détails).

bien l'importance de la définition du contexte pertinent pour la classification.

En conclusion, il existe plusieurs méthodes permettant d'effectuer une classification non-supervisée des phonèmes en consonnes et voyelles. Parmi les méthodes évaluées ici, et sur les corpus utilisés, l'approche basée sur le modèle HMM produit en général la classification la plus proche d'une classification phonétique – mais les résultats des autres méthodes ne sont pas spectaculairement différents; en particulier, l'algorithme très simple proposé il y a plus de 40 ans par Sukhotin donne des résultats très similaires à ceux du modèle HMM. Dans la partie suivante, nous verrons comment ces résultats peuvent être mis à profit pour l'apprentissage non-supervisé de la morphologie des langues introflexionnelles comme l'arabe ou l'hébreu.

Deuxième partie

Structures racine–schème

Chapitre 7

Introduction

La plupart des écoles linguistiques s'accordent à considérer qu'«une théorie morphologique est une théorie des principes qui président à la structure des mots» (Kilani-Schoch, 1988b, p. 65). La morphologie est ainsi intimement liée au *mot,* l'un des concepts dont la définition a posé et pose toujours le plus de problème aux sciences du langage: «Some authorities have even stated overtly that no universal definition of the word is possible» (Bauer, 2004, p. 108). Toutefois, même les plus fervents détracteurs de l'usage d'une unité *mot* en linguistique générale reconnaissent qu'il serait absurde de s'en priver pour décrire les langues – pas si exotiques – où cette unité est susceptible de simplifier l'analyse linguistique et sa présentation. Dans cette perspective, un compromis raisonnable consiste à caractériser le statut du mot en linguistique générale comme celui d'une unité sous-spécifiée, possédant certains traits universels[1] en même temps que des propriétés qui nécessitent d'être paramétrées pour chaque langue.

Précisons dès l'abord que nous ne parlons pas ici du mot *orthographique* (ou simplement *graphique*), tel qu'identifié par l'espacement et la ponctuation dans la forme écrite d'une langue, ni du mot *phonologique,* c'est-à-dire constituant une unité du point de vue du système phonologique (et typiquement accentuel) d'une langue donnée, mais bien du mot *morphologique.* Il se définit en premier lieu comme *signe* linguistique, associant donc un signifié à un signifiant. Pour lever une autre ambiguïté latente, soulignons également que de qualifier le mot de signe linguistique présuppose un choix exclusif entre deux usages courants du terme *mot:* dans ce travail, en effet, je traiterai *mange, mangeons* et *mangeais* comme

---

1   Notons que l'emploi de ce terme ne fait pas du mot une unité contraignante qu'il s'agirait d'employer dans la description de toute langue; il indique plutôt qu'il est possible d'identifier des attributs partagés par tous les contextes où cette unité est employée. Cela dit, il n'y a pas de consensus sur l'impossibilité ou l'inutilité de définir cet ensemble d'attributs de telle façon qu'il caractérise au moins partiellement un type d'unité significative attesté dans toute langue.

trois *mots* distincts, et non comme trois formes du même *mot,* le verbe MANGER. Autrement dit, j'utiliserai le terme *mot* pour désigner ce que certains morphologues appellent *mot-forme* (voir p. ex. Mel'čuk, 1993, p. 99), par opposition au *lexème,* qui est un *ensemble* de mots-formes.[2]

En tant que signe linguistique, le mot n'est pas nécessairement élémentaire. Ainsi, le rapprochement des mots *mangeons* et *mangeais* met en évidence leur complexité: chacun est décomposable en (i) un signe dont la forme est *mange* et dont le signifié désigne l'action de manger, et (ii) un «résidu» que la comparaison avec d'autres mots (*partons* et *partais* par exemple) permet d'identifier comme deux signes dont les formes sont *-ons* et *-ais* et qui marquent à la fois la personne, le nombre, le temps, la voix et le mode du verbe. Le signe *minimal,* c'est-à-dire tel qu'il est impossible de le décomposer plus avant[3], est appelé *morphe.* Le mot peut donc être constitué d'un morphe unique ou d'une combinaison de plusieurs morphes.

Il est naturel de s'interroger sur les critères qui permettent de distinguer les combinaisons de morphes[4] qui peuvent constituer un mot de celles qui n'ont pas cette capacité. Je me baserai pour cela sur l'analyse proposée par Mel'čuk (1993). Dans sa perspective, pour qu'une combinaison de morphes puisse constituer un mot, elle doit satisfaire des critères d'*autonomie* et d'*élémentarité.*

---

2   C'est sur la distinction entre mots-formes et lexème que repose celle entre morphologie *flexionnelle* et *dérivationnelle:* la première porte sur les relations entre mots-formes correspondant à un même lexème (p. ex. *mange* et *mangeons*), et la seconde sur les relations entre lexèmes (p. ex. MANGER et MANGEUR). Cette distinction, qui n'est pas sans intérêt dans la perspective de l'apprentissage non-supervisé (voir à ce sujet Goldsmith et Hu, 2004), ne sera pas prise en compte dans la suite de ce travail.

3   Il peut y avoir plusieurs causes distinctes à l'impossibilité de décomposer un signe: parce qu'il perdrait ainsi son caractère significatif (comme *mange,* qui ne peut s'analyser comme la composition de *m'* et *ange, ment* et *j',* etc.); parce que la représentation de son signifiant est élémentaire (comme *-ons* et *-ais,* transcrits par les phonèmes uniques /õ/ et /ɛ/); ou parce qu'il n'y a pas de critère objectif pour déterminer quel élément de son signifiant est associé à un élément donné de son signifié, comme la désinence qui signale simultanément le génitif et le pluriel dans *ros-arum.*

4   Il sera dorénavant sous-entendu qu'une combinaison de morphes peut ne contenir qu'un seul morphe.

La notion d'*autonomie* fait référence au fait que le mot «possède une existence indépendante pour les locuteurs, qu'il est perçu comme quelque chose de séparé et qu'à la limite il peut être utilisé comme un ÉNONCÉ complet» (Mel'čuk, 1993, p. 169, souligné par l'auteur). Le critère le plus évident pour déterminer qu'une combinaison de morphes est autonome est précisément sa capacité à fonctionner comme un énoncé complet. C'est ce qui caractérise l'autonomie «au sens fort», que Mel'čuk distingue de l'autonomie «au sens faible»: est autonome au sens faible toute combinaison qui (i) résulte de la suppression de toutes les combinaisons autonomes au sens fort qui la précèdent et la suivent dans un énoncé et (ii) «satisfait au moins à quelques-uns des critères d'autonomie spécifiques pour [la langue considérée]» (Mel'čuk, 1993, p. 171). Comme on le voit, si l'autonomie au sens fort est définie de façon universelle, l'autonomie au sens faible repose, pour la deuxième partie de sa définition, sur des critères propres à chaque langue – ou plus précisément dont l'application est propre à chaque langue, car ces critères eux-mêmes sont également définis de façon universelle.[5]

L'autonomie d'une combinaison de morphes est une condition nécessaire mais non suffisante pour qu'elle puisse être reconnue comme un mot. Elle doit en outre être *élémentaire,* en ce sens qu'on ne doit pas pouvoir l'analyser comme étant elle-même composée de plusieurs mots. En effet, tous les critères d'autonomie décrits plus haut peuvent également être satisfaits par des combinaisons de mots. Notons qu'en toute rigueur, cette conception amène à exclure un composé tel que *serre-joint* du domaine du mot. Mel'čuk (1993, pp. 209-217) nuance ce jugement en présentant un ensemble de critères plus détaillés pour distinguer entre mots et groupes

---

5   Je ne peux que résumer très brièvement ici la discussion que fait Mel'čuk (1993, pp. 172-183) de ces citères, qui sont au nombre de trois: *sépara-bilité, variabilité distributionnelle* et *transmutabilité.* Une combinaison de morphes est séparable dans un contexte donné si l'on peut insérer une autre combinaison (dont l'autonomie est préalablement établie) entre elle et son contexte, sans modifier les rapports sémantiques qui existent entre eux. Elle est distributionnellement variable si elle peut apparaître, avec les mêmes rapports sémantiques, dans le contexte de combinaisons autonomes de différentes classes syntaxiques. Enfin, elle est transmutable s'il est possible (mais, en principe, pas obligatoire) d'inverser l'ordre linéaire dans lequel elle apparaît avec son contexte, ou de la déplacer à côté d'un autre élément de l'énoncé, sans modifier les rapports sémantiques qui existent entre eux.

de mots.[6] La question de la composition n'étant pas fondamentale pour le problème de morphologie qui fait l'objet du présent travail, je me contenterai de cette première approximation.

En somme, la définition du mot que propose Mel'čuk (1993) est une version détaillée et nuancée de la définition classique du mot comme *forme libre minimum:* «A minimum free form is a word. A word is thus a form which may be uttered alone (with meaning) but cannot be analyzed into parts that may (all of them) be uttered alone (with meaning)» (Bloomfield, 1926, p. 156). Le principal apport de la définition de Mel'čuk est d'expliciter, dans une perspective de linguistique générale, les conditions dans lesquelles une combinaison de morphes qui ne peut pas constituer un énoncé à elle seule (donc qui n'est pas autonome au sens fort) peut néanmoins être suffisamment autonome pour être identifiée comme un mot; ces conditions constituent la partie de la définition du mot qui nécessite d'être ajustée à chaque langue – mais elles sont formulées en des termes qui sont communs à toutes les langues.

Lorsqu'on considère les morphes qui composent un mot comme *mangeait,* on constate qu'ils n'ont pas exactement les mêmes propriétés. En particulier, *mange* est susceptible de constituer un mot à lui seul, tandis que *-ait* ne l'est pas. Les morphes du premier type sont communément appelés *racines,* et ceux du second type *affixes.* Dans cet exemple, on dira que la racine *mange* est la *base* à laquelle *-ait* s'associe; l'élément qui joue le rôle de base n'est pas forcément élémentaire, comme dans le cas d'*unwilling* en anglais, où c'est le complexe *will-ing* qui sert de base à l'affixation de *un-.* Les affixes peuvent être classés selon la façon dont il se combinent avec la base (voir p. ex. Kilani-Schoch, 1988b, p. 71):

– les *suffixes* sont placés après la base (p. ex. *-ais, -ons, -able*);
– les *préfixes* sont placés avant la base (p. ex. *re-, dé-*);
– les *circonfixes* sont des affixes discontinus placés avant *et* après la base (p. ex. *ge-...-t* qui marque le participe passé en allemand);
– les *infixes* sont des affixes continus insérés *dans* la base et donc qui la rendent discontinue (p. ex. en khmer, l'infixation de /-ɔmn-/ dans

---

6   En bref, Mel'čuk défend l'idée que le mot est caractérisé par une plus grande *cohésion* interne, qui peut se manifester de diverses façons sur les plans sémantique, phonologique, syntaxique et morphologique.

la racine /suo/ 'demander' change sa catégorie syntaxique: /sɔmnuo/ 'question' [7]).

Les types d'affixes énumérés ci-dessus n'épuisent pas toutes les possibilités logiques de combinaison entre base et affixe. En effet, il est théoriquement possible qu'un affixe interrompe la continuïté de la base tout en étant lui-même discontinu; de tels affixes sont parfois appelés *transfixes* (voir p. ex. Mel'čuk, 1993). Ils sont notamment utilisés pour rendre compte de certains aspects de la morphologie des langues sémitiques, en particulier l'arabe et l'hébreu. L'opposition entre le singulier et le pluriel de certains noms en arabe standard, par exemple, peut être analysée en termes de transfixation:

(7-1)	Singulier	Pluriel	
	/kalb/	/kilaab/	'chien'
	/qadam/	/aqdaam/	'pied'
	/darb/	/duruub/	'route'

Dans cette perspective, on dira qu'une forme comme /kilaab/ résulte de l'association d'une racine consonantique /klb/ avec un transfixe /_i_aa_/ (où le symbole «_» est utilisé pour indiquer la position des consonnes successives). Selon le cadre théorique, les linguistes et grammairiens qui souscrivent à cette analyse parlent également d'*introflexion* ou encore, comme dans ce travail, de structuration en *racines et schèmes*. Pour des raisons que nous discuterons plus loin, d'autres chercheurs rejettent cette explication et la notion de racine consonantique qui la sous-tend.

Bien que ce type de phénomène ait été et soit encore considérablement étudié du point de vue de la théorie morphologique, il apparaît comme l'une des limites de la recherche en matière d'apprentissage non-supervisé de la morphologie; à ce jour, en effet, les modèles et méthodes développés dans ce contexte sont pour ainsi dire exclusivement centrés sur l'étude de langues où la simple juxtaposition de morphes (par préfixation et suffixation) est le mode de formation «normal» du mot morphologique. Le principal objectif de cette thèse est de faire progresser cette ligne de front. A cet effet, je présente une méthode visant à produire une grammaire morphologique probabiliste sur la base d'une liste de mots dans une langue quelconque. La particularité de cette recherche est de combiner l'analyse

---

7   Exemple cité par Bauer (2004, pp. 54-55).

phonologique développée dans la partie I avec une analyse morphologique basée sur le principe de la longueur de description minimale (angl. *minimum description length* ou *MDL*) et inspirée par le programme LINGUISTICA (Goldsmith, 2001). Nous verrons que cette méthode permet effectivement d'identifier et d'apprendre des structures morphologiques comme celles présentées en (7-1).

La suite de cette partie est organisée de la façon suivante. Au prochain chapitre, je présenterai les deux grandes classes d'explications linguistiques proposées pour rendre compte de la morphologie de langues telles que l'arabe ou l'hébreu. Le chapitre 9 sera consacré à une présentation thématique des travaux antérieurs dans le domaine de l'apprentissage non-supervisé de la morphologie. Le programme LINGUISTICA développé par John Goldsmith (2001) sera présenté au chapitre 10. Puis j'exposerai en détail la méthode que je propose pour le traitement des structures racine–schème au chapitre 11. Cette méthode sera appliquée au cas concret de l'apprentissage du pluriel nominal arabe au chapitre 12, avant de conclure par une discussion plus générale sur les perspectives ouvertes par cette recherche.

Chapitre 8

Traitements linguistiques

Pour présenter le phénomène morphologique considéré dans ce travail en des termes qui ne présupposent pas un parti pris théorique évident, il faut s'abstenir pour un instant de décomposer le mot en unités significatives plus petites. Considérons par exemple la série suivante en arabe standard (d'après Ratcliffe, 1998, p. 22): [1]

(8-1) /qatal/ 'il tua'
       /qutil/ 'il fut tué'
       /qattal/ 'il massacra' (intensif)

Dans ce contexte, on observe que des oppositions telles que la voix (active ou passive) ou l'aspect (intensif ou non) du verbe se traduisent formellement par des modifications portant sur certains des segments qui composent le mot. Ce en quoi la morphologie de l'arabe diverge remarquablement de celle du français par exemple, c'est que le principal facteur qui semble conditionner ces modifications n'est pas tant la *position* d'un segment dans le mot que sa *catégorie phonologique*. Quand on présente la flexion verbale d'une langue comme le français, ce qui est constant entre les diverses formes d'un verbe est leur début, et ce qui varie est leur terminaison. Par contraste, c'est la séquence des consonnes /q/, /t/ et /l/ qui est le point commun entre les trois formes données en (8-1); ce qui varie est la qualité des voyelles (entre les voix active et passive) et la quantité de la consonne médiale (pour marquer l'intensivité).

Il serait faux de prétendre que la position d'un segment n'est *aucunement* pertinente pour rendre compte de ces oppositions; l'ordonnancement des consonnes récurrentes /q/, /t/ et /l/ est en effet maintenu dans toutes les formes, et c'est spécifiquement la consonne médiale qui fait l'objet

---

1   Sauf exception, les transcriptions phonologiques de mots arabes seront toujours données ici en forme «pausale», c'est-à-dire dépourvue des désinences casuelles et en substituant le suffixe féminin /-at-/ par /-ah/ (Bateson, 1967). En outre, j'ai systématiquement omis de transcrire le suffixe /-a/ qui indique simultanément la 3e personne du singulier et l'aspect du verbe (accompli).

d'un allongement à l'intensif. Par ailleurs, d'autres oppositions grammaticales sont signalées par des opérations d'affixation tout à fait comparables à celles qu'on rencontre en français; dans certains cas, comme dans les oppositions ci-dessous, une même catégorie grammaticale peut être réalisée par les deux types de structures: [2]

(8-2)   Singulier   Pluriel

/zawj/   /azwaaj/   'époux'

/zawj-ah/   /zawj-aat/   'épouse'

Dans cet exemple, la séquence de consonnes /z/, /w/, et /j/ apparaît dans chaque forme. Au singulier, le féminin est marqué par le suffixe /-ah/; le pluriel de cette forme s'obtient en remplaçant /-ah/ par /-aat/. Par contraste, la même catégorie est signalée au masculin par l'apparition d'un /a/ long entre les consonnes 2 et 3, en conjonction avec ce qu'on peut décrire comme la suppression de la voyelle située entre les consonnes 1 et 2 et l'ajout d'un /a/ bref avant la première consonne, ou comme une métathèse entre les deux premiers phonèmes: /za/ → /az/.[3]

Cet exemple montre que la morphologie de l'arabe comprend des aspects qui s'expliquent naturellement en termes de juxtaposition de morphes et d'autres qui ne se prêtent pas à une telle analyse. La position d'un segment est un facteur fondamental pour rendre compte des premiers, et un facteur utile, quoique subordonné à la catégorie phonologique, pour expliquer les seconds. L'arabe fait un usage régulier de la préfixation et la suffixation, et un usage systématique des modifications internes portant surtout sur les voyelles du mot:

> Tout mot – à quelques exceptions près, les pronoms par exemple – est relié d'une part à une racine verbale invariable, fondamentalement trilitère [...] et d'autre part à un pattern vocalique qui actualise la racine. Les mots simples – sans désinence [...] – sont donc considérés comme composés de deux morphèmes discontinus: la racine, porteuse de la signification lexicale, et la ou les voyelles signalant une catégorie/une propriété grammaticale (temps, aspect, pluriel, etc.). (Kilani-Schoch, 1988a, p. 82)

2   Le phonème noté /j/ est réalisé comme une affriquée post-alvéolaire sonore [dʒ].

3   En fait, l'existence d'oppositions telles que /sinn/ 'dent' ∼ /asnaan/ 'dents' et /ẓufr/ 'ongle' ∼ /aẓfaar/ 'ongles' (où le symbole · souscrit signale une consonne *emphatique*) suggère que s'il s'agit là d'une métathèse, elle est en général associée à la substitution de la voyelle déplacée par un /a/.

Le point de vue qu'adopte ici Marianne Kilani-Schoch (pour mieux le rejeter ensuite, comme nous le verrons) exprime dans les termes de la linguistique contemporaine la perspective que la tradition grammaticale arabe utilise depuis un millénaire. Comme le résume Broselow (2000, p. 555), c'est l'une des deux grandes classes d'explications linguistiques proposées pour rendre compte de la formation du mot dans une langue comme l'arabe; l'alternative, que défendent notamment Kilani-Schoch et Dressler (1985), est de considérer qu'une forme comme /qutil/ résulte de modifications simultanées des segments vocaliques de la forme de base /qatal/, ce qui présuppose que ni l'une ni l'autre ne sont décomposables – ou du moins décomposées – en unités significatives plus petites. Dans les sections suivantes, je présenterai successivement ces deux approches.

8.1 Analyse en racines et schèmes

Dans la tradition grammaticale arabe, le radical, c'est-à-dire la partie du mot qui sert de base aux opérations de préfixation et suffixation, est décrit comme la réalisation d'une *racine* selon un *schème*. La racine est une séquence discontinue de trois consonnes (plus rarement deux ou quatre) associée à un champ sémantique particulier; ainsi, toutes les formes données en (8-1) (p. 105), auxquelles on peut encore ajouter /qaatil/ 'tueur', par exemple, réalisent la racine /qtl/, et leurs signifiés sont liés à l'acte de tuer. Le schème (angl. *pattern*) désigne la «silhouette phonique» (Cantineau, 1950)[4] et la signification partagées par un ensemble de radicaux:

(8-3) /qaatil/   'tueur'
       /kaatib/   'écrivain'
       /kaadiħ/   'celui qui travaille assidûment'

---

4 Cantineau (cité par Kilani-Schoch, 1988a, p. 82) réfère ainsi à la quantité des phonèmes, la qualité des voyelles et le positionnement relatif des voyelles et consonnes dans le mot, à l'exclusion donc de la qualité et l'ordonnancement des consonnes formant la racine.

Cette série illustre le schème généralement associé au participe actif, que les grammairiens arabes notent /faaʕil/ et leurs homologues occidentaux /*qaatil*/ (Kilani-Schoch et Dressler, 1985).[5]

Les traitements linguistiques modernes ont d'abord adopté l'analyse en racines et schèmes, en s'efforçant d'en donner une formulation plus rigoureuse. Harris (1941) répartit ainsi les morphes de l'hébreu en trois classes: «Some morphemes, called roots, consist of consonants only [...] Others, called patterns, consist of vowels, vowels plus ·, or vowels plus an affix (a consonant at beginning or end) [...] Still other morphemes are successions of consonants and vowels [...]» (Harris, 1941, p. 152). Il précise par ailleurs que le symbole «·» indique un allongement du phonème précédent (consonne ou voyelle), et que chaque schème contient en principe trois occurrences du symbole «_» indiquant la position que les consonnes radicales occupent relativement aux voyelles du schème. Sur le caractère systématique de ce mode de formation du mot, Harris note que racines et schèmes «must occur with each other [...], and may occur with most other morphemes in addition [...]» (p. 163). La description que donne Chomsky (1979) de la morphologie de l'hébreu formule essentiellement les mêmes contraintes, bien qu'elle repose sur un formalisme différent.[6]

L'analyse en racines et schèmes constitue une explication relativement simple des règles de formation du radical dans une langue comme l'arabe ou l'hébreu. Dans certains cas, toutefois, ce type d'analyse aboutit à une certaine redondance dans la description des données. Ratcliffe (1998, p. 23) illustre ce point à partir des oppositions de voix active et passive suivantes:

(8-4)	/qatal/	'il tua'	/qutil/	'il fut tué '
	/qattal/	'il massacra'	/quttil/	'il fut massacré '
	/haajam/	'il attaqua'	/huujim/	'il fut attaqué '

---

5   Le choix des consonnes pour la notation du schème est entièrement arbitraire; l'italique est utilisé ici pour distinguer la notation des schèmes (p. ex. /*qaatil*/ 'participe actif') de celle des radicaux (p. ex. /qaatil/ 'tueur').

6   Par exemple, Chomsky propose de décrire les schèmes comme des séquences discontinues de deux éléments, dont le premier est une voyelle et le second est soit une voyelle, soit le symbole Ø, qui désigne traditionnellement une absence de matériel phonologique (Chomsky, 1979, p. 21).

Dans une analyse en racines et schèmes, on devrait dire que la voix passive est signalée par l'utilisation de trois schèmes allomorphes[7], /qutil/, /quttil/ et /quutil/, en remplacement des schèmes /qatal/, /qattal/ et /qaatal/ respectivement à la voix active. Cette description pourrait être simplifiée si l'on disposait d'un moyen d'exprimer que dans chaque paire, la séquence de voyelles discontinue /aa/ est remplacée par /ui/, tandis que la quantité des phonèmes est transférée telle quelle du schème actif au schème passif.

De telles considérations ont conduit McCarthy (1979) à proposer une analyse tripartite du radical arabe, où la qualité des voyelles est formellement dissociée de leur quantité (comme c'est déjà le cas des consonnes dans l'analyse traditionnelle). Dans cette perspective, une forme telle que /quttil/ se décompose en une racine /qtl/, un *vocalisme* /ui/ et un *squelette* ou *patron* (angl. *skeleton* ou *template*) prosodique *CVCCVC* qui spécifie l'ordre d'apparition des éléments de la racine et du vocalisme. Pour représenter les associations entre ces trois morphes, McCarthy propose une adaptation du formalisme autosegmental de Goldsmith (1976).[8] Selon les conventions qu'il définit, les formes données en (8-4) peuvent être représentées comme en (8-5) (p. 110).

On peut ainsi décrire l'opposition entre voix active et passive en termes de substitution du vocalisme /a/ par /ui/; à la suite de cette substitution,

---

7   C'est-à-dire trois morphes associés au même signifié et dont chacun apparaît dans un contexte spécifique à l'exclusion des autres; un exemple d'allomorphie en français est la modification *-eau* → *-el* que subissent certains adjectifs lorsqu'ils précèdent une voyelle (p. ex. *son nouveau mari* et *son nouvel amant*).

8   Sans entrer dans les détails, la phonologie autosegmentale est un mode de représentation où la structure phonologique est conçue comme un ensemble de *paliers* (angl. *tiers*) reliés entre eux par des *lignes d'association*. Chaque palier est une séquence de *traits* (appelés aussi *autosegments*), c'est-à-dire une chaîne de symboles. Le nombre de paliers et le type de traits qui s'y trouvent dépendent du problème de phonologie traité; par exemple, dans le cas d'une langue à tons, un palier pourrait contenir la séquence des phonèmes qui constituent un morphe, et un autre pourrait contenir la séquence des tons associés à chaque voyelle du premier palier. La façon dont les traits peuvent ou doivent être associés entre les paliers d'une représentation autosegmentale est régie par un ensemble de conventions, dont certaines sont universelles et d'autres spécifiques au problème considéré (Goldsmith, 1990).

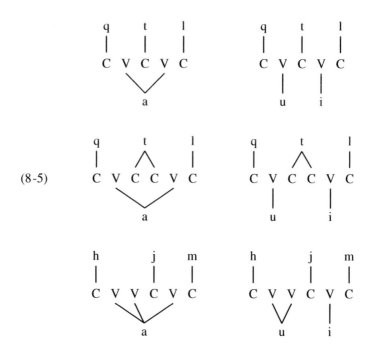

(8-5)

l'association des phonèmes aux emplacements du squelette résulte auto-matiquement de l'interaction des conventions d'association universelles et des conventions spécifiques à l'arabe. De façon similaire, le squelette peut varier indépendamment de la racine et du vocalisme, et l'opposition d'in-tensivité entre /qatal/ et /qattal/ ou /qutil/ et /quttil/ est marquée ici par la substitution du squelette *CVCVC* par *CVCCVC*.

L'approche de McCarthy a été considérablement développée par la suite, dans le sens d'une analyse de plus en plus détaillée de la structure proso-dique et de ses interactions avec le plan morphologique (voir p. ex. Mc-Carthy et Prince, 1990). Dans la mesure où la méthode d'apprentissage de la morphologie développée ici repose sur l'analyse phonologique pré-sentée en partie I, elle n'a pas accès, pour le moment, à des informations prosodiques plus détaillées que la distinction entre voyelles et consonnes. Cela exclut les versions plus récentes du modèle autosegmental des repré-sentations possibles pour cette approche de l'apprentissage non-supervisé. Plutôt que d'aller plus loin dans la présentation de cette ligne de recherche, je passe donc à l'autre grande classe de traitements linguistiques de la morphologie de l'arabe, qui repose sur l'hypothèse que le radical est continu et non décomposable.

8.2 Base continue et apophonie multiple

Les exemples utilisés dans la section précédente laissent penser qu'en dehors du fait que les racines et schèmes de l'arabe ne sont pas simplement juxtaposés pour former un radical, ils se comportent essentiellement comme les racines et suffixes d'une langue comme le français. Ils diffèrent pourtant à maints égards. Le terme même de «racine» n'est pas utilisé dans le même sens: j'ai défini précédemment la racine comme le type de morphe susceptible de constituer un mot à lui seul, et ce n'est aucunement le cas des racines arabes. Non seulement la réalisation d'une racine passe par son association avec un schème, mais le résultat même de cette association doit être mémorisé: «even in Classical Arabic roots were implemented as real verbs, and [...] these verbs had to be listed as words in the grammar» (Darden, 1992, p. 11).

Il y a essentiellement deux raisons à cette nécessité de répertorier les radicaux dans la grammaire plutôt que de les composer dynamiquement à partir de l'inventaire des racines et des schèmes de la langue: (i) parce que chaque racine ne se combine qu'avec un sous-ensemble des schèmes, et que ce sous-ensemble ne peut être entièrement prédit sur la base du signifié et du signifiant de la racine; (ii) parce que le signifié d'une combinaison racine–schème donnée ne peut être entièrement prédit à partir de celui de la racine et du schème en question.

Le caractère lacunaire et arbitraire de l'association des racines avec les schèmes se manifeste déjà au niveau des radicaux considérés comme la *forme de base* du paradigme du verbe ou du nom. Dans le cas du verbe, cette forme est celle de l'*accompli,* qui peut être réalisé selon trois schèmes différant par la qualité de la seconde voyelle: /qatal/, /qatil/ ou /qatul/.[9] Pour une racine donnée, il est impossible de prédire lequel de ces schèmes est utilisé pour composer la forme de base, et cette information doit être mémorisée au même titre que la séquence de consonnes composant la ra-

9   Seules les racines trilitères sont considérées ici.

cine et la signification associée. L'arbitraire est encore plus grand dans le cas du paradigme nominal, ou la forme de base peut être réalisée selon dix schèmes correspondant à deux squelettes différents *CVCC* et *CVCVC* (Kilani-Schoch, 1988a). Les mêmes remarques s'appliquent aux formes verbales ou nominales *dérivées* des formes de base. En arabe classique, le verbe connaît quinze «conjugaisons»: la forme de base, /*qatal*/, et les formes dérivées, /*qattal*/, /*qaatal*/, /*aqtal*/, et ainsi de suite. Or toutes les racines ne peuvent pas prendre chacune de ces formes, et il est nécessaire de spécifier pour chaque racine les restrictions qui s'appliquent à sa combinatoire. La situation est similaire dans le cas du paradigme nominal.

Comme le relève Kilani-Schoch, si la forme des conjugaisons arabes est précisément définie, on ne peut pas en dire autant de leur signification. A titre d'exemple, la forme /*qattal*/ est associée à un ensemble de signifiés aussi hétéroclites que 'transitif', 'causatif' et 'intensif'. La sélection d'un signifié dans cet ensemble est une propriété spécifique de chaque racine, et on ne peut pas toujours la prédire sur la base de la forme ou du sens de la racine. On a ainsi (Ratcliffe, 1998):

(8-6)	/qatal/	'il tua'	/qattal/	'il massacra' (intensif)
	/katab/	'il écrivit'	/kattab/	'il fit écrire' (causatif)

Pour toutes ces raisons, il est nécessaire de répertorier les radicaux entiers dans la grammaire. Dans ce contexte, il est légitime de s'interroger sur l'utilité de maintenir par ailleurs une analyse en racines et schèmes. C'est ce raisonnement qui conduit des linguistes comme Kilani-Schoch et Dressler (1985) ou Darden (1992) à chercher une alternative à ce traitement de la morphologie de l'arabe. Celle que proposent les premiers consiste à postuler que:

> la base lexicale est le radical continu simple, auquel s'appliquent les règles morphologiques, principalement l'apophonie multiple, mais aussi bien sûr la pré-/suffixation et [d'autres] techniques de dérivation [...] Le concept d'apophonie multiple signifie que les deux voyelles d'un radical [...] peuvent être soumises à une règle morphologique d'apophonie [...] que celle-ci soit un allongement, un effacement, une insertion ou une modification de voyelle. (Kilani-Schoch, 1988a, p. 85)

Ces règles morphologiques sont complétées par des «conditions de structure morphémique [...] qui établissent des généralisations sur la structure phonologique des morphèmes ou d'une classe de morphèmes» (Kilani-

Schoch, 1988a, p. 85); elles contraignent par exemple le radical simple du verbe trilitère à se conformer au squelette prosodique *CVCVC*, avec un /a/ à l'emplacement de la première voyelle.

Cette brève discussion du modèle de Kilani-Schoch et Dressler conclut ce survol des traitements linguistiques proposés pour rendre compte de la formation du radical dans une langue comme l'arabe. Dans la suite de ce travail, je serai amené à effectuer un choix parmi les représentations morphologiques que nous avons discutées, et ce choix ne sera pas dicté par mes convictions personnelles quant à la plus grande adéquation d'un type de représentation par rapport aux autres. Ce sera plutôt l'expression d'une volonté d'intégrer la méthode d'apprentissage automatique que je propose dans le cadre d'un modèle morphologique particulier; en ce sens, je souscris pleinement à la conclusion de Broselow (2000, p. 556): «Ultimately, then, a choice between different analyses of transfixation can only be made in the context of an entire theory of morphology».

Chapitre 9

Apprentissage automatique de la morphologie

Jusque dans les années quatre-vingt dix, le champ de l'apprentissage non-supervisé de la morphologie était un terrain presque inexploré. Quinze ans plus tard, dans la mouvance de plusieurs travaux influents, il s'est constitué en domaine à part entière dans le monde de la linguistique computation-nelle, suscitant aussi bien les contributions d'ingénieurs que de linguistes ou de psychologues. L'intérêt pour un traitement computationel de la structure morphologique est plus ancien, avec des racines en linguistique géné-rative dans l'ouvrage de Chomsky et Halle (1968) et des formalismes déjà bien établis dans les années quatre-vingt (voir p. ex. Koskenniemi, 1983)[1]; la particularité des travaux plus récents est l'attention particulière portée au problème de l'*apprentissage*. De même qu'en phonologie[2], une nouvelle génération de recherches en morphologie renoue ainsi avec une préoccupa-tion centrale du structuralisme: le développement de méthodes d'analyse des données linguistiques.

Cet intérêt croissant pour l'apprentissage non-supervisé de la morpho-logie peut s'expliquer par la concordance de plusieurs facteurs. En premier lieu, l'analyse morphologique est *utile* dans plusieurs domaines du trai-tement automatique des langues naturelles, et en particulier la recherche d'information:

> It has been well established that in document classification for information retrieval, the use of a dictionary of word stems plus some sort of stemming process is far superior to the use of a dictionary of each word type (a word form dictionary). The stem dictionary is smaller, requires less frequent updating and provides better retrieval results than does the word form dictionary (Hafer et Weiss, 1974)

Or, le volume et la diversité des données textuelles qu'implique aujour-d'hui la recherche d'information sont tels que le développement d'un sys-

---

1   En fait on pourrait considérer que l'ouvrage séminal dans ce domaine est la grammaire du sanscrit de Pāṇini (voir p. ex. Bronkhorst, 1979).

2   Voir chapitre 2.

tème d'analyse morphologique à large échelle requiert un investissement considérable lorsqu'il est effectué entièrement par des experts humains.[3] En ce sens, la possibilité d'automatiser tout ou partie du développement d'un tel système est un enjeu économique important.

Il se trouve que certains aspects de la morphologie des langues les plus étudiées – les langues indo-européennes, en particulier – sont suffisamment simples pour qu'une automatisation de leur apprentissage soit effectivement envisageable. Il y a déjà cinquante ans de cela, Zellig Harris formulait une méthode distributionnelle pour la segmentation morphologique[4], une tâche traditionnellement considérée comme la première étape de l'analyse morphologique. Les évaluations conduites par Hafer et Weiss (1974) ont montré que, selon le paramétrage de cette méthode, il est possible d'identifier une proportion considérable des frontières de morphes dans des mots anglais, en n'inférant que peu de frontières fallacieuses. Bien que ces résultats soient encore insuffisants pour un traitement réellement automatique de la segmentation morphologique, ils ont indiscutablement constitué un précédent encourageant, et la méthode de Harris est aujourd'hui encore à la base de plusieurs systèmes d'apprentissage de la morphologie.

La particularité des recherches conduites depuis les années quatre-vingt dix est de subordonner l'apprentissage de la morphologie à une *procédure d'évaluation* du modèle morphologique inféré. Cette conception rappelle les propositions de Noam Chomsky (1969), pour qui l'un des buts de la théorie linguistique est de fournir «une procédure pratique d'évaluation des grammaires» (p. 58), c'est-à-dire «qu'étant donné un corpus et deux grammaires [...], la théorie dise laquelle des deux est la meilleure grammaire de la langue d'où le corpus est extrait» (p. 57). Les procédures d'évaluation utilisées dans les systèmes modernes d'apprentissage de la morphologie sont essentiellement basées sur des considérations probabilistes. Intuitivement, le principe consiste à sélectionner la description mor-

---

3   Il n'est peut-être pas exagéré de dire que cet investissement est jugé *prohibitif* dans le cas de la plupart des langues du monde, à l'exception de celles qui sont liées à des intérêts économiques particuliers.

4   Dans le cadre des théories linguistiques qui admettent l'existence du morphe, la *segmentation morphologique* est l'opération consistant à déterminer la position des frontières de morphes dans une séquence de phonèmes dont l'étendue varie selon les définitions (il s'agit d'énoncés dans le travail original de Harris, 1955).

phologique (ou plus simplement la «morphologie») la plus *probable* étant donné le corpus considéré; cette probabilité n'est pas directement accessible, mais on peut montrer qu'elle croît en fonction de (i) la probabilité de la morphologie (indépendamment du corpus) et (ii) la probabilité que la morphologie génère le corpus considéré. Alternativement, la théorie de l'information de Shannon (1948) justifie de substituer à ces deux termes (i) la complexité de la morphologie et (ii) la complexité de la description du corpus par la morphologie; il s'agira alors de sélectionner la morphologie qui minimise simultanément ces quantités. Ces deux formulations correspondent aux paradigmes respectifs de l'*inférence bayesienne* et du *principe de la longueur de description minimale (MDL)*. Leur intégration a largement contribué à amener les systèmes d'apprentissage à leur niveau de performance actuel, où un traitement véritablement automatisé de certains aspects de l'analyse morphologique apparaît comme un objectif tout à fait réaliste.

En résumé, le développement récent du domaine de l'apprentissage non-supervisé de la morphologie peut s'expliquer par une conjonction de facteurs économiques et scientifiques:

- l'utilité de l'analyse morphologique dans le cadre du traitement automatique des langues naturelles,
- le coût prohibitif de la réalisation d'un système d'analyse morphologique par des experts humains,
- la possibilité entrevue depuis longtemps d'automatiser ce processus et
- la diffusion plus récente d'outils mathématiques permettant de concrétiser ce programme.

C'est la conviction de certains chercheurs dans ce domaine, dont l'auteur de cette thèse, que le développement de méthodes d'apprentissage non-supervisé en linguistique est un objectif important indépendamment de toute préoccupation d'ordre économique. Cela dit, l'expérience montre que la concordance d'intérêts scientifiques et économiques est susceptible de bénéficier aux deux parties.

Dans la suite de ce chapitre, je passerai en revue les principales contributions au domaine de l'apprentissage non-supervisé de la morphologie. A l'exception d'une poignée de travaux publiés avant les années quatre-vingt dix, la plupart des références mentionnées ci-dessous sont parues dans un intervalle de temps restreint; j'ai donc choisi de structurer l'exposé

en fonction de critères thématiques plutôt que chronologiques. J'examinerai en particulier quatre dimensions selon lesquelles les méthodes proposées dans la littérature varient: la nature des données sur lesquelles elles
opèrent, le type de connaissances morphologiques qu'elles induisent, les
procédures heuristiques et les procédures d'évaluation qu'elles utilisent.

Il convient de noter que je ne considère ici que des approches mini-
malement supervisées ou non-supervisées, et en particulier aucune méthode nécessitant d'être exposée à des exemples du type de structures morphologiques à inférer avant d'être appliquée à de nouvelles données.[5] Par
ailleurs, sauf exception, je ne traite pas ici de l'abondante littérature consacrée au problème de la segmentation des énoncés en *mots;* cette restriction mérite d'être mentionnée, dans la mesure où des approches similaires
sont fréquemment utilisées dans le contexte de la segmentation morphologique et lexicale, parfois par les mêmes auteurs.[6] D'autres présentations de
la littérature parue dans le domaine de l'apprentissage de la morphologie
peuvent être consultées dans les articles de Goldsmith (2001) et Creutz et
Lagus (à paraître).

9.1 Représentation des données

De façon très générale, les méthodes pour l'apprentissage non-supervisé
de la morphologie opèrent sur des corpus transcrits orthographiquement
ou, plus rarement, phonétiquement, et dont la segmentation en mots est
donnée. La formulation initiale de la méthode de segmentation de Harris (1955) est un contre-exemple notable, puisqu'elle vise à identifier les
frontières de morphes dans des énoncés non segmentés; toutefois, dans un
article ultérieur, Harris (1967) décrit l'application de sa méthode à une liste
de mots. Le travail de Gammon (1969) constitue un autre cas particulier:

---

5   Cette approche de l'acquisition de la morphologie est un problème classique
     dans le domaine des modèles connexionnistes (voir p. ex. Rumelhart et Mc-
     Clelland, 1986; Plunkett et Marchman, 1993; Goldsmith et O'Brien, 2006);
     un formalisme symbolique pour l'apprentissage supervisé de la morphologie
     est présenté par Albright et Hayes (2002).
6   Voir à ce sujet les références mentionnées par Xanthos (2004b).

l'auteur examine l'application d'une méthode inspirée de celle de Harris pour identifier les frontières de *mots* dans une séquence de *morphes;* il s'agit donc d'un problème de segmentation lexicale, que je mentionne ici parce que la représentation des données est d'ordre morphologique.

Les méthodes référencées dans la littérature se distinguent également par le fait que, si la plupart opèrent sur de simples listes de mots non répétés (Harris, 1967; Hafer et Weiss, 1974; Brent, Murthy et Lundberg, 1995; Kazakov, 1997; Déjean, 1998; Gaussier, 1999; Snover et Brent, 2001; Snover, Jarosz et Brent, 2002; Neuvel et Fulop, 2002), certaines prennent en compte la fréquence des mots (Goldsmith, 2001, 2006; Creutz et Lagus, 2002, 2005; Baroni, 2003), et d'autres encore manipulent des corpus où les mots apparaissent dans un contexte plus large: groupe de mots, phrase, texte (Jacquemin, 1997; Schone et Jurafsky, 2000, 2001; Baroni, Matiasek et Trost, 2002).[7] Parmi ces travaux, seuls Gaussier (1999) et Neuvel et Fulop (2002) utilisent des corpus contenant d'autres informations que la forme orthographique ou phonétique des mots, leur fréquence et leur contexte: dans leurs approches, chaque mot est en effet catégorisé explicitement en termes de parties du discours (*nom, verbe, adjectif,* etc.).

Selon les travaux, les données font parfois l'objet d'un «filtrage». Ainsi, afin de réduire l'influence des mots dont la flexion est irrégulière, Snover et Brent (2001) éliminent les 100 mots les plus fréquents de leur corpus, et Baroni et al. (2002) ne conservent que ceux dont la fréquence relative est inférieure à 0.01%; Déjean (1998) exclut de l'analyse le 5% des mots les plus fréquents, en arguant que ces mots jouent un rôle important pour l'apprentissage ultérieur de structures syntaxiques, et qu'il est préférable de ne pas les soumettre à une analyse morphologique.[8] Hafer et Weiss (1974) suppriment les mots de moins de trois lettres et les mots fonctionnels (prépositions, articles, etc.). Notons enfin que parmi les travaux portant sur des

7   Bien entendu, à partir d'un corpus où les mots figurent dans un tel contexte, il est toujours possible d'extraire une liste de mots et mesurer leur fréquence relative, et il suffit de faire abstraction de ces fréquences pour obtenir une liste de mots non répétés. Cette distinction est mentionnée ici parce que les méthodes en question font effectivement usage des informations supplémentaires (fréquence, contexte) au cours de l'apprentissage.

8   On peut mentionner qu'à l'inverse, Schone et Jurafsky (2000, 2001) ne retiennent que les mots apparaissant *au moins* 10 fois dans leur corpus, pour des raisons liées à leur méthodologie d'évaluation.

données orthographiques, seuls Schone et Jurafsky (2000, 2001) indiquent explicitement que la capitalisation des mots n'est pas modifiée préalablement à l'application de leur méthode; celle-ci traite cette variation orthographique comme un phénomène de préfixation particulier.

9.2   Structures morphologiques inférées

Presque toutes les méthodes considérées ici impliquent une forme de segmentation des mots du corpus en morphes successifs. Dans l'approche de Harris (1955, 1967) ou celle de Déjean (1998), la segmentation elle-même est considérée comme le résultat de l'apprentissage. C'est également le cas dans la méthode de Creutz et Lagus (2002), qui s'efforcent de segmenter les mots d'un corpus en vue d'établir un inventaire de morphes; comme chaque segmentation possible des mots du corpus *induit* un inventaire de morphes unique[9], le résultat de ce système d'apprentissage est équivalent à celui des méthodes de Harris ou Déjean.

La segmentation s'accompagne fréquemment d'une catégorisation des morphes en racines et affixes. Dans les cas les plus simples, cette catégorisation se réduit à l'identification et l'extraction d'une seule de ces catégories; ainsi, Hafer et Weiss (1974) isolent les racines des mots, Jacquemin (1997) et Gaussier (1999) produisent des listes de suffixes et Baroni (2003) des listes de préfixes. D'autres approches aboutissent à une catégorisation de toutes les occurrences des morphes, le plus souvent en racines et suffixes (Brent et al., 1995; Kazakov, 1997; Snover et Brent, 2001; Snover et al., 2002). Le système de Goldsmith (2001, 2006) identifie également les préfixes, et introduit une distinction entre des bases simples (comme *work* dans *work-ing* 'travailler, participe présent') et dérivées (comme *work-ing* dans *work-ing-s* 'rouages'). Les versions récentes du programme MORFESSOR (Creutz et Lagus, 2004, 2005) utilisent une chaîne de Markov cachée (voir section 4.2) pour étiqueter chaque occurrence d'un morphe comme racine, préfixe ou suffixe; la catégorisation est

---

9   L'inverse n'est pas vrai, car certains mots peuvent correspondre à plusieurs combinaisons de morphes différentes.

dépendante du contexte, si bien que les occurrences d'un même morphe peuvent appartenir tantôt à l'une ou à l'autre de ces catégories.

Plusieurs systèmes construisent également un modèle de la combinatoire des morphes dans le mot. En un sens, c'est le cas de toutes les méthodes qui analysent chaque mot en racine et suffixe; mais toutes ne poursuivent pas l'analyse au-delà du modèle implicite où toutes les racines se combinent librement avec tous les suffixes. L'une des principales innovations du programme LINGUISTICA (Goldsmith, 2001) est l'utilisation de «signatures», c'est-à-dire de structures spécifiant qu'un sous-ensemble de racines se combine avec un sous-ensemble de suffixes (voir section 10.1); Snover et Brent (2001) et Snover et al. (2002) adoptent le même type de représentations.[10] Une signature peut être conçue comme un *automate à états finis*[11] qui reconnaît des mots constitués par exactement une racine et un suffixe. Les recherches les plus récentes se penchent sur l'apprentissage d'automates à états finis plus complexes, afin de rendre compte de la formation du mot dans les langues agglutinantes, où il est fréquemment composé d'un nombre élevé de morphes successifs (Johnson et Martin, 2003; Creutz et Lagus, 2004, 2005; Goldsmith et Hu, 2004; Hu, Matveeva, Goldsmith et Sprague, 2005a).

L'acquisition de certaines connaissances sur la classification et la combinatoire des morphes aboutit implicitement à la détermination de *relations* morphologiques entre mots: par exemple, une telle relation existe entre tous les mots qui résultent de la concaténation d'une des racines d'une signature avec tous les suffixes de cette signature. Pour certains systèmes, ce type d'information est la cible déclarée de l'apprentissage; c'est notamment le cas de Baroni et al. (2002), qui s'efforcent d'identifier des paires de mots ayant une relation morphologique entre eux, et Schone et Jurafsky (2000, 2001), qui cherchent à découvrir des ensembles de mots plus larges. Gaussier (1999) tente également d'établir des ensembles de mots dérivés,

---

10   Jacquemin (1997) utilise également le terme de *signature,* dans un sens partiellement différent. Soient deux séquences de deux mots telles qu'elles ne diffèrent que par les terminaisons de ces mots, p. ex. *active immuniz-ation* et *active-ly immuniz-ed;* Jacquemin définit la signature de ces deux séquences de mots comme l'ensemble des deux paires de suffixes correspondantes: $\{(\emptyset, -ation), (-ly, -ed)\}$.

11   Voir section 4.1.

mais dans son approche, il s'agit d'une étape préliminaire pour découvrir des *opérations* de suffixation telles que «nom → *-er* → verbe» en français. Neuvel et Fulop (2002) extraient des représentations similaires[12], avec la particularité qu'elles ne reposent pas sur la notion de morphe, mais sur une analyse des similarités et différences entre les paires de mots considérés. Rappelons que les méthodes de Gaussier, Neuvel et Fulop reposent pour une part sur la connaissance de la catégorisation des mots en parties du discours – dont la plupart des travaux considérés ici font l'hypothèse qu'elle n'est pas disponible préalablement à l'apprentissage.

9.3   Procédures heuristiques

Le cœur d'un système d'apprentissage de la morphologie est le mécanisme par lequel on extrait un ensemble de connaissances morphologiques explicites à partir d'un corpus. Dans les approches modernes, le problème est formulé en termes d'*optimisation:* l'ensemble des résultats (ou *solutions*) possibles de l'apprentissage (par exemple, toutes les segmentations possibles de chaque mot d'un corpus en racine et suffixe) constitue un *espace de recherche,* et il s'agit de déterminer celle de ces solutions qui permet de maximiser une certaine fonction. La valeur de cette fonction représente la qualité d'une solution – du point de vue de critères sur lesquels nous reviendrons dans la section suivante; à la suite de Chomsky (1969), il est devenu traditionnel de parler de *procédure d'évaluation* pour désigner le recours à une telle fonction en linguistique.

Or, même les approches les plus modestes de l'apprentissage de la morphologie se heurtent au problème du nombre de possibilités à évaluer. Pour un corpus contenant 20 mots de 2 phonèmes, le nombre de façons de segmenter chaque mot en une racine et un suffixe (éventuellement ∅) dépasse le million. Comme la plupart des systèmes actuels cherchent à inférer des structures plus complexes que cela sur la base de corpus beaucoup plus

---

12   Appliqué à l'anglais, leur système produit des règles telles que «|*##ceive|$_V$ ↔ |*##ception|$_{Ns}$» pour rendre compte de la relation régulière entre les paires *receive*$_V$ et *reception*$_{Ns}$, *conceive*$_V$ et *conception*$_{Ns}$, etc. (Neuvel et Fulop, 2002).

grands, il est indispensable de réduire l'espace de recherche. C'est le rôle des *procédures heuristiques:* orienter le parcours de l'espace de recherche de façon à identifier *rapidement* une «bonne» solution au problème considéré, c'est-à-dire une solution induisant une valeur élevée – idéalement maximale – de la fonction d'évaluation utilisée.[13]

9.3.1   La méthode du nombre de successeurs

La méthode de segmentation de Harris (1955) est un exemple typique d'une heuristique pour l'apprentissage de la morphologie. Dans la mesure où elle constitue la première formulation d'un principe utilisé par plusieurs systèmes récents, j'en propose ici une discussion assez détaillée (voir aussi Xanthos, 2003, 2004a). Le principe consiste à segmenter chaque mot d'un corpus sur la base du *nombre de successeurs,* c'est-à-dire le nombre de phonèmes différents qui peuvent apparaître après le premier phonème du mot, après les deux premiers phonèmes, et ainsi de suite. Considérons par exemple le mot /vənir/ 'venir' en français. Si l'on se réfère au lexique BRULEX (Content et al., 1990), 18 phonèmes différents peuvent apparaître après le premier phonème, /v/: les consonnes liquides /r/ et /l/, les semi-voyelles /j/ et /w/, et toutes les voyelles sauf les nasales /œ̃/ et /ɔ̃/. Après les deux premiers phonèmes, /və/, le nombre de successeurs possibles se réduit à 3 consonnes: /n/, /l/ et /d/. Il remonte à 6 après les trois premiers phonèmes, /vən/: /i/, /ɛ/, /y/, /œ/, /ɛ̃/ et /ɑ̃/. Enfin, seuls les phonèmes /m/ et /r/ peuvent apparaître après la séquence /vəni/; aucune continuation n'est possible après la séquence /vənir/ au complet. La règle de segmentation que préconise Harris consiste à insérer une frontière de morphe là où la courbe du nombre successeurs présente un sommet; dans notre exemple, comme le montre la figure 11 (p. 124), le nombre de successeurs après /vən/ (6) est supérieur au nombre de successeurs après /və/ (3) et /vəni/ (2), et donc la méthode prédit la segmentation /vən-ir/.

13   Dans les paragraphes qui suivent, je ne considèrerai que des heuristiques spécifiques au domaine de la morphologie; en particulier, il ne sera pas question ici de méthodes d'optimisation génériques telles que les algorithmes génétiques (Goldberg, 1989) que Kazakov (1997) applique au problème de la segmentation morphologique.

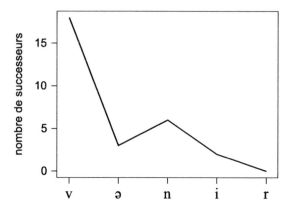

Figure n° 11. Courbe du nombre de successeurs pour le mot /vənir/.

Cette façon de procéder repose sur l'hypothèse que, en moyenne, le nombre de successeurs décroît à mesure qu'on avance à l'intérieur d'un morphe, et croît lorsqu'on franchit une frontière morphologique. En pratique, bien sûr, cette correspondance entre nombre de successeurs et structure morphologique n'est qu'approximative. La procédure peut échouer à détecter une frontière de morphe lorsque la distribution des phonèmes pouvant apparaître à la position considérée est restreinte pour une raison particulière. C'est le cas notamment lorsque la séquence de phonèmes qui suit une frontière de morphe fait partie d'un morphe discontinu, comme par exemple le circonfixe allemand /gə-...-t/ 'participe passé': dans un mot comme /gəkaʊft/ 'acheter, participe passé', le seul phonème qui puisse apparaître après /gəkaʊf/ est /t/, et donc la méthode ne prédira pas de segmentation à cet endroit. Le nombre de successeurs peut également être réduit par des phénomènes d'allomorphie, par exemple lorsqu'une racine subit un changement de forme dans le contexte d'un suffixe particulier: Harris (1955) donne l'exemple de /drə'mætɪk/ 'dramatique' en anglais, où la racine /'drɑmə/ est modifiée en /drə'mæt/ dans le seul contexte du suffixe /-ɪk/; il en résulte un nombre de successeurs égal à 1 après /drə'mæt/, et donc cette frontière n'est pas détectée. Un troisième cas de réduction du nombre de successeurs peut se produire lorsque la diversité phonologique des morphes pouvant apparaître à une position donnée est restreinte, si bien que seuls quelques phonèmes peuvent apparaître à l'initiale de ces morphes.

Dans d'autres cas, on observe un sommet sur la courbe du nombre de successeurs bien qu'il n'y ait pas de frontière de morphe à cette position. En particulier, cela se produit lorsque le début d'un morphe se trouve être identique à un morphe complet. Par exemple, toujours selon BRULEX, le nombre de successeurs aux positions successives de /kɔ̃tigy/ 'contigu' vaut 22, 10, 17, 2, 2, 0; le sommet observé après les trois premiers phonèmes /kɔ̃t/ résulte en partie du fait que cette séquence est un morphe à part entière, et entraîne la segmentation erronée /kɔ̃t-igy/.

Par ailleurs, la courbe du nombre de successeurs présente des variations qui ne sont pas directement liées à la structure morphologique, et qui peuvent perturber la segmentation. Ainsi, le nombre de successeurs tend à varier en fonction de la constitution syllabique de la séquence considérée, et en particulier du caractère vocalique ou consonantique du phonème précédant la frontière examinée. Un autre problème est que, en moyenne, il décroît globalement à mesure qu'on avance dans un mot donné; pour des langues où le nombre de morphes successifs à l'intérieur d'un mot est élevé, cela se traduit par une tendance à ne pas détecter les frontières morphologiques au-delà d'une certaine distance du début du mot.

Il existe de nombreuses variantes de cette méthode. Harris (1955) indique que la même approche peut être appliquée au nombre de *prédécesseurs,* ce qui permet souvent de corriger les erreurs de segmentation produites par le nombre de successeurs (et inversement). Gammon (1969), qui s'efforce de trouver des frontières de mots dans une séquence de morphes, combine les deux méthodes pour hiérarchiser les frontières potentielles selon la concordance des indices qui les désignent. A ma connaissance, c'est également le premier auteur à tester les modifications suivantes: (i) limiter le conditionnement du nombre de successeurs à un nombre fixe de symboles précédant la position considérée (plutôt qu'à la totalité de la séquence jusqu'à cette position); (ii) remplacer le nombre de successeurs par l'*entropie*[14] sur la distribution des successeurs, ce qui revient à tenir compte de l'éventuelle non-uniformité des fréquences relatives (Xanthos, 2003, p. 21-23). Hafer et Weiss (1974) examinent systématiquement de

---

14 Rappel: l'entropie d'une distribution de probabilités $p := p_1, \ldots, p_n$ est définie comme $H(p) := -\sum p_i \log p_i$.

nombreuses façons de combiner nombre de prédécesseurs et nombre de successeurs (ou les entropies correspondantes) et considèrent la possibilité d'insérer une frontière de morphe lorsque ces quantités dépassent un *seuil* donné, plutôt qu'en fonction des *sommets* de leurs courbes.

Sous une forme ou sous une autre, la méthode de Harris est utilisée dans les travaux de Jacquemin (1997), Déjean (1998), Gaussier (1999), Schone et Jurafsky (2000, 2001), Goldsmith (2001, 2006) et Johnson et Martin (2003).[15] Contrairement à la conviction de Harris, son application à des langues diverses montre qu'elle est trop approximative pour être utilisée de façon totalement indépendante comme procédure de découverte des morphes. Mais comme le relève Goldsmith (2001, p. 172), elle présente l'intérêt de pouvoir être paramétrée pour obtenir une segmentation plus «prudente»; autrement dit, il est possible de réduire le risque de prédire des frontières fallacieuses au prix d'un plus grand nombre de frontières manquées. A ce titre, cette méthode est particulièrement appropriée pour identifier, en première analyse, un ensemble de morphes «fiables»; l'application ultérieure d'autres heuristiques permet d'affiner cette description en conjonction avec une procédure d'évaluation, comme nous le verrons dans le chapitre consacrée au programme LINGUISTICA.

9.3.2   Distance d'édition et alignement

Plusieurs travaux récents se basent sur le calcul de la *distance d'édition* (Levenshtein, 1965) pour identifier des relations morphologiques entre paires de mots. La distance d'édition entre deux mots est définie comme le nombre minimal d'opérations nécessaire pour convertir l'un en l'autre; l'inventaire des opérations possibles comprend généralement l'insertion et la suppression d'un symbole, ainsi que la substitution d'un symbole par un autre. Dans le cas le plus simple, on fait l'hypothèse que chacune de ces opérations implique le même «coût», c'est-à-dire qu'elles contribuent de la même façon à la distance totale entre deux mots. En admettant que ce coût

---

15   Notons également que Creutz et Lagus (2004) utilisent une mesure dérivée de l'entropie sur la distribution des successeurs/prédécesseurs pour obtenir une première approximation de la catégorisation des morphes en racines, préfixes et suffixes.

vaut 1, la distance d'édition (orthographique) entre *venons* et *venions* vaut 1, puisqu'il suffit d'une opération d'insertion/suppression pour passer de l'un à l'autre; la distance entre *venions* et *venir* vaut 3 (une substitution et deux insertions/suppressions).

Dans les travaux de Schone et Jurafsky (2001) et Baroni et al. (2002), l'inférence d'une relation morphologique entre deux mots dépend notamment de leur similarité formelle et de la similarité des contextes dans lesquels ils apparaissent (voir section 9.3.4). Ces auteurs utilisent la distance d'édition pour quantifier l'aspect formel de la similarité entre mots. Hu et al. (2005a) proposent d'employer la distance d'édition pour déterminer l'alignement optimal entre deux mots et les segmenter. Par exemple, l'alignement optimal entre les mots *revenu* et *venez* est[16]:

r	e	v	e	n	u	
		v	e	n	e	z

La méthode de Hu et al. aboutit dans ce cas aux segmentations *re-ven-u* et *ven-ez*. Neuvel et Fulop (2002) utilisent une autre procédure d'alignement pour identifier les différences et similarités entre deux mots. Leur approche consiste à examiner successivement le premier symbole de chaque mot, puis le second, et ainsi de suite, et les copier dans la liste des similarités ou des différences entre ces mots selon qu'ils sont identiques ou non. La procédure est appliquée de gauche à droite ou de droite à gauche selon que les premiers ou les derniers symboles des mots sont identiques. Il semble toutefois que cette façon d'aligner deux mots soit inefficace lorsqu'aucune de leurs extrêmités ne coïncide.

9.3.3 Cohésion des chaînes de phonèmes

L'un des arguments pour traiter une séquence de phonèmes comme un morphe est qu'elle apparaît avec une certaine fréquence dans le corpus.

---

16 La solution qui consisterait à aligner simplement les deux mots à gauche est moins bien évaluée parce que Hu et al. assignent à l'opération de substitution un coût légèrement supérieur à celui des opérations d'insertion et de suppression.

Toutefois, la fréquence élevée d'une séquence peut n'être qu'un effet secondaire de la fréquence élevée de chaque phonème qui la compose. Ainsi, pour pouvoir interpréter la fréquence d'une paire de phonèmes xy comme un indice de cohésion, il faut qu'elle soit élevée *relativement à la fréquence individuelle de x et y.* Ce raisonnement justifie de mesurer la dépendance entre x et y par leur *information mutuelle ponctuelle,* définie comme $\log \frac{f(xy)}{f(x)f(y)}$, où $f(x)$ dénote la fréquence relative du phonème x et $f(xy)$ celle du bigramme xy. Brent et al. (1995) et Goldsmith (2001) utilisent des heuristiques basées sur des mesures dérivées de l'information mutuelle (et en particulier généralisées à plus de 2 phonèmes) pour identifier des suffixes hypothétiques.

9.3.4   Examen du contexte d'occurrence

Les heuristiques discutées jusqu'ici portent sur l'aspect formel des mots. Dans bien des cas, deux mots ayant une relation morphologique entre eux présentent une similarité formelle. Bien sûr, une telle similarité peut également être observée entre des mots sans relation morphologique, comme par exemple *venons* et *venin;* inversement, le phénomène de supplétion[17] peut aboutir à une configuration où deux mots complètement dissimilaires sont pourtant reliés morphologiquement, par exemple les formes *vais* (de lat. *vadere*) et *irai* (de lat. *ire*) dans la flexion du verbe ALLER. Dans de tels cas, c'est un critère de similarité *sémantique* qui permet de valider ou de rejeter l'existence d'une relation morphologique: *venons* et *venin* n'ont aucune similarité sur le plan du signifié, tandis que le rapport entre *vais* et *irai* est évident.

Comme on l'a vu dans la section 9.1, les données utilisées pour l'apprentissage automatique de la morphologie n'incluent en principe aucune annotation portant sur la valeur sémantique des mots. En revanche, sur la base d'un corpus où les mots apparaissent dans un contexte (par opposition à une simple liste de mots), il est possible d'utiliser cette information additionnelle pour inférer l'existence ou l'absence d'une relation sémantique entre eux. Par exemple, on peut s'attendre à ce que deux mots ap-

---

17   On parle de *supplétion* pour désigner l'intégration de formes d'origine étymologique distincte dans le paradigme du même lexème.

partenant au même paradigme, comme *viens* et *venons,* apparaissent dans des contextes[18] qui présentent une certaine similarité; ainsi, il est probable d'y rencontrer des expressions relative à l'origine du déplacement dont il est question, à des moyens de transport, etc. Dans une certaine mesure, il existe donc une corrélation entre la similarité sémantique entre deux mots et leur tendance à apparaître dans les mêmes contextes.

L'une des techniques les plus populaires pour examiner les affinités contextuelles des mots d'un corpus est connue sous le nom d'*analyse sémantique latente* (angl. *latent semantic analysis* ou *LSA*, Deerwester, Dumais, Landauer, Furnas et Harshman, 1990).[19] Il s'agit de construire une matrice dont chaque ligne correspond à un mot du corpus, et chaque colonne à un contexte où ce mot peut apparaître – par exemple, chaque phrase du corpus. Après avoir indiqué dans chaque cellule le nombre d'occurrences du mot correspondant dans la phrase correspondante, on effectue une décomposition en valeurs singulières[20] de la matrice. A partir du résultat de cette opération, il est possible de construire une approximation de la matrice originale, d'une façon qui revient à projeter les données originales (c'est-à-dire les mots du corpus, caractérisés par leur profil de fréquence dans tous les contextes) dans un espace de dimensionnalité réduite. Dans ce nouvel espace, dit «factoriel», les dimensions sont ordonnées du point de vue de leur capacité à rendre compte de la tendance des mots à apparaître dans les mêmes contextes, ou au contraire, dans des contextes différents. Il est alors possible d'évaluer la similarité entre deux mots, du point de vue de leur affinité contextuelle, en calculant la distance entre ces mots dans l'espace factoriel.

Schone et Jurafsky (2000) utilisent une variante de cette technique pour discriminer les «faux amis» morphologiques, comme *venons* et *venin,* des paires de mots dont la similarité formelle s'accompagne d'une tendance à apparaître dans les même contextes – et donc, potentiellement, d'une simi-

---

18   Le contexte est défini ici de façon assez large: de quelques mots à quelques centaines de mots avant et après une occurrence.

19   On peut noter l'existence, en France, d'un antécédent peu connu dans le monde anglo-saxon: l'analyse factorielle des correspondances (voir p. ex. Benzécri, 1980).

20   Rappelons qu'il s'agit d'une généralisation de la décomposition spectrale pour des matrices rectangulaires.

larité sémantique; dans ce travail, le contexte d'un mot est défini comme l'ensemble des 50 mots précédant et suivant ce mot. Baroni et al. (2002) proposent une approche comparable, où la similarité sémantique entre deux mots est évaluée au moyen de l'information mutuelle entre eux; deux mots sont considérés comme apparaissant dans le même contexte lorsque leurs occurrences sont séparées par plus de 3 mots et au plus 500 mots.

La recherche présentée par Schone et Jurafsky (2001) suggère qu'on peut extraire d'autres informations du contexte d'occurrence, à condition de traiter différemment les cooccurrences selon qu'elles sont plus ou moins distantes. En effet, si l'on restreint son attention au voisinage immédiat de mots réalisant le même lexème, comme *sème* et *semons* par exemple, l'existence de phénomènes d'*accord* grammatical prédit l'observation de différences marquées: en particulier, certaines classes de mots apparaîtront exclusivement avec l'un ou l'autre des mots considérés (p. ex. *je* ou *il/elle* avant *sème*, ou *nous* avant *semons*). Schone et Jurafsky proposent d'exploiter cette circonstance pour compenser une similarité formelle relativement faible. Ainsi, le fait que des paires plus similaires, comme *parle* et *parlons* par exemple, affichent la même prédilection pour les articles *je* et *il/elle* d'une part et *nous* d'autre part, peut être interprété comme un indice en faveur de l'existence d'une relation entre *sème* et *semons*. Les expériences conduites par Schone et Jurafsky montrent que cette stratégie influence favorablement les résultats de leur système sur des corpus anglais, allemand et néerlandais.

9.4   Procédures d'évaluation

La plupart des systèmes récents d'apprentissage automatique de la morphologie (Brent et al., 1995; Kazakov, 1997; Gaussier, 1999; Goldsmith, 2001, 2006; Snover et Brent, 2001; Snover et al., 2002; Creutz et Lagus, 2002, 2005; Baroni, 2003) reposent sur une conception de l'apprentissage comme *optimisation:* il s'agit d'identifier, dans un ensemble de modèles morphologiques susceptibles de rendre compte des données observées, celui qui maximise une certaine *fonction d'évaluation*. Cette fonction quantifie le degré de conformité de chaque modèle possible à des exigences par-

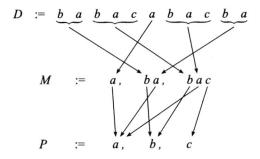

Figure n° 12. Un modèle morphologique simple

ticulières. Dans les paragraphes suivants, nous verrons que ces exigences sont typiquement liées aux concepts d'*adéquation* et de *simplicité* auxquels Noam Chomsky (1969) fait référence dans sa discussion des buts de la théorie linguistique.

9.4.1 Un modèle morphologique simple

Dans cette discussion, nous nous intéresserons à la relation qui existe entre un ensemble D de données observées et un modèle M proposé pour décrire ces données. Pour illustrer ce point, nous considèrerons un modèle simple inspiré de Creutz et Lagus (2002). Soit un inventaire de phonèmes P et un corpus $D \in P^*$ constitué d'une séquence de phonèmes de P; par exemple, on pourrait avoir $D := babacabacba$ et $P := \{a, b, c\}$. Dans ce contexte, nous définirons un modèle (ou *lexique*) $M \subset P^*$ comme un ensemble de *morphes,* c'est-à-dire de séquences de phonèmes, muni d'une distribution de probabilités. Dans notre exemple, un lexique possible parmi d'autres serait $M := \{a, ba, bac\}$ (voir figure 12).

Le modèle M doit fournir une *description* (ou *analyse*) du corpus en termes de concaténation de morphes, description que nous noterons $D^M \in M^*$.[21] Elle peut être assimilée à une *segmentation* des données, avec la contrainte que tous les segments résultants doivent appartenir au lexique.

---

21 On admettra ici que D^M est unique relativement à un modèle M donné. Cela signifie en particulier que s'il existe plusieurs segmentations du corpus

Une telle description permet de déterminer la probabilité $P(D|M)$ que le modèle assigne aux données. Sous l'hypothèse (aussi commode que réductrice) que le corpus est généré par tirages successifs et indépendants de morphes $m \in M$ avec probabilité $P(m)$, la probabilité que le modèle assigne au corpus dans son ensemble est égale au produit, sur tous les morphes du lexique, de leur probabilité $P(m)$ élevée à la puissance de leur nombre d'occurrences dans la description D^M, noté $\langle m \rangle$:

$$P(D|M) = \prod_{m \in M} P(m)^{\langle m \rangle} \qquad (9.1)$$

La seule analyse D^M possible avec le lexique de notre illustration est $ba \cdot bac \cdot a \cdot bac \cdot ba$. En estimant la probabilité des morphes par leur fréquence relative dans D^M, on trouve $P(a) = 1/5$ et $P(ba) = P(bac) = 2/5$, d'où $P(D|M) = .005$.

9.4.2   Maximum de vraisemblance

Dans une application inférentielle, le corpus D est fixé, et donc $P(D|M)$ dépend uniquement du modèle M (et de la description D^M qu'il associe aux données); on appelle alors cette fonction la *vraisemblance* de M. Elle reflète l'ajustement du modèle aux données, et en ce sens elle peut être conçue comme une expression probabiliste de l'*adéquation* de Chomsky (1969).[22] En général, la vraisemblance d'un modèle est d'autant plus élevée qu'il assigne une probabilité élevée aux données observées dans le corpus, et une probabilité faible aux données qui n'y figurent pas.

   Une approche très directe de l'apprentissage consiste à chercher le modèle M dont la vraisemblance $P(D|M)$ relativement au corpus est maximale. Dans notre exemple, cette stratégie aboutit à sélectionner le lexique $M := \{babacabacba\}$, qui ne contient qu'un seul morphe correspondant au corpus tout entier. La vraisemblance de ce modèle est maximale et égale à 1, ce qui revient à dire que tout ce qui peut se produire dans l'univers de

compatibles avec le lexique, une et une seule d'entre elles est sélectionnée, d'une manière ou d'une autre, pour décrire les données.

22   Voir note 1, p. 1.

M, c'est D. Or, on admet généralement que le modèle est supposé rendre compte d'un ensemble plus vaste que les données observées: la langue dont elles constituent un échantillon. Il est donc souhaitable que M assigne une probabilité non-nulle à d'autres données que celles sur lesquelles l'apprentissage est basé; cela implique que sa vraisemblance $P(D|M)$ soit strictement inférieure à 1.

9.4.3 Inférence bayesienne et MDL

Il n'en demeure pas moins que dans une perspective entièrement non-supervisée, le corpus D représente la totalité de l'information à notre disposition sur la langue. Comment, dès lors, déterminer la masse de probabilité que M doit assigner à des événements n'appartenant pas à D? L'approche *bayesienne* de l'inférence répond à cette question de façon indirecte. Elle préconise de chercher non pas le modèle dont la vraisemblance $P(D|M)$ est maximale, mais le modèle le plus probable étant donné le corpus considéré: il s'agira donc de maximiser la probabilité conditionnelle $P(M|D)$.

Cette quantité n'est pas directement accessible, mais on peut la calculer par le biais de la *règle de Bayes;* ce théorème énonce que la probabilité du modèle conditionnellement aux données est égale au produit de la probabilité des données conditionnellement au modèle et de la probabilité du modèle[23], divisé par la probabilité des données:

$$P(M|D) = \frac{P(D|M)P(M)}{P(D)} \tag{9.2}$$

Rappelons que D est fixé lors de l'apprentissage, et donc le terme $P(D)$ est constant et n'intervient pas dans la maximisation de $P(M|D)$. Le modèle M le plus probable étant donné le corpus est alors celui qui maximise le produit de sa vraisemblance et sa probabilité a priori: $P(D|M)P(M)$.

Pour pouvoir maximiser $P(M|D)$, il reste encore à évaluer la probabilité a priori $P(M)$. Le formalisme de la *longueur de description minimale*

---

23   Dans ce contexte, $P(M)$ et $P(D|M)$ sont souvent appelées probabilité *a priori* et *a posteriori* du modèle, respectivement.

ou *MDL* nous offre une façon d'y parvenir.[24] Intuitivement, le principe consiste à calculer la «longueur de description» du modèle pour en déduire sa probabilité a priori. Dans ce contexte, la *longueur de description* d'un modèle M est définie comme le nombre minimal de *bits* (i. e. de symboles pris dans l'ensemble $B := \{0, 1\}$) nécessaire pour *encoder* le modèle dans un code possédant certaines propriétés particulières. En ce sens, elle peut être interprétée comme un analogue formel du critère de *simplicité* discuté par Chomsky (1969).

9.4.4   Théorie du codage

Avant d'aller plus loin, il est utile d'introduire quelques concepts et notations relatifs à la théorie du codage. Un *code C* est une fonction associant chaque élément d'un ensemble à un *mot-code* pris dans un second ensemble. Par exemple, l'ensemble de départ pourrait être l'inventaire de phonèmes $P = \{a, b, c\}$ discuté plus haut; l'ensemble d'arrivée, celui des mots-codes, pourrait être l'ensemble B^* des séquences binaires. Dans ce cas, l'un des codes possibles serait $C(a) := 0$, $C(b) := 1$ et $C(c) := 10$. Le défaut d'un tel code est qu'il n'est pas *uniquement déchiffrable,* c'est-à-dire qu'il existe des séquences de mots-codes correspondant à plus d'une séquence de phonèmes, comme 10.

Par contraste, le code défini par $C'(a) := 0$, $C'(b) := 01$ et $C'(c) := 11$ est bien uniquement déchiffrable, mais il lui manque une autre propriété désirable: l'«instantanéité». Un code est dit *instantané* si, lors du décodage, chaque mot-code peut être identifié de façon univoque avant de passer au mot-code suivant. Cela revient à imposer la contrainte qu'aucun mot-code ne commence par une séquence qui soit également un mot-code. Par exemple, si 01 est un mot-code, aucune autre séquence commençant par 01 ne peut être un mot-code, et 0 ne peut être un mot-code; donc, après avoir lu ces deux symboles, aucun doute ne subsiste sur le fait qu'il s'agit du mot-code 01.

---

24   Je ne peux donner ici qu'une introduction très sommaire à cette théorie; on la
     trouvera développée de façon beaucoup plus complète et rigoureuse dans de
     nombreux textes de référence, notamment Shannon (1948), Welsh (1988),
     Rissanen (1989), Li et Vitànyi (1997) et Grünwald, Myung et Pitt (2005).

Le code défini par $C''(a) := 00$, $C''(b) := 100$ et $C''(c) := 110$ est instantané et, par conséquent, uniquement déchiffrable. On peut encore se demander s'il est *compact,* en ce sens que la longueur moyenne de ses mots-codes $E_p[L(C''(p))]$ est minimale (la notation $L(\cdot)$ désigne la longueur d'une séquence, au sens traditionnel du nombre de symboles qu'elle contient). En l'occurrence, sous l'hypothèse que la distribution des phonèmes est uniforme, cette moyenne vaut $\frac{2+3+3}{3} = 2.67$ bits. Ce code n'est pas compact, puisqu'en supprimant le 0 final de chaque mot-code, on obtient un nouveau code instantané dont la longueur moyenne des mots-codes est moindre: $\frac{1+2+2}{3} = 1.67$ bits.

En fait, l'un des résultats fondamentaux de la théorie de l'information (Shannon, 1948) est qu'il existe un code instantané compact $\hat{C}$ associant à chaque phonème $p \in P$ un mot-code binaire de longueur environ égale à:

$$L(\hat{C}(p)) = -\log P(p) \tag{9.3}$$

où *log* désigne le logarithme binaire. Autrement dit, il suffit de connaître la distribution des phonèmes pour connaître la longueur en bits des mots-codes correspondants dans un code instantané compact. Notons que l'équation 9.3 rend explicite le fait que $\hat{C}$ assigne les mots-codes les plus courts aux phonèmes les plus probables.

9.4.5 Mots-codes, pointeurs et longueur de description

Dans le paradigme du MDL, les mots-codes $\hat{C}(\cdot)$ sont utilisés comme des *pointeurs* vers les éléments correspondants. La justification de cette utilisation est que dans ce contexte, on cherche à encoder les objets considérés (qu'il s'agisse d'un phonème ou d'un modèle morphologique complet) de la façon la plus concise possible. Or, lorsqu'un élément se répète à plusieurs endroits, il est généralement plus économique de l'écrire une seule fois et de remplacer ses occurrences par un pointeur $\hat{C}(\cdot)$ vers cet élément.[25]

---

25 Dans ce qui suit, j'utiliserai souvent l'expression «pointeur vers x» au lieu de «mot-code associé à x dans un code instantané compact».

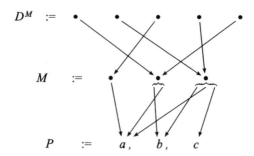

Figure n⁰ 13. L'utilisation de pointeurs pour compresser le modèle et les données

Par exemple, dans le cas du modèle morphologique considéré ici, la représentation donnée par la figure 12 (p. 131) est redondante. En effet, dès lors que l'inventaire des phonèmes est explicitement spécifié dans cette représentation, le contenu phonologique des morphes peut être exactement reconstitué à partir des flèches qui relient M à P (voir figure 13), et qui représentent justement des pointeurs $\hat{C}(p)$ vers les phonèmes.

En d'autres termes, pour calculer la longueur de description du modèle, les morphes ne seront pas traités comme des séquences de phonèmes, mais comme des séquences de *pointeurs* vers des phonèmes: $M \subset \hat{C}(P)^*$, où $\hat{C}(P) := \{\hat{C}(p)|p \in P\}$ dénote l'ensemble des pointeurs vers les phonèmes. La *longueur de description* d'un morphe peut alors être définie comme la somme des longueurs des pointeurs vers les phonèmes qui le composent:

$$DL(m) := \sum_{\hat{C}(p)\in m} L(\hat{C}(p)) \tag{9.4}$$

9.4.6 Approximation par un code-bloc

En pratique, on pourra parfois se contenter d'une estimation plus approximative de $DL(m)$, afin de simplifier les calculs. Une stratégie souvent utilisée consiste à définir la longueur d'un pointeur comme une constante, en particulier $\log |P|$. On voit en effet que la longueur moyenne d'un pointeur vers un phonème est égale à l'*entropie* sur la distribution des phonèmes:

$$E_p[L(\hat{C}(p))] = -\sum_p P(p) \log P(p) \qquad (9.5)$$

Celle-ci est maximale et égale à $\log |P|$ bits lorsque la distribution des phonèmes est uniforme, si bien qu'on a toujours $E_p[L(\hat{C}(p))] \leq \log |P|$. Cette borne supérieure est une candidate raisonnable pour une approximation de la «vraie» longueur d'un pointeur.

Recourir à cette approximation revient à faire l'hypothèse que la distribution de probabilité des phonèmes est uniforme – et donc renoncer à la possibilité d'assigner les mots-codes les plus courts aux phonèmes les plus probables. Au lieu de cela, on définit un code où la longueur des mots-codes est constante, c'est-à-dire un *code-bloc*. On exigera toutefois que le code soit compact, en ce sens que, sous l'hypothèse d'équiprobabilité des phonèmes, la longueur moyenne de ses mots-codes soit minimale *parmi les codes-blocs*.

Sous cette approximation, la longueur de description d'un morphe se simplifie comme suit:

$$DL(m) \simeq L(m) \log |P| \qquad (9.6)$$

où $L(m)$ représente le nombre de pointeurs contenus dans m. Dans ce qui suit, j'utiliserai systématiquement cette approximation pour calculer $DL(m)$, selon l'usage de Goldsmith (2001) et Creutz et Lagus (2002).

9.4.7 Longueur de description du modèle et probabilité a priori

Nous sommes finalement en mesure de calculer la longueur de description du lexique M. Pour simplifier la présentation, nous ferons ici l'hypothèse qu'il peut être encodé sous la forme d'une séquence de morphes ininterrompue. Dans ce cas, sa longueur de description est définie comme la somme des longueurs de description des morphes qu'il contient. Sous l'approximation 9.6, cette somme vaut:

$$DL(M) = L \log |P| \qquad (9.7)$$

où $L := \sum_{m \in M} L(m)$ représente le nombre total de pointeurs vers des phonèmes dans les morphes du lexique. Par exemple, la longueur de description du lexique $M := \{a, ba, bac\}$ vaut $6 \log 3 = 9.51$ bits.

Quelle est alors la relation entre cette mesure et la probabilité a priori du modèle? Sous certaines hypothèses que nous avons explicitées dans les paragraphes précédents, en particulier le recours à un code-bloc, $DL(M)$ peut s'interpréter comme le nombre minimal de bits nécessaire pour encoder M. Cela signifie qu'on peut considérer $DL(M)$ comme la longueur d'un mot-code correspondant à M dans un code-bloc compact. Dans ce code, tous les mots-codes sont des séquences binaires d'une longueur de $DL(M)$ bits; il existe $2^{DL(M)}$ séquences binaires distinctes de cette longueur. Sous l'hypothèse, sous-jacente au recours à un code-bloc, que ces séquences sont équiprobables, on trouve que:

$$P(M) = 2^{-DL(M)} = |P|^{-L} \qquad (9.8)$$

La probabilité a priori d'un lexique est donc d'autant plus élevée qu'il contient peu de phonèmes différents et peu de phonèmes en tout. Pour le lexique $M := \{a, ba, bac\}$, par exemple, $P(M)$ vaut $3^{-6} = 2^{-9.51} = 1/729$.

9.4.8   Longueur compressée du corpus et vraisemblance du modèle

De même que nous avons utilisé des pointeurs vers les phonèmes pour encoder le lexique de façon plus concise, nous pouvons utiliser des pointeurs vers les *morphes* pour compresser la description du *corpus* par le lexique (voir figure 13, p. 136). A cet effet, on admettra que la description n'est pas une séquence de morphes, mais une séquence de *pointeurs* vers des morphes: $D^M \in \hat{C}(M)^*$. La longueur d'un pointeur vers un morphe m vaut:

$$L(\hat{C}(m)) = -\log P(m) \qquad (9.9)$$

Cette quantité ne doit pas être confondue avec la longueur de description du morphe lui-même, $DL(m)$, définie dans l'équation 9.4 (p. 136). Un morphe m, conçu comme une séquence de pointeurs vers des phonèmes, est un objet tout à fait distinct d'un pointeur $\hat{C}(m)$ vers ce morphe, et la longueur de ces objets se calcule différement.[26]

La longueur de description du corpus étant donné le modèle, ou *longueur compressée du corpus*, est définie comme la somme, sur tous les morphes du lexique, de la longueur d'un pointeur vers ce morphe, multipliée par son nombre d'occurrences $\langle m \rangle$ dans la description D^M du corpus par les données:

$$DL(D|M) := \sum_{m \in M} \langle m \rangle L(\hat{C}(m)) \qquad (9.10)$$

En utilisant l'équation 9.9, on vérifie que:

$$
\begin{aligned}
DL(D|M) &= -\sum_{m \in M} \langle m \rangle \log P(m) \\
&= -\log \prod_{m \in M} P(m)^{\langle m \rangle} \qquad (9.11) \\
&= -\log P(D|M)
\end{aligned}
$$

Autrement dit, la longueur compressée du corpus $DL(D|M)$ est reliée à la vraisemblance du modèle $P(D|M)$ de la même façon que la longueur de description du modèle $DL(M)$ à sa probabilité a priori $P(M)$.

9.4.9 Résumé

Nous disposons finalement de tous les outils pour interpréter le programme de l'inférence bayesienne et celui du MDL. Dans le premier cas, on cherche à maximiser le produit $P(D|M)P(M)$, c'est-à-dire le produit de la vraisemblance du modèle par sa probabilité. Dans le second cas, on cherche à minimiser la somme $DL(D|M) + DL(M)$, c'est-à-dire la somme de la

---

26 Notons que, dans le cas des pointeurs vers les morphes, nous ne ferons pas usage de l'approximation consistant à utiliser un code-bloc. En fait, cette approximation n'est utilisée, en général, que pour calculer la longueur des pointeurs vers des phonèmes et les longueurs dérivées (morphes et lexique, en l'occurrence).

longueur compressée du corpus et de la longueur de description du modèle. Ce sont deux façons équivalentes d'exprimer les mêmes contraintes, tantôt en termes probabilistes, tantôt en termes informationnels: ces contraintes sont d'une part l'*adéquation* du modèle aux données, et d'autre part la *simplicité* du modèle. Un modèle est adéquat s'il assigne une probabilité élevée aux données, et qu'il permet de les décrire de façon compacte; il est simple s'il est probable, et qu'il peut être exprimé de façon compacte.

En général, ces deux contraintes sont en opposition. Simplifier le modèle aboutit souvent à réduire son adéquation, et inversement le rendre plus adéquat implique souvent de le complexifier. L'inférence bayesienne et le principe du MDL visent à identifier le meilleur compromis global entre adéquation et simplicité. Les deux approches se distinguent de celle du maximum de vraisemblance en ce qu'elle reposent sur l'hypothèse qu'un bon modèle ne doit pas être totalement adéquat, mais qu'il doit assigner une certaine masse de probabilité à des événements qui ne figurent pas dans les données observées, et être en mesure de les décrire de façon compacte; c'est précisément en choisissant un modèle plus simple, c'est-à-dire plus probable et plus compact, qu'on s'efforcera d'atteindre ce but.

9.4.10   Illustration

Afin de mettre en évidence la façon dont les critères de simplicité et d'adéquation sont articulés dans les procédures d'évaluation discutées dans cette section, considérons l'exemple de la sélection d'un lexique de morphes pour le corpus que nous avons mentionné plus haut:

$$D := babacabacba \tag{9.12}$$

Nous évaluerons trois modèles possibles: un modèle maximisant l'adéquation, un modèle maximisant la simplicité et un modèle intermédiaire. Nous utiliserons pour cela le formalisme du MDL, mais l'exemple peut être directement transposé dans les termes de l'inférence bayesienne.

Le modèle maximisant l'adéquation est celui qui analyse le corpus comme étant composé d'un seul morphe. Le lexique contient donc un seul morphe dont la probabilité vaut 1:

$$M_1 := \{babacabacba\} \qquad D^{M_1} := babacabacba \tag{9.13}$$

Le modèle maximisant la simplicité est celui où chaque phonème est assimilé à un morphe:

$$M_2 := \{a, b, c\} \qquad D^{M_2} := b \cdot a \cdot b \cdot a \cdot c \cdot a \cdot b \cdot a \cdot c \cdot b \cdot a \qquad (9.14)$$

avec les probabilités $\frac{5}{11}$, $\frac{4}{11}$, et $\frac{2}{11}$ respectivement.[27] Enfin, le modèle intermédiaire est celui que nous avons utilisé comme exemple tout au long de cette section:

$$M_3 := \{a, ba, bac\} \qquad D^{M_3} := ba \cdot bac \cdot a \cdot bac \cdot ba \qquad (9.15)$$

avec les probabilités respectives $\frac{1}{5}$, $\frac{2}{5}$ et $\frac{2}{5}$.

La longueur de description du modèle M_i est définie comme $L_i \log |P|$, où $|P| = 3$ représente le nombre de phonèmes différents dans le corpus, et L_i dénote le nombre total de phonèmes dans le modèle. On a donc:

$$
\begin{aligned}
DL(M_1) &= 11 \log 3 &= 17.43 \text{ bits} \\
DL(M_2) &= 3 \log 3 &= 4.75 \text{ bits} \\
DL(M_3) &= 6 \log 3 &= 9.51 \text{ bits}
\end{aligned}
$$

La longueur compressée du corpus sous le modèle M_i est définie comme la somme, sur tous les morphes du lexique, de la longueur d'un pointeur vers ce morphe multipliée par le nombre d'occurrence $\langle m \rangle$ de ce morphe dans D^{M_i} (voir équations 9.9 et 9.10, p. 139). On trouve alors:

$$
\begin{aligned}
DL(D|M_1) &= -\log P(babacabacba) \\
&= -\log 1 &= 0 \text{ bits}
\end{aligned}
$$

$$
\begin{aligned}
DL(D|M_2) &= -\langle a \rangle \log P(a) \\
&\quad -\langle b \rangle \log P(b) \\
&\quad -\langle c \rangle \log P(c) \\
&= -(5 \log \tfrac{5}{11} + 4 \log \tfrac{4}{11} + 2 \log \tfrac{2}{11}) &= 16.44 \text{ bits}
\end{aligned}
$$

$$
\begin{aligned}
DL(D|M_3) &\quad -\langle a \rangle \log P(a) \\
&\quad -\langle ba \rangle \log P(ba) \\
&= -\langle bac \rangle \log P(bac) \\
&= -(\log \tfrac{1}{5} + 4 \log \tfrac{2}{5}) &= 7.61 \text{ bits}
\end{aligned}
$$

---

27 La probabilité des morphes est estimée par leur fréquence relative dans le corpus.

Ces valeurs sont résumées dans le tableau suivant:

	$DL(M)$	$DL(D\mid M)$	Total
M_1	17.43	0	17.43
M_2	4.75	16.44	21.19
M_3	9.51	7.61	17.12

Le modèle M_1 est celui qui aboutit à la meilleure compression des données et donc leur assigne la probabilité la plus élevée ($P(D\mid M_1) = 1$); ce gain de vraisemblance est obtenu au prix de la complexité plus élevée du modèle et donc de sa plus faible probabilité ($P(M_1) = 2^{-17.43} = 5.66{\cdot}10^{-6}$). A l'inverse, le modèle M_2 est très simple et donc très probable ($P(M_2) = 2^{-4.75} = .04$); en contrepartie, la description du corpus sous ce modèle contient une multitude de pointeurs et sa longueur compressée est élevée, ce qui revient à dire que le modèle assigne une faible probabilité au corpus ($P(D\mid M_2) = 2^{-16.44} = 1.12 \cdot 10^{-5}$). Le modèle intermédiaire M_3 n'est ni le plus vraisemblable, ni le plus simple, mais parmi les trois alternatives considérées, il constitue le meilleur compromis entre ces deux contraintes; c'est donc celui que désignent le principe du MDL et l'inférence bayesienne dans ce cas.

Cette illustration conclut ma présentation des travaux antérieurs dans le domaine de l'apprentissage non-supervisé de la morphologie. Dans le prochain chapitre, consacré au programme LINGUISTICA de John Goldsmith (2001), nous verrons comment des procédures heuristiques et une procédure d'évaluation peuvent être combinées dans le cadre d'un système complet d'apprentissage de la morphologie.

Chapitre 10

Linguistica

Pour plusieurs raisons, le programme LINGUISTICA de John Goldsmith (2001, 2006) occupe une place particulière parmi les systèmes d'apprentissage automatique de la morphologie. D'abord parce qu'il fut le premier à démontrer l'efficacité d'une architecture associant des procédures heuristiques, dont le rôle est de produire des analyses hypothétiques pour un corpus donné, et une procédure d'évaluation (basée sur le principe du MDL) chargée d'accepter ou de rejeter les hypothèses en question. Cette conception de l'apprentissage, associée à l'adoption de principes d'analyse issus de la linguistique structurale, lui permit de dépasser l'objectif basique de la segmentation des mots en bases[1] et suffixes (voir p. ex. Brent et al., 1995; Kazakov, 1997) pour s'attaquer au problème plus complexe de la détermination des catégories morphologiques: les ensembles spécifiques de bases et de suffixes susceptibles de se combiner pour former des mots. Enfin, John Goldsmith a fait le choix de rendre son programme librement accessible sur Internet[2], ce qui a eu pour conséquence indirecte d'en faire un standard *de facto,* aux performances duquel la plupart des systèmes ultérieurs se comparent dans leurs évaluations.

Le traitement des structures racine–schème proposé dans cette thèse (voir chapitre suivant) est intimement lié à LINGUISTICA: il repose sur la même division des tâches entre des procédures heuristiques et une procédure d'évaluation, et sur la même façon de représenter les unités morphologiques et les relations entre elles, si bien qu'il pourrait être directement intégré à LINGUISTICA comme un module étendant ses capacités d'apprentissage au cas des structures racine–schème. Pour cette raison, et

---

1   J'utiliserai ici le terme *base* pour traduire le terme anglais *stem;* la raison de ce choix est que le terme *racine* sera réservé plus loin aux séquences de consonnes qui s'associent à des schèmes vocaliques pour former les mots d'une langue comme l'arabe.

2   Le logiciel et son code source sont téléchargeables à l'adresse *http://linguistica.uchicago.edu.*

parce qu'il n'existe pas à ma connaissance de présentation du programme de John Goldsmith en français, ce chapitre sera consacrée à une présentation relativement détaillée des bases de sa structure et son fonctionnement.

Du système décrit dans les articles de Goldsmith (2001, 2006), je ne retiendrai ici que la partie la plus pertinente pour comprendre l'approche des structures racine–schème développée plus loin. Je laisserai donc de côté de nombreux raffinements décrits dans ces articles ou dans d'autres (Goldsmith et Hu, 2004; Hu et al., 2005a; Hu, Matveeva, Goldsmith et Sprague, 2005b; Xanthos, Hu et Goldsmith, 2006). Cette réduction me conduira parfois à modifier des éléments du calcul de la longueur de description, mais je pense que ces modifications respectent l'esprit du modèle original. Je présenterai d'abord le modèle général utilisé pour la représentation des structures morphologiques et basé sur la notion de *signature*. Puis j'expliquerai la façon dont sont calculées la longueur de description d'une instance particulière du modèle et la longueur compressée d'un corpus sous ce modèle. Enfin, j'exposerai le déroulement de l'apprentissage et les procédures heuristiques utilisées.

10.1 Morphologie à base de signatures

Linguistica opère sur un corpus D segmenté en mots: si P dénote l'inventaire de phonèmes considéré, on a $D \in W^*$, où $W \subset P^*$ représente l'ensemble des mots distincts apparaissant dans D (ou *lexique*). Pour un corpus D donné, la fonction de Linguistica est de construire un modèle morphologique M et une analyse D^M du corpus. Dans cette analyse, chaque mot du corpus est segmenté en une base et un suffixe (qui peut être $\emptyset$).[3] Les bases et suffixes sont stockés dans deux listes séparées, et un troisième type d'objet est utilisé pour encoder la combinatoire des bases et suffixes: les *signatures*. Une signature n'est rien de plus qu'une structure spécifiant que toutes les bases d'un ensemble donné, par exemple $\{laiss, parl, rest, \dots\}$ peuvent se combiner avec tous les suffixes d'un ensemble donné, par exemple $\{e, ent, ez, ons, \dots\}$ pour former des mots du corpus. Notons qu'en principe, plusieurs signatures pourraient générer le

---

3   Un mot ayant un suffixe $\emptyset$ est dit «non analysé».

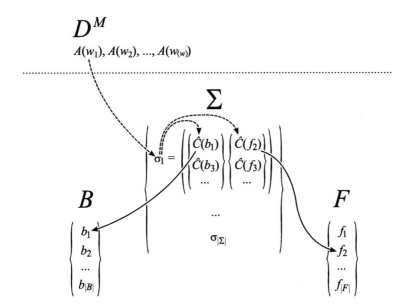

Figure n° 14. Le modèle morphologique de LINGUISTICA. La ligne horizontale en pointillé marque la séparation entre la description du corpus et le modèle. Les flèches continues représentent des pointeurs faisant partie du modèle, celles en traitillé les pointeurs utilisés pour la description du corpus sous le modèle.

même mot avec une segmentation différente, mais on admet que l'analyse D^M associe chaque mot du corpus à une signature unique.

Le processus de construction des signatures implique que, contrairement aux suffixes, chaque base ne puisse figurer que dans une seule signature (voir section 10.3). Par ailleurs, si deux bases appartiennent à des signatures différentes, c'est qu'elles ne se combinent pas avec le même ensemble de suffixes. Une caractéristique importante (et parfois critiquée, cf. Neuvel et Fulop, 2002) de LINGUISTICA est qu'une signature ne peut générer que des mots figurant dans le corpus; autrement dit, le modèle ne prédit pas de nouveaux mots au-delà de ceux qu'il a effectivement observé.

Les signatures sont sans doute l'élément le plus important dans l'approche de Goldsmith. Il ne s'agit pas seulement d'une façon simple de rendre compte de la combinatoire des morphes; les signatures jouent un rôle important au niveau des heuristiques et de l'évaluation: «[they] aid both in quantifying the MDL account and in constructively building a satisfactory morphological grammar» (Goldsmith, 2001, p. 154). Ces fonctions apparaîtront clairement, j'espère, dans les sections suivantes.

10.2   Calcul de la longueur de description

LINGUISTICA utilise une procédure d'évaluation basée sur le principe du MDL.[4] Pour un corpus D donné, un modèle M est donc d'autant mieux évalué qu'il minimise la somme de deux termes: la longueur de description $DL(M)$ du modèle, et la longueur compressée $DL(D|M)$ du corpus sous le modèle.

10.2.1   Longueur de description du modèle

La longueur de description du modèle est définie comme la somme des longueurs d'un ensemble de bases B, un ensemble de suffixes F et un ensemble de signatures Σ (voir figure 14, p. 145). En général, la longueur de description d'un ensemble de k objets est égale à la somme des longueurs de ces k objets, additionnée d'un terme $\lambda(k)$ correspondant au (faible) coût nécessaire pour spécifier, au début de la liste, qu'elle contient k objets.[5] La longueur de description d'un morphe $m \in B \cup F$ (base ou suffixe) est calculée comme indiqué en section 9.4 (équation 9.6, p. 137), sous l'hypothèse d'équiprobabilité des phonèmes:

$$DL(m) := L(m) \log |P| \tag{10.1}$$

où $|P|$ représente le nombre de phonèmes différents dans le corpus, et $L(m)$ le nombre total de phonèmes dans le morphe m. La longueur de description de l'ensemble des bases vaut donc $DL(B) := \sum_{b \in B} DL(b) +$

---

4   Cette discussion présuppose, de la part du lecteur, une certaine familiarité avec les notations et définitions introduites dans la section 9.4.

5   Suivant Rissanen (1989, pp. 33-24), Goldsmith (2001, p. 166) indique que ce coût est à peine plus élevé que $\log k$ bits.

$\lambda(|B|)$ bits; pour l'ensemble des suffixes, on a de la même façon $DL(F) := \sum_{f \in F} DL(f) + \lambda(|F|)$ bits.

La longueur de description de l'ensemble des signatures Σ a la même forme, $DL(\Sigma) := \sum_{\sigma \in \Sigma} DL(\sigma) + \lambda(|\Sigma|)$, mais les signatures sont des objets d'un autre type que les morphes. La fonction d'une signature $\sigma \in \Sigma$ est d'associer un sous-ensemble $B^\sigma \subset B$ des bases avec un sous-ensemble $F^\sigma \subset F$ des suffixes; une signature est donc constituée d'une paire d'ensembles. Toutefois ces ensembles ne contiennent pas directement les bases et suffixes que σ associe. En effet, dès lors que ces morphes sont spécifiés phonologiquement dans les listes B et F, il serait redondant de les écrire à nouveau dans une signature. Au lieu de cela, σ contient un ensemble $\hat{C}(B^\sigma)$ de *pointeurs* vers des bases et un ensemble $\hat{C}(F^\sigma)$ de *pointeurs* vers des suffixes.[6] La longueur d'un pointeur vers un morphe s'obtient comme:

$$L(\hat{C}(m)) = -\log P(m) \qquad (10.2)$$

où l'on peut noter qu'on ne fait pas usage de l'hypothèse d'équiprobabilité des morphes. La longueur de description d'une signature s'obtient alors comme $DL(\sigma) := -\sum_{b \in B^\sigma} \log P(b) - \sum_{f \in F^\sigma} \log P(f) + \lambda(|B^\sigma|) + \lambda(|F^\sigma|)$; elle permet de calculer, finalement, la longueur de description de l'ensemble des signatures $DL(\Sigma) := \sum_{\sigma \in \Sigma} DL(\sigma) + \lambda(|\Sigma|)$.

10.2.2 Longueur compressée du corpus

Dans la description D^M du corpus par le modèle, chaque occurrence d'un mot $w \in W$ dans le corpus est représentée par ce que j'appelerai l'*analyse* $A(w)$ de ce mot. Cette analyse spécifie que w est associé de façon unique à une signature $\sigma(w) \in \Sigma$ et, dans cette signature, à une base $b(w) \in B^{\sigma(w)}$ et un suffixe $f(w) \in F^{\sigma(w)}$. Cette information est codée sous la forme d'un triplet de pointeurs: un pointeur vers $\sigma(w)$, un pointeur vers le *pointeur* correspondant à $b(w)$ dans $\hat{C}(B^{\sigma(w)})$, et un autre vers le *pointeur* correspondant à $f(w)$ dans $\hat{C}(F^{\sigma(w)})$. Une analyse $A(w)$ est donc un élément

---

6   Rappelons que dans ce contexte, un pointeur $\hat{C}(m)$ est un mot-code pour m dans un code compact particulier (voir section 9.4). La notation $\hat{C}(M) := \{\hat{C}(m) | m \in M\}$ désigne un ensemble de pointeurs.

de l'ensemble $A := \hat{C}(\Sigma) \times \hat{C}(\hat{C}(B)) \times \hat{C}(\hat{C}(F))$, où $\times$ dénote le produit cartésien[7]. La description du corpus par le modèle est une séquence de telles analyses: $D^M \in A^*$.

Par analogie avec l'équation 10.2, la longueur d'un pointeur vers une signature est donnée par $L(\hat{C}(\sigma)) = -\log P(\sigma)$. La longueur d'un pointeur vers un pointeur vers un morphe (par exemple une base b) dans la signature σ vaut[8]:

$$L[\hat{C}(\hat{C}(b \in B^\sigma))] = -\log P(\hat{C}(b)|\sigma) \tag{10.3}$$

La longueur de description d'une occurrence de l'analyse $A(w)$ dans D^M est définie comme la somme des longueurs des trois pointeurs qu'elle contient:

$$\begin{aligned} DL(A(w)) \quad &:= \quad -\log P(\sigma(w)) \\ &\quad -\log P(\hat{C}(b(w))|\sigma(w)) \\ &\quad -\log P(\hat{C}(f(w))|\sigma(w)) \end{aligned} \tag{10.4}$$

La longueur compressée $DL(D|M)$ du corpus tout entier est finalement définie comme la somme, sur tous les mots du lexique, de la longueur de description de l'analyse de ce mot, multipliée par le nombre d'occurrences de ce mot dans D, noté $\langle w \rangle$:

$$DL(D|M) := \sum_{w \in W} \langle w \rangle DL(A(w)) \tag{10.5}$$

10.2.3   Estimation des probabilités

Toutes les probabilités impliquées dans le calcul de la longueur de description peuvent être estimées par les fréquences relatives correspondantes dans le corpus D. Pour expliciter cela, nous étendons la notation $\langle \cdot \rangle$ pour représenter le nombre d'occurrences, dans le corpus, des éléments d'un

---

7   Rappel: le *produit cartésien* $X \times Y$ de 2 ensembles est l'ensemble des paires dont le premier élément appartient à X et le second à Y. La définition s'étend naturellement à plus de 2 ensembles.

8   Nous verrons dans la section suivante comment estimer les probabilités mentionnées ici.

sous-ensemble de W. Par exemple, $\langle W \rangle := \sum_w \langle w \rangle$ dénote le nombre total de mots dans le corpus. Le nombre d'occurrences d'une base $b \in B$ donnée s'écrit $\langle \{w|b(w) = b\} \rangle$, et sa fréquence relative peut être notée $\langle \{w|b(w) = b\} \rangle / \langle W \rangle$. Plus généralement, les cinq probabilités impliquées dans le calcul de la longueur de description sont estimées comme suit:

$$
\begin{aligned}
\hat{P}(b) &:= \frac{\langle \{w|b(w) = b\} \rangle}{\langle W \rangle} \\[2mm]
\hat{P}(f) &:= \frac{\langle \{w|f(w) = f\} \rangle}{\langle W \rangle} \\[2mm]
\hat{P}(\sigma) &:= \frac{\langle \{w|\sigma(w) = \sigma\} \rangle}{\langle W \rangle} \\[2mm]
\hat{P}(\hat{C}(b)|\sigma) &:= \frac{\langle \{w|b(w) = b\} \rangle}{\langle \{w|\sigma(w) = \sigma\} \rangle} \\[2mm]
\hat{P}(\hat{C}(f)|\sigma) &:= \frac{\langle \{w|\sigma(w) = \sigma, f(w) = f\} \rangle}{\langle \{w|\sigma(w) = \sigma\} \rangle}
\end{aligned}
\tag{10.6}
$$

10.2.4 Récapitulation

En combinant et en simplifiant les éléments du calcul de la longueur de description d'un modèle M, on trouve:

$$
\begin{aligned}
DL(M) :=\ & DL(B) + DL(F) + DL(\Sigma) \\[2mm]
=\ & \lambda(|B|) + \lambda(|F|) + \lambda(|\Sigma|) \\[2mm]
&+\ \log|P| \left(\sum_{b \in B} L(b) + \sum_{f \in F} L(f) \right) \\[2mm]
&+\ \sum_{\sigma \in \Sigma} [\quad \lambda(|B^\sigma|) + \lambda(|F^\sigma|) \\[2mm]
&\qquad\quad +\ (|B^\sigma| + |F^\sigma|) \log\langle W \rangle \\[2mm]
&\qquad\quad -\ \sum_{b \in B^\sigma} \log\langle \{w|b(w) = b\} \rangle \\[2mm]
&\qquad\quad -\ \sum_{f \in F^\sigma} \log\langle \{w|f(w) = f\} \rangle \quad]
\end{aligned}
\tag{10.7}
$$

La longueur compressée $DL(D|M)$ du corpus sous ce modèle vaut:

$$\sum_{w \in W} \langle w \rangle \log \frac{\langle W \rangle \langle \{\tilde{w} | \sigma(\tilde{w}) = \sigma(w)\} \rangle}{\langle \{\tilde{w} | b(\tilde{w}) = b(w)\} \rangle \langle \{\tilde{w} | \sigma(\tilde{w}) = \sigma(w), f(\tilde{w}) = f(w)\} \rangle} \quad (10.8)$$

10.3 Déroulement de l'apprentissage

Le processus de construction d'un modèle pour un corpus donné est organisé comme suit. Dans un premier temps, une heuristique d'*amorçage* (angl. *bootstrapping*) est utilisée pour produire rapidement un premier modèle approximatif. Puis, un ensemble d'heuristiques *incrémentielles* sont successivement appliquées pour produire des modifications possibles du modèle, qui seront retenues si elles entraînent une réduction de la longueur de description totale, et rejetées dans le cas contraire.

10.3.1 Heuristique d'amorçage

L'heuristique d'amorçage comprend deux étapes successives. Dans un premier temps, une variante de la méthode de segmentation de Zellig Harris (1955) présentée en section 9.3.1 fournit une segmentation de chaque mot du corpus en une base et un suffixe (éventuellement $\emptyset$).[9] La méthode prédit la présence d'une frontière morphologique à la *dernière* position dans

---

9   Goldsmith (2001, 2006) mentionne plusieurs méthodes alternatives pour cette tâche, mais retient finalement celle de Harris pour sa capacité à détecter les frontières morphologiques avec *précision,* au sens de la théorie de la détection du signal (Green et Swets, 1966): il est possible de paramétrer la méthode pour qu'elle ne détecte que peu de frontières fallacieuses, à condition d'être prêt à manquer un certain nombre de vraies frontières. C'est là un argument caractéristique d'une certaine «philosophie» de l'apprentissage automatique, qu'on retrouve à différents niveaux dans la structure de LIN-GUISTICA. Il repose sur l'hypothèse que la plus grande difficulté dans ce paradigme est d'éviter d'inférer l'existence de structures fallacieuses (plutôt que de parvenir à détecter des structures existantes), et qu'une bonne façon

le mot qui remplit les deux conditions suivantes: (i) que le nombre de successeurs à cette position soit supérieur à 1 et (ii) qu'il soit exactement égal à 1 aux deux positions immédiatement adjacentes. Les séquences résultantes sont provisoirement considérées comme une base et un suffixe; ce dernier est $\emptyset$ si aucune position dans le mot ne satisfait les critères de segmentation. Facultativement, il est possible de fixer une longueur minimale (en nombre de phonèmes) en deçà de laquelle une base hypothétique est automatiquement rejetée.

La deuxième étape de l'heuristique d'amorçage est liée à la constitution des premières signatures à partir des bases et suffixes provisoirement identifiés par le nombre de successeurs. Cette opération est accomplie en construisant d'abord l'ensemble de suffixes associé à chaque base, puis en regroupant toutes les bases associées au même ensemble de suffixes. Le résultat est encodé sous la forme d'une signature, c'est-à-dire de deux ensembles de pointeurs, et stocké dans l'ensemble des signatures Σ si certaines conditions portant sur le nombre de pointeurs vers des morphes dans chaque ensemble et la longueur de ces morphes sont satisfaites. La plus importante de ces conditions est qu'une signature contienne au moins deux bases et deux suffixes – c'est-à-dire que la structure qu'elle décrit présente un degré minimal de régularité. Les signatures ne remplissant pas les conditions requises sont rejetées, et les mots correspondants sont réanalysés comme ayant un suffixe $\emptyset$.

10.3.2 Heuristiques incrémentielles

L'exécution de l'heuristique d'amorçage produit un premier modèle morphologique qui ne contient que la portion la plus «sûre» des structures détectées dans les données. Pour affiner cette première approximation, et étendre graduellement sa couverture à des structures moins évidentes, LIN-GUISTICA repose sur l'application successive d'heuristiques dites *incrémentielles*. Ces heuristiques se basent sur l'examen des structures découvertes précédemment pour proposer des modifications du modèle, le plus souvent en relation avec une nouvelle analyse de mots associés jusque-

---

d'atteindre ce but est de se limiter dans un premier temps à des inférences fiables pour les étendre graduellement à des cas plus problématiques.

là au suffixe ∅. Les modifications du modèle aboutissant à une réduction de la longueur de description totale sont effectivement appliquées, et les autres sont rejetées. Lorsque toutes les propositions ont été évaluées, le programme s'interrompt et le modèle résultant (ensembles de bases, de suffixes et de signatures) et la description du corpus sous ce modèle sont présentés à l'utilisateur.

Il serait trop long de donner ici une présentation détaillée des heuristiques incrémentielles, et le lecteur est renvoyé pour cela à la description très explicite donnée par Goldsmith (2006). Je me contente de résumer très brièvement les plus importantes d'entre elles pour donner une idée du niveau auquel elles opèrent:

– Le *contrôle des signatures* «examines each signature [...] and attempts to determine if the transfer of material (letters, phonemes) from stem to suffix will improve the overall description length» (Goldsmith, 2006, p. 360). Il permet notamment de modifier l'analyse produite par l'heuristique initiale pour des paires comme *conclusion–conclusif.* Dans ce cas, le nombre de successeurs fournit d'abord l'analyse *conclusi-on–conclusi-f,* puis le contrôle des signatures la modifie en *conclus-ion–conclus-if.*

– L'*extension des bases connues vers des suffixes connus* consiste à rechercher des mots non analysés (c'est-à-dire ayant un suffixe ∅) qui puissent être analysés comme la concaténation d'une base et un suffixe existants.

– Lors de l'*extension des signatures connues,* chaque signature existante est passée en revue par ordre décroissant de robustesse[10], et l'on cherche à déterminer si un ensemble de mots non analysés peut être couvert par cette signature en y ajoutant une nouvelle base.

– La fonction d'*extension des bases connues* considère les bases appartenant aux signatures les plus robustes et cherche des mots non analysés pouvant être décrits comme la concaténation d'une de ces bases et d'un nouveau suffixe.

---

10 Goldsmith (2006) définit la *robustesse* d'une signature σ comme le nombre de bits économisés par cette signature du fait qu'il n'est plus nécessaire de stocker les mots qu'elle génère dans la liste des bases. Il s'agit d'une mesure simple pour évaluer approximativement l'impact de σ sur la longueur de description du modèle.

– L'*extension des suffixes connus* consiste à examiner des ensembles de mots non analysés se terminant par des suffixes connus et évaluer l'impact de la création d'une nouvelle signature pour ces mots.

Chapitre 11

Arabica

Dans le domaine de l'apprentissage automatique de la morphologie, l'une des dimensions sur lesquelles le progrès s'effectue est la «couverture typologique» des systèmes. Dans la terminologie utilisée par Kilani-Schoch et Dressler (2005), on peut dire que les systèmes récents, comme celui de Goldsmith (2001), sont bien adaptés aux langues s'approchant du type *flexionnel-fusionnel,* c'est-à-dire où les lexèmes se fléchissent en une variété de mots-formes pour signaler des spécifications en genre, nombre, aspect, etc., ou pour marquer leur fonction syntaxique, et où plusieurs de ces significations sont typiquement exprimées par un seul morphe. L'extension des modèles basés sur des signatures au formalisme plus général des automates à états finis (voir p. ex. Johnson et Martin, 2003; Creutz et Lagus, 2004; Goldsmith et Hu, 2004) laisse entrevoir des solutions aux problèmes posés par les langues s'approchant du type *agglutinant;* dans les langues de ce type, comme le turc ou le finnois, le mot est formé par concaténation d'un nombre potentiellement élevé de morphes, associés en principe à des signifiés distincts, et dont la forme est pratiquement invariable.

En revanche, l'apprentissage automatique de la morphologie de langues s'approchant du type *introflexionnel,* comme l'arabe ou l'hébreu, est encore à un stade rudimentaire. Dans le cadre d'une analyse en racines et schèmes (voir section 8.1), ce contraste s'explique en partie par le fait que le problème consistant à déterminer quels phonèmes appartiennent à la racine et au schème est *beaucoup* plus complexe que celui consistant à segmenter un mot en une base et un suffixe. Il y a $2^l - 1$ façons de décomposer un mot de longueur l en une racine et un schème, contre seulement l façons de segmenter ce mot en une base et un suffixe (éventuellement $\emptyset$). En général, ne pas faire l'hypothèse de la continuïté des unités morphologiques augmente le nombre d'analyses compatibles avec les données.

Par ailleurs, les procédures heuristiques utilisées pour la segmentation en bases et suffixes, comme le nombre de successeurs, ne sont pas adaptées pour le traitement des structures racine–schème. D'une part, ces heuristiques n'apportent pas d'information utile pour répartir les phonèmes d'un mot entre racine et schème[1]. D'autre part, l'utilisation «normale» de ces heuristiques, pour la segmentation morphologique, peut être perturbée par la structuration des mots en racines et schèmes. En arabe, où les cas sont régulièrement marqués par des suffixes, on a pour le mot 'chien' les formes suivantes:

(11-1)		Singulier	Pluriel
	Nominatif	/kalb-un/	/kilaab-un/
	Accusatif	/kalb-an/	/kilaab-an/

Si le corpus ne contient, pour ce mot, qu'une forme du singulier et une forme du pluriel, par exemple /kalb-un/ et /kilaab-un/, une heuristique comme le nombre de successeurs ne sera pas en mesure d'identifier les suffixes.

Il existe bien sûr des analyseurs morphologiques construits «manuellement» sur la base de connaissances lexicales et grammaticales explicites (Buckwalter, 2002), et plusieurs formalismes ont été proposés pour le traitement computationnel de la morphologie non-concaténative (p. ex. Beesley et Karttunen, 2000; Kiraz, 2000; Cohen-Sygal et Wintner, 2006), mais la littérature ne contient que peu de travaux s'interrogeant sur les moyens d'apprendre automatiquement les paramètres d'un modèle morphologique de ce type. Dans le domaine de l'apprentissage *supervisé,* Plunkett et Nakisa (1997) examinent la capacité d'un modèle connexionniste à identifier les régularités du système du pluriel nominal arabe (voir section 12.1). Clark (2001) se penche également sur le pluriel arabe, qu'il traite à l'aide d'une variante des chaînes de Markov cachées (voir section 4.2) dont la particularité est d'assigner une probabilité à des alignements entre séquences de phonèmes, en l'occurrence les formes du singulier et du pluriel d'un nom donné.[2] Daya, Roth et Wintner (2004) ap-

---

1   La distance d'édtion pourrait constituer une exception à cela, comme le suggère la recherche de De Roeck et Al-Fares (2000) discutée plus loin; j'y reviendrai au chapitre 13.

2   Clark (2001, pp. 116-117) fait également l'expérience de réduire le degré de supervision de son système, en l'entraînant non plus sur une liste de paires de mots, mais sur une paire de listes de mots; les résultats sont toutefois assez faibles en termes de précision et de rappel.

pliquent un modèle d'apprentissage machine (Roth, 1998) au problème de l'identification des racines en hébreu.

Les autres systèmes d'apprentissage supervisé dont j'ai connaissance opèrent au niveau de la morphologie concaténative. Darwish (2002) propose une méthode pour extraire automatiquement des règles de lemmatisation, c'est-à-dire de suppression des préfixes et suffixes, à partir d'une liste de mots et racines arabes appariés. Rogati, McCarley et Yang (2003) s'attellent à la même tâche, mais se basent pour cela sur l'utilisation d'un corpus aligné arabe – anglais et d'un lemmatiseur pour l'anglais. Lee, Papineni, Roukos, Emam et Hassan (2003) entraînent un modèle de n-grammes (c'est-à-dire une distribution de probabilités sur des séquences de n phonèmes) sur un corpus arabe segmenté en morphes successifs, et l'utilisent ensuite pour segmenter de nouvelles données.

De Roeck et Al-Fares (2000) décrivent un traitement non-supervisé de la morphologie de l'arabe. Leur approche vise à grouper automatiquement les mots d'un texte contenant la même racine. Elle implique deux étapes successives: les mots sont d'abord dépourvus de leurs préfixes et suffixes[3]; puis ils sont groupés sur la base de leur similarité formelle. La similarité entre deux mots est évaluée au moyen d'une mesure proposée par Adamson et Boreham (1974) et correspondant essentiellement à la proportion de bigrammes communs aux deux mots considérés. Les mots sont groupés par une méthode de classification ascendante hiérarchique utilisant le saut minimum (voir section 2.2.2) et configurée pour que les mots ne soient ajoutés à un groupe que tant que leur similarité avec les autres groupes n'excède pas un seuil arbitraire fixé au préalable.

De Roeck et Al-Fares évaluent la méthode sur plusieurs corpus d'arabe écrit de taille modeste (150 à 750 mots environ). Ils font état de performances impressionnantes: la proportion de groupes corrects (parmi les groupes contenant plusieurs mots) varie entre 75 et 100%. Il faut noter toutefois que ces résultats sont obtenus en identifiant préalablement le seuil de similarité optimal pour l'interruption de la classification, et que ce seuil varie pour chaque corpus. En outre, s'il n'est pas clair que l'étape de lemmatisation n'est pas basée sur une liste d'affixes, certaines indications laissent

---

3   De Roeck et Al-Fares ne donnent guère de précisions sur la façon dont cette opération est effectuée; en particulier, rien ne permet de déterminer s'ils se basent sur une liste d'affixes compilée au préalable ou sur des heuristiques.

penser que d'autres aspects de la méthode reposent sur des connaissances linguistiques[4], et des connaissances phonologiques explicites sont fournies à l'algorithme (la liste des consonnes dites «faibles», sujettes à des règles particulières de modification et d'effacement, voir section 12.1).

Elghamry (2004) propose une approche différente de l'apprentissage non-supervisé de la morphologie de l'arabe. Sa méthode vise à identifier les racines trilitères contenues dans des mots en arabe écrit, où les voyelles brèves sont omises et les voyelles longues ne sont pas notées par deux symboles successifs, comme elles le sont dans les transcriptions phonologiques utilisées ici. Elghamry propose d'utiliser deux contraintes sur la structure des mots pour réduire l'ensemble des racines possibles: la première spécifie que deux consonnes radicales (c'est-à-dire appartenant à la racine) successives ne peuvent être séparées par plus de 2 symboles appartenant au schème; la seconde indique que la première et la troisième consonne radicale ne peuvent pas être séparées par plus de 4 symboles. L'application de ces contraintes réduit le nombre de racines trilitères possibles pour un mot de $l > 3$ symboles de $\binom{l}{3}$ à $6l - 20$, soit de 56 à 28 pour l'exemple d'un mot de 8 symboles.

Le système d'Elghamry se base sur cette réduction pour identifier la racine des mots. Après avoir généré pour chaque mot du corpus la liste des racines possibles et «impossibles» (c'est-à-dire ne satisfaisant pas les deux contraintes), il définit plusieurs variables caractérisant le degré de certitude qu'un groupe de 3 symboles quelconque soit une racine. Ces variables dépendent essentiellement de la fréquence avec laquelle ces symboles apparaissent dans des racines possibles et celle avec laquelle ils apparaissent dans des racines impossibles. Elles sont combinées pour former un score unique, et le groupe obtenant le score le plus élevé est sélectionné comme étant la racine du mot considéré. Cette méthode simple s'avère très performante: sur un corpus de 2 871 mots distincts contenant une racine trilitère, 2 642 sont correctement analysés, soit 92% des cas.

---

4   Ainsi, De Roeck et Al-Fares proposent de pondérer la contribution des bi-grammes au calcul de similarité en fonction du degré de certitude qu'ils appartiennent à la racine; ils notent à ce propos: «affixes belong to a closed class and it is possible to identify ‹suspect› letters which might be part of an affix».

Rodrigues et Ćavar (à paraître) reprennent l'approche d'Elghamry[5] et lui ajoutent un module pour le traitement des préfixes et suffixes. Celui-ci est une instance typique de la division des tâches entre heuristiques et procédure d'évaluation discutée plus haut (voir chapitre 9). L'originalité de ce travail réside surtout dans l'articulation du traitement des structures racine–schème et de celui de la morphologie concaténative. Après avoir identifié la racine d'un mot, toute la séquence de symboles allant de la première à la dernière consonne radicale est remplacée par un symbole arbitraire avant que le mot soit soumis à la recherche des préfixes et suffixes; par exemple, si le premier module identifie correctement la racine /klb/ dans les formes de l'exemple (11-1) (p. 156), elles sont réécrites comme /Xun/ et /Xan/, où X représente un radical préalablement identifié. Ce recodage permet de réduire l'influence négative de la structuration en racines et schèmes sur l'identification des préfixes et suffixes. On peut se demander toutefois s'il ne serait pas plus judicieux de remplacer le radical par un symbole moins général, comme la racine elle-même (on aurait alors les réécritures /klban/ et /klbun/), afin d'éviter d'analyser trop librement les séquences de début et de fin de mot comme des affixes. Rodrigues et Ćavar ne donnent pas d'évaluation chiffrée de cette partie de leur système, mais ils rapportent d'«excellent results on the concatenative analysis».

Dans la suite de ce chapitre, je présente une nouvelle approche de l'apprentissage non-supervisé des structures racine–schème. En termes de description linguistique, cette contribution fixe des objectifs plus élevés que les travaux antérieurs dans ce domaine, en ce sens qu'elle ne se limite pas à l'identification des ensembles de mots ayant une relation morphologique, comme le font De Roeck et Al-Fares, ou des racines entrant dans la composition de ces mots, comme Elghamry, Rodrigues et Ćavar. Il s'agira ici non seulement d'identifier les racines et schèmes, mais de spécifier explicitement quelles racines se combinent avec quels schèmes pour former les mots du corpus considéré. Autrement dit, la méthode proposée vise à élar-

---

5   La seule modification substantielle que ces auteurs lui apportent est d'en faire un algorithme «incrémentiel», c'est-à-dire effectuant une analyse complète de chaque mot du corpus avant de passer au suivant. Ils l'évaluent sur un corpus d'arabe écrit (où les voyelles brèves sont transcrites) généré aléatoirement à partir de l'analyseur de Buckwalter (2002), et rapportent un taux de 75% d'identification correcte des racines après 10 000 mots.

gir le champ de l'apprentissage non-supervisé pour les langues du type inflexionnel, de la simple segmentation à la *combinatoire* morphologique.

Pour rendre compte de cette information supplémentaire, je définirai un modèle formel de la structuration des mots en racines et schèmes. Dans ce modèle, les associations spécifiques entre un ensemble de racines et un ensemble de schèmes sont encodées sous la forme d'un objet que j'appelerai *structure RS*, et dont la forme et la fonction sont similaires à celles des *signatures* de LINGUISTICA (voir chapitre 10). L'analogie avec le programme de John Goldsmith s'étend au déroulement de l'apprentissage, qui repose également sur une division des tâches entre heuristiques *d'amorçage* et *incrémentielles,* et sur une procédure d'évaluation basée sur le principe de la *longueur de description minimale (MDL).* Là où la méthode proposée se distingue autant de LINGUISTICA que des autres systèmes d'apprentissage des structures racine–schème, c'est dans l'utilisation d'une heuristique *phonologique* pour la phase d'amorçage.

Le système décrit dans les sections suivantes a été implémenté sous la forme d'un script Perl librement téléchargeable.[6] En témoignage de la source d'inspiration qu'a été LINGUISTICA, et un peu pour rire, j'ai appelé ce programme ARABICA. La présentation que j'en donne ici repose en bonne partie sur des concepts et notations introduits dans la section 9.4 et au chapitre 10, dont une lecture préalable est sans doute nécessaire pour comprendre ce qui suit.

11.1   Un modèle des structures racine–schème

ARABICA prend en entrée un corpus D segmenté en mots; on a donc $D \in W^*$, $W \subset P^*$, où P désigne l'ensemble des phonèmes distincts dans le corpus et W celui des mots (ou *lexique*). Le programme produit un modèle M et une description D^M du corpus en termes de *racines* et de *schèmes* (voir section 8.1). Les racines sont des séquences de phonèmes quelconques, et les schèmes sont des séquences continues contenant uniquement des voyelles et le symbole spécial «_» indiquant un *point d'insertion,* c'est-à-dire une position qu'occupera un phonème de la racine lors la

---

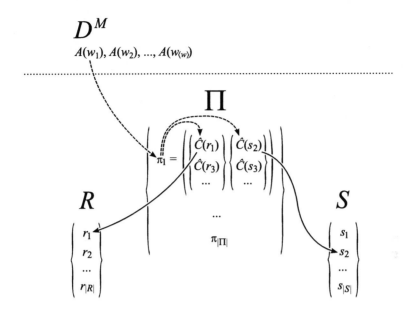

Figure n° 15. Le modèle des structures racines–schèmes utilisé par ARA-BICA. Comme dans la figure 14 (p. 145), la ligne horizontale en pointillé marque la séparation entre la description du corpus et le modèle. Les flèches continues représentent des pointeurs faisant partie du modèle, celles en traitillé les pointeurs utilisés pour la description du corpus sous le modèle.

formation du mot. Tout mot est conçu comme le résultat de la *composition* d'une racine et d'un schème donnés: par exemple, le mot /kilaab/ peut être décomposé en une racine /klb/ et un schème /_i_aa_/. L'opération de composition consiste à remplacer les points d'insertion successifs d'un schème par les phonèmes successifs d'une racine; elle ne peut être appliquée que lorsqu'il y a exactement le même nombre de phonèmes dans la racine que de points d'insertion dans le schème.

Il existe par ailleurs un schème spécial, dit *zéro* et noté $s_\emptyset$. Il peut être interprété comme une séquence de points d'insertion dont la longueur s'adapte à toute racine avec laquelle elle est combinée; autrement dit, $s_\emptyset$ est simplement remplacé par la racine lors de la composition. Par exemple, le mot /umm/ peut résulter de la composition de la racine /umm/ avec le schème $s_\emptyset$, qui dans ce cas équivaut à une séquence de trois points d'insertion.

Dans le modèle qu'ARABICA produit pour la description d'un corpus D, les racines et schèmes distincts entrant dans la composition des mots sont stockés dans deux listes séparées, notées R et S respectivement. Tous les mots du corpus résultent de la composition d'une racine $r \in R$ avec un schème $s \in S$, mais toutes les combinaisons de racines et de schèmes ne sont pas attestées dans le corpus. Pour indiquer quelles racines s'associent spécifiquement avec quels schèmes dans D, on définit un objet appelé *structure RS*. Une structure RS est une paire de listes de pointeurs vers des racines et vers des schèmes.[7] Ainsi, l'ensemble de formes arabes donné dans l'exemple (11-2) peut être représenté au moyen d'une structure RS pointant vers les racines /ʕrq/ et /qʃr/ d'une part, et vers les schèmes /_i__/ et /_u_uu_/ d'autre part:

> (11-2) Singulier Pluriel
>   /ʕirq/   /ʕuruuq/   'écorce'
>   /qiʃr/   /quʃuur/   'racine'

Toutes les structures RS utilisées pour la description d'un corpus donné sont réunies dans la liste Π. Cette liste contient une structure RS spéciale, dite *zéro* et notée $\pi_\emptyset$, dont la particularité est de ne pointer que vers un seul schème, le schème $s_\emptyset$; c'est aussi la seule structure RS pointant vers ce schème. Les mots de D générés par $\pi_\emptyset$ sous le modèle M sont dits «non analysés». Notons encore que, dans la version du système décrite ici, chaque racine a un pointeur vers elle dans une et une seule structure RS.

11.2   Calcul de la longueur de description

Lors de l'apprentissage, ARABICA évalue la qualité d'un modèle M pour un corpus D donné sur la base du caractère compact de ce modèle et de la description du corpus sous ce modèle. Le calcul de ces deux termes suit la même logique que celle utilisée dans LINGUISTICA et décrite en section 10.2; je l'exposerai donc de façon plus concise dans cette section.

---

7   Sur la notion de *pointeur,* voir les sections 9.4 et 10.2.

11.2.1 Longueur de description du modèle

La longueur de description du modèle $DL(M)$ se définit comme la somme des longueurs de description des ensembles R, S et Π (voir figure 15, p. 161). La longueur de chacun de ces ensembles est la somme des longueurs des k éléments qu'il contient, plus $\lambda(k) := \log k$ bits. La longueur de description d'une racine $r \in R$ vaut

$$DL(r) := L(r) \log |P| \qquad (11.1)$$

où $L(r)$ désigne le nombre total de phonèmes contenus dans r. Comme un schème $s \in S$ ne peut contenir que des voyelles et des points d'insertion (symbole « _ »), sa longueur de description s'obtient comme

$$DL(s) := L(s) \log |\tilde{P}| \qquad (11.2)$$

où $\tilde{P} \subset P \cup \{\_\}$ représente l'ensemble de voyelles distinctes de D additionné du point d'insertion « _ ». On admettra ici que le schème $s_\emptyset$ a une longueur de description nulle, mais qu'il compte comme un élément dans la liste S.

Une structure RS $\pi \in \Pi$ contient un ensemble $\hat{C}(R^\pi)$ de pointeurs vers des racines et un ensemble $\hat{C}(S^\pi)$ de pointeurs vers des schèmes ($R^\pi \in R$, $S^\pi \in S$). La longueur d'un pointeur vers un morphe $m \in R \cup S$ vaut:

$$L(\hat{C}(m)) = -\log P(m) \qquad (11.3)$$

La longueur de description d'une structure RS se définit comme $DL(\pi) := -\sum_{r \in R^\pi} \log P(r) - \sum_{s \in S^\pi} \log P(s) + \lambda(|R^\pi|) + \lambda(|S^\pi|)$ bits. La longueur totale de Π vaut donc $\sum_{\pi \in \Pi} DL(\pi) + \lambda(|\Pi|)$ bits.

11.2.2 Longueur compressée du corpus

ARABICA construit une description $D^M \in A^*$ du corpus, où chaque occurrence d'un mot $w \in W$ est représentée par son *analyse* unique $A(w) \in A$, avec $A := \hat{C}(\Sigma) \times \hat{C}(\hat{C}(R)) \times \hat{C}(\hat{C}(S))$. Cette analyse est constituée d'un triplet de pointeurs vers la structure RS $\pi(w)$ associée à ce mot, vers le pointeur correspondant à sa racine $r(w)$ dans $\hat{C}(R^\pi)$ et vers celui correspondant à son schème $s(w)$ dans $\hat{C}(S^\pi)$. La longueur de description d'une analyse est définie comme la somme des longueurs de ces trois pointeurs:

$$
\begin{aligned}
DL(A(w)) \quad := \quad & -\log P(\pi(w)) \\
& -\log P(\hat{C}(r(w))|\pi(w)) \\
& -\log P(\hat{C}(s(w))|\pi(w))
\end{aligned}
\tag{11.4}
$$

La longueur compressée $DL(D|M)$ du corpus est définie comme la somme des longueurs de description de l'analyse de chaque mot, multipliées par le nombre d'occurrences de ce mot dans D:

$$
DL(D|M) := \sum_{w \in W} \langle w \rangle DL(A(w))
\tag{11.5}
$$

11.2.3   Estimation des probabilités

Les probabilités apparaissant dans le calcul de la longueur de description peuvent être estimées par les fréquences relatives correspondantes dans le corpus. En suivant les conventions de notation définies dans la section 10.2, ces estimations s'obtiennent comme:

$$
\begin{aligned}
\hat{P}(r) \quad &:= \quad \frac{\langle \{w|r(w) = r\} \rangle}{\langle W \rangle} \\[2mm]
\hat{P}(s) \quad &:= \quad \frac{\langle \{w|s(w) = s\} \rangle}{\langle W \rangle} \\[2mm]
\hat{P}(\pi) \quad &:= \quad \frac{\langle \{w|\pi(w) = \pi\} \rangle}{\langle W \rangle} \\[2mm]
\hat{P}(\hat{C}(r)|\pi) \quad &:= \quad \frac{\langle \{w|r(w) = r\} \rangle}{\langle \{w|\pi(w) = \pi\} \rangle} \\[2mm]
\hat{P}(\hat{C}(s)|\pi) \quad &:= \quad \frac{\langle \{w|\pi(w) = \pi, s(w) = s\} \rangle}{\langle \{w|\pi(w) = \pi\} \rangle}
\end{aligned}
\tag{11.6}
$$

11.2.4 Récapitulation

En résumé, la longueur de description du modèle M vaut:

$$
\begin{aligned}
DL(M) \quad := \quad & DL(R) + DL(S) + DL(\Pi) \\
= \quad & \lambda(|R|) + \lambda(|S|) + \lambda(|\Pi|) \\
+ \quad & \log|P| \sum_{r \in R} L(r) \\
+ \quad & \log|\tilde{P}| \sum_{s \in S} L(s) \\
+ \quad & \sum_{\pi \in \Pi} \quad [\quad \lambda(|R^\pi|) + \lambda(|S^\pi|) \\
& + \quad (|R^\pi| + |S^\pi|) \log\langle W \rangle \\
& - \quad \sum_{r \in R^\pi} \log\langle \{w|r(w) = r\} \rangle \\
& - \quad \sum_{s \in S^\pi} \log\langle \{w|s(w) = s\} \rangle \quad]
\end{aligned}
\tag{11.7}
$$

La longueur $DL(D|M)$ de la description du corpus sous ce modèle vaut:

$$
\sum_{w \in W} \langle w \rangle \log \frac{\langle W \rangle \langle \{\tilde{w}|\pi(\tilde{w}) = \pi(w)\} \rangle}{\langle \{\tilde{w}|r(\tilde{w}) = r(w)\} \rangle \langle \{\tilde{w}|\pi(\tilde{w}) = \pi(w), s(\tilde{w}) = s(w)\} \rangle}
\tag{11.8}
$$

Le lecteur est invité à comparer ces deux équations avec les équations 10.7 et 10.8 (pp. 149–150) pour se convaincre du parallélisme entre les procédures d'évaluation de LINGUISTICA et d'ARABICA, .

11.3 Déroulement de l'apprentissage

La procédure d'apprentissage d'ARABICA se conforme à la division des tâches proposée par Goldsmith (2001). Une heuristique *d'amorçage* produit un premier modèle, que des heuristiques *incrémentielles* sont chargées d'améliorer ensuite.

1.	({ /qʃr/ } , { /_i__/ }) ({ /qʃr/ } , { /_u_uu_/ }) ({ /ʕrq/ } , { /_i__/ }) ({ /ʕrq/ } , { /_u_uu_/ })
2.	({ /qʃr/ } , { /_i__/, /_u_uu_/ }) ({ /ʕrq/ } , { /_i__/, /_u_uu_/ })
3.	({ /qʃr/, /ʕrq/ } , { /_i__/, /_u_uu_/ })

Figure nᵒ 16. Un exemple de formation d'une structure RS par l'heuristique d'amorçage, pour les mots /ʕirq/, /ʕuruuq/, /qiʃr/ et /quʃuur/; les pointeurs vers les racines et schèmes sont représentés par les séquences de phonèmes correspondantes.

11.3.1 Heuristique d'amorçage

L'un des aspects les plus originaux d'ARABICA est l'utilisation d'une heuristique *phonologique* dans la phase d'amorçage. Comme on l'a vu dans la première partie de cette thèse, il existe plusieurs méthodes non-supervisées permettant de partitionner les phonèmes d'un corpus en deux groupes correspondant à peu près aux voyelles et consonnes phonétiques. L'heuristique d'amorçage d'ARABICA exploite le résultat d'une de ces méthodes, l'algorithme de Sukhotin (voir section 2.2.1), pour répartir les phonèmes de chaque mot en deux séquences provisoirement considérées comme une racine et un schème – à condition qu'elles soient de longueur suffisante: par défaut, seules les analyses où la racine contient au moins deux phonèmes, et le schème au moins une voyelle, sont conservées. Ainsi, un mot comme /quʃuur/ est associé à la séquence $CVCVVC$, et donc décomposé en une séquence de consonnes /qʃr/ et une séquence de voyelles et de points d'insertion /_u_uu_/.[8]

---

8   Cette décomposition étant asymétrique, il est important de déterminer laquelle des catégories phonologiques sera associée aux schèmes; je reviendrai sur ce point dans la section 11.3.3.

Pour chaque mot distinct du corpus, le programme crée une structure
RS provisoire pointant vers la racine et le schème ainsi dégagés (voir figure 16, p. 166, point 1). Il examine ensuite chacune de ces structures et
fusionne celles qui pointent vers la même racine; il en résulte un nouvel
ensemble de structures RS dont chacune pointe vers une racine unique et
au moins un schème (point 2 de la figure). Le programme examine alors
ces structures pour fusionner celles qui pointent vers le même ensemble
de schèmes. Les structures résultantes pointent toutes vers au moins une
racine et au moins un schème (point 3).

De cet ensemble de structures, ARABICA exclut toutes celles qui ne
contiennent pas un nombre minimal de racines et de schèmes, fixé à deux
par défaut. Cette opération, qui peut aboutir à supprimer la majorité des
structures RS, vise à réduire le risque de «fausses alarmes», c'est-à-dire
le risque d'inférer des structures fallacieuses. Les structures restantes sont
inscrites dans l'ensemble Π, et les racines et schèmes provisoires qui apparaissent au moins dans une de ces structures sont inscrites dans les ensembles R et S. Tous les mots du corpus qui ne peuvent être générés à
partir de Π, R et S sont considérés comme non analysés, et donc associés
par la structure RS $\pi_\emptyset$ au schème $s_\emptyset$.

11.3.2   Heuristiques incrémentielles

A partir de la première analyse fournie par l'heuristique d'amorçage, ARA-
BICA applique des heuristiques incrémentielles pour améliorer graduellement le modèle. En général, le rôle de ces heuristiques est de corriger les
erreurs liées à la simplicité ou la «prudence» excessives de l'heuristique
d'amorçage – rappelons que celle-ci vise à produire rapidement un modèle ne contenant que peu de structures fallacieuses. Pour le moment, une
seule heuristique incrémentielle est implémentée dans le programme, mais
je donne quelques indications ci-dessous sur d'autres méthodes en cours
de développement (voir aussi section 12.4.4).[9]

---

9   Notons que, s'il est relativement simple de décrire en français le fonctionne-
    ment de ces heuristiques, leur implémentation est en général d'une surpre-
    nante complexité.

L'heuristique implémentée est l'*extension des structures RS connues*. Sa fonction est d'intégrer à des structures existantes des mots laissés non analysés à l'amorçage parce qu'ils appartenaient à un ensemble plus large que les structures en question; par exemple, pour un corpus contenant les mots /ʕirq/, /ʕuruuq/, /qiʃr/, /quʃuur/, /jisr/, /jusuur/ et /ajsur/, l'amorçage construit la structure RS donnée au point 3 de la figure 16 (p. 166), mais laisse /jisr/, /jusuur/ et /ajsur/ inanalysés à moins d'une confirmation du groupe de schèmes /_i__/, /_u_uu_/ et /a__u_/ par une autre racine. Pour chaque structure RS, par ordre décroissant de robustesse[10], l'extension des structures RS connues consiste alors à chercher s'il existe des ensembles de mots non analysés pouvant être intégrés dans la structure en créant simplement une nouvelle racine; pour la structure RS donnée en exemple, un tel ensemble de mots pourrait être /jisr/ et /jusuur/, avec la racine /jsr/. Après avoir trouvé tous les ensembles de ce type pour la structure RS considérée, le programme évalue l'impact, sur la longueur de description totale $DL(M) + DL(D|M)$, de l'intégration des nouvelles racines (et nouveaux pointeurs) dans le modèle. Si cette intégration aboutit à une diminution de la longueur de description, elle est effectuée avant de passer à la structure RS suivante.

La plupart des heuristiques d' «extension» de LINGUISTICA (voir section 10.3) pourraient être adaptées à ARABICA. Par exemple, l'*extension des racines connues vers des schèmes connus* serait une continuation naturelle de l'heuristique précédente. Dans l'exemple considéré, au terme de l'extension des structures RS connues, /ajsur/ reste associé au schème zéro. Si le schème /a__u_/ existe par ailleurs, l'extension des racines connues vers des schèmes connus pourrait rattacher cette forme à la nouvelle racine /jsr/.

---

10   La robustesse (voir note 10, p. 152) d'une structure RS $\pi \in \Pi$ est définie ici comme le nombre de symboles économisés en transcrivant l'ensemble des racines et schèmes de π au lieu de l'ensemble des mots correspondants. Elle s'obtient comme $\tilde{L}(|R^{\pi}| - 1) - L$, où L dénote le nombre total de phonèmes dans les racines vers lesquels pointe π, et $\tilde{L}$ le nombre total de voyelles et points d'insertion dans les schèmes. Par exemple, pour le point 3 de la figure 16 (p. 166), on trouve $L = 6$, $\tilde{L} = 10$, et $|R^{\pi}| = 2$, soit une robustesse de 4.

Par analogie avec le *contrôle des signatures* de LINGUISTICA, il serait utile de pourvoir le programme d'une fonction permettant, de déterminer si le transfert de matériel entre racines et schèmes pourrait aboutir à une diminution de la longueur de description. Une telle fonction permettrait de traiter deux types de problèmes: d'une part, ceux qui résultent d'une divergence entre la classification non-supervisée des phonèmes et leur classification phonétique (voir partie I), et d'autre part, ceux qui sont liés à l'hypothèse que les schèmes ne contiennent qu'une seule des catégories phonologiques. Le second cas peut être illustré par les formes arabes suivantes (Ratcliffe, 1998, p. 97):

$$(11\text{-}3)\quad\begin{array}{lll}\text{Singulier} & \text{Pluriel} & \\ \text{/jaamuus/} & \text{/jawaamiis/} & \text{buffle} \\ \text{/qaanuun/} & \text{/qawaaniin/} & \text{loi}\end{array}$$

Dans cet exemple, il est possible d'identifier correctement les racines /jms/ et /qnn/ en acceptant la présence de la consonne /w/ dans le schème du pluriel /_awaa_ii_/.

La méthode de catégorisation phonologique d'Ellison (1991) pourrait constituer une base intéressante pour cette heuristique (voir section 2.2.3). Il n'est toutefois pas facile de déterminer à quel moment de l'apprentissage cette analyse devrait être conduite. Une possibilité serait qu'elle soit utilisée à chaque fois qu'un mot est décomposé dans le cadre d'une autre heuristique (par exemple durant l'amorçage) pour fournir *plusieurs* analyses concurrentes en racine et schème, dont seule la plus économique en termes de longueur de description serait finalement retenue.

11.3.3   Quelle classe de phonèmes pour les schèmes?

Dans la mesure où les racines et schèmes font l'objet d'un traitement différent dans ARABICA, le bit d'information nécessaire pour déterminer laquelle des catégories phonologiques doit apparaître dans les schèmes revêt une importance particulière. Or, la plupart des méthodes de catégorisation présentées dans la partie I n'apportent pas de réponse à cette question. L'algorithme de Sukhotin, qui est utilisé dans ARABICA, nomme «voyelles» la catégorie contenant le phonème le plus fréquent, mais il ne s'agit pas d'une indication très sûre.[11]

La solution que je propose pour traiter ce problème est de construire les deux modèles en utilisant tour à tour les «voyelles» et les «consonnes» de l'algorithme de Sukhotin comme constituants des schèmes, et de sélectionner le modèle pour lequel la longueur de description totale $DL(M)$ + $DL(D|M)$ est minimale. Dans le cas où les deux modèles ont exactement la même longueur de description, c'est que la décision est arbitraire, parce qu'en effet la procédure d'évaluation utilisée n'a aucun argument en faveur de l'une ou l'autre possibilité, voire inutile si le programme n'a pu inférer aucune structure RS et que les deux modèles sont par conséquent identiques.

11.4   Comparaison avec le modèle «zéro»

Les langues du monde offrent de nombreux exemples de structures morphologiques pour la description desquelles la distinction entre consonnes et voyelles est pertinente. Par contraste, les langues s'approchant du *type* introflexionnel, où la structuration du mot en racine et schème présente un caractère *systématique,* sont relativement rares.[12] Dans la mesure où ARABICA est conçu spécifiquement pour l'apprentissage de ce type de morphologie, il serait souhaitable de trouver un critère objectif pour déterminer si les structures inférées dans un corpus donné justifient de déclarer qu'il est issu d'une langue introflexionnelle. Dans la plupart des cas, ce critère devrait aboutir à une réponse négative et, en principe, au rejet du modèle inféré par le système.

---

11   Rappelons que dans le corpus français utilisé au chapitre 5, le symbole le plus fréquent est [ʁ].

12   Outre l'arabe et l'hébreu, Haspelmath, Dryer et Comrie (2005, p. 86) mentionnent deux autres langues afro-asiatiques (le berbère et le beja) et une langue nilo-saharienne, le lugbara. On peut encore citer notamment deux langues pénutiennes, le yokuts (voir p. ex. Harris, 1944) et le sierra miwok (voir p. ex. Goldsmith, 1990, pp. 83-96).

La façon dont ce problème est traité dans ARABICA est basée sur l'hypothèse que dans un corpus tiré d'une langue comme l'arabe, où une analyse en racines et schèmes est une option pertinente, la compression rendue possible par une telle analyse sera d'un autre ordre de grandeur que dans un corpus tiré d'une langue comme le français, où elle serait difficilement justifiable. Pour quantifier cette différence, je propose de recourir au concept de «modèle zéro», noté $M_\emptyset$ et défini comme le modèle où tous les mots d'un corpus sont non analysés (c'est-à-dire associés au schème zéro). Concrètement, on s'attend à ce que la longueur de description d'un modèle inféré pour un corpus arabe soit plus différente de celle du modèle zéro que pour un corpus français.

Pour un corpus D donné, on définit la quantité $\Delta(D, M)$ comme la différence, en nombre de bits, entre la longueur de description totale du modèle zéro et celle du modèle inféré:

$$
\begin{aligned}
\Delta(D, M) \quad &:= \quad DL(M_\emptyset) + DL(D|M_\emptyset) \\
&- \quad [\quad DL(M) + DL(D|M) \quad]
\end{aligned}
\tag{11.9}
$$

On peut montrer que la longueur de description totale du modèle zéro vaut:

$$
\begin{aligned}
DL(M_\emptyset) + DL(D|M_\emptyset) \quad = \quad & 2\lambda(|W|) + (|W| + \langle W \rangle) \log \langle W \rangle \\
& + \sum_{w \in W} [L(w) \log |P| - (\langle w \rangle + 1) \log \langle w \rangle]
\end{aligned}
\tag{11.10}
$$

où $|W|$ désigne le nombre de mots distincts dans le lexique, et $\langle W \rangle$ le nombre total de mots dans le corpus. Une valeur positive de $\Delta(D, M)$ indique que le modèle inféré permet effectivement une meilleure compression des données que le modèle zéro. Toutefois, l'interprétation de cette mesure est relative à la taille du modèle zéro; en effet, un $\Delta(D, M)$ de 100 bits représente une économie appréciable si la longueur de description totale du modèle zéro est de 1 000 bits, mais tout à fait négligeable si cette longueur est de 100 000 bits. Pour rendre compte de cette disparité, on définit la *compression relative* du corpus par un modèle donné comme:

$$
\delta(D, M) := \Delta(D, M) / [DL(M_\emptyset) + DL(D|M_\emptyset)]
\tag{11.11}
$$

qui vaut .1 dans le premier cas et .001 dans le second.

D'un point de vue empirique, il reste encore à déterminer la valeur de seuil optimale en deçà de laquelle la compression relative $\delta(D, M)$ doit être jugé insuffisante, et donc le modèle M doit être globalement rejeté. Il conviendra d'estimer cette valeur sur la base d'une variété de corpus manifestant ou non une structuration en racines et schèmes. Je présenterai au prochain chapitre quelques résultats préliminaires à ce propos. Pour l'heure, retenons que $\delta(D, M)$ est d'autant plus élevée que l'analyse en racines et schèmes effectuée par ARABICA s'écarte du modèle zéro et donc, par hypothèse, que la langue dont est tiré le corpus s'approche du type introflexionnel.

Chapitre 12

Etude de cas

Dans ce chapitre, je présente les résultats d'expériences visant à étudier le comportement du système d'apprentissage ARABICA face à des données linguistiques réelles. Les langues dans lesquelles les structures racine–schème jouent un rôle central sont peu nombreuses, et l'arabe est généralement considéré comme l'exemple prototypique de cette catégorie; à ce titre, il constitue un choix naturel pour examiner les performances d'ARABICA. Pour quelqu'un qui, comme l'auteur de cette thèse, n'est ni arabophone, ni spécialiste de linguistique arabe, la constitution d'un corpus arabe et l'interprétation des résultats d'un système d'apprentissage sur ce corpus offrent des défis intéressants. Afin d'acquérir une familiarité suffisante avec les données pour mener à bien ces deux tâches, j'ai choisi de me concentrer sur un domaine bien circonscrit de la morphologie de l'arabe: le pluriel nominal.

La prochaine section sera consacrée à un rapide survol du système du pluriel nominal en arabe. Puis je décrirai la façon dont j'ai constitué un corpus de noms arabes à partir de la liste de mots de Morris Swadesh (1952, 1955). La troisième section sera consacrée à une analyse de ce corpus, qui permettra de formuler des prédictions quant aux résultats de l'apprentissage; ceux-ci seront examinés en détail dans la section suivante. Je conclurai ce chapitre en discutant les résultats obtenus sur des corpus extraits de langues où la structuration des mots en racines et schèmes n'est pas attestée, comme l'anglais et le français.

12.1   Le pluriel nominal arabe

Pour être un domaine bien circonscrit de la morphologie de l'arabe, le système du pluriel nominal de cette langue n'en présente pas moins une complexité sans rapport avec son analogue dans une langue comme le français ou l'allemand par exemple. Pour cette raison, il a fait l'objet de traitements très détaillés dans le cadre de la tradition grammaticale arabe et, du côté occidental, en linguistique descriptive. Parmi les travaux linguistiques, on peut citer notamment les importantes contributions de Murtonen (1964), Levy (1971), McCarthy (1979), McCarthy et Prince (1990) et Ratcliffe (1998), dont les trois dernières témoignent d'un intérêt particulier pour le développement de représentations linguistiques permettant de mettre en évidence les régularités du système considéré. Bien que le sujet de cette thèse soit d'ordre méthodologique, par opposition avec la vocation descriptive de ces références, elle s'inscrit dans la même perspective formaliste, en ce sens qu'elle aboutit à une caractérisation des données en termes de conditionnement phonologique – plutôt que sémantique, en particulier.

La brève présentation que je donne ici est basée essentiellement sur l'exposé de Ratcliffe (1998, pp. 68-116).[1] La variante de l'arabe considérée est l'arabe *littéral,* c'est-à-dire la forme modernisée de l'arabe classique qui sert aujourd'hui de standard pour la communication écrite dans l'ensemble du monde arabe. En dehors de certains contextes particuliers (les ouvrages didactiques, notamment), l'arabe littéral ne comporte normalement pas de notation explicite des voyelles brèves. Elles seront rétablies aussi bien dans les transcriptions phonologiques utilisées dans cette section que dans le schéma de transcription adopté dans les sections suivantes.

Le pluriel nominal arabe a la particularité d'être signalé par deux types d'alternances:

(12-1)	Singulier	Pluriel	
	/riʃ-ah/	/riʃ-aat/	'plume'
	/raqab-ah/	/raqab-aat/	'cou'
	/raʔs/	/ruʔuus/	'tête'
	/kawkab/	/kawaakib/	'étoile'

Dans les deux premiers exemples de (12-1), le pluriel est marqué par la substitution au suffixe féminin /-ah/ du le suffixe /-aat/; dans les deux autres cas, il est indiqué par le remplacement du schème /_a__/ par le schème /_u_uu_/, et de /_a__a_/ par /_a_aa_i_/. Ces deux types de pluriels sont dits respectivement *externe* (angl. *sound plural*) et *interne* (ou

---

1   L'analyse de Ratcliffe (1998) s'appuie notamment sur les données de Murtonen (1964) et Levy (1971); les références faites ici à ces données sont basées sur le texte de Ratcliffe.

brisé, angl. *broken plural).* Le pluriel externe est régulier; selon les données de Levy (1971), une nette majorité des noms portant le suffixe féminin /-ah/ suivent ce modèle de flexion.[2] Cela vaut aussi pour les *noms d'unité* (abrégé *n. un.*), qui désignent un individu pris dans un ensemble (d'animaux ou de végétaux, en principe), et s'obtiennent à partir d'une forme non dérivée dite *collective* par suffixation de /-ah/: p. ex. /baðr/ 'graine (coll.), semailles', /baðr-ah/ 'graine (n. un.)'.

Le pluriel externe présente un tableau beaucoup plus complexe. Il se traduit par une vingtaine de schèmes différents dont la plupart sont associés à plusieurs schèmes au singulier. De même, la quasi totalité des schèmes du singulier sont associés à plusieurs schèmes au pluriel. Par ailleurs, il est fréquent qu'un même mot puisse prendre plusieurs schèmes différents au pluriel. Dans certains cas, cela correspond à une distinction pertinente entre pluriels dits «de paucité» (angl. *paucity*), caractérisant des ensembles de moins de 10 objets, et «d'abondance» (angl. *multiplicity*), pour des ensembles plus grands (Ratcliffe, 1998, p. 69); mais il n'est pas rare que les formes concurrentes soient en variation libre.

Il y a également un recoupement partiel entre pluriel externe et interne, si bien que certains mots peuvent être fléchis des deux façons: par exemple, la forme /raqab-ah/ donnée en (12-1) admet aussi une flexion interne /riqaab/ au pluriel. Certains pluriels se présentent comme une combinaison des deux types, avec flexion interne *et* suffixation: ainsi, /ṭariiq/ 'route' donne au pluriel /ṭuruq/ ou /ṭuruq-aat/.[3]

La situation est encore compliquée par l'existence d'une catégorie de racines dites *faibles,* c'est-à-dire comportant une ou plusieurs occurrences des semi-voyelles /w/ et /y/ ou de l'occlusive glottale /ʔ/. Ces phonèmes sont soumis à diverses règles d'insertion, d'effacement et de substitution, dont l'application est conditionnée par le contexte phonologique (et orthographique). Par exemple, les semi-voyelles radicales sont effacées lors-

---

2   Le pluriel externe s'applique également à certains noms masculins (Ratcliffe, 1998, p. 37); dans ce cas, c'est la désinence casuelle (nominatif /-un/, accusatif /-an/ et génitif /-in/) qui est remplacée par un suffixe contenant une voyelle longue (nom. /-uuna/, acc. et gén. /-iina/). Comme les mots sont transcrits en forme pausale dans ce travail, et donc dépourvus de suffixes casuels (voir note 1, p. 105), ces marques de pluralisation ne seront en principe pas considérées ici (mais voir note 13, p. 185).

3   Rappelons que le symbole · souscrit dénote les consonnes *emphatiques.*

qu'elles apparaissent entre deux voyelles brèves fermées, c'est-à-dire /i/ et /u/ (Ratcliffe, 1998, p. 66). C'est ainsi qu'on peut expliquer la relation entre la forme /nuur/ 'lumière' et son pluriel /anwaar/: la combinaison de la racine /nwr/ avec le schème /_u_u_/ donne la base */nuwur/ qui se réécrit comme /nuur/ en vertu de la règle d'effacement mentionnée; comme la règle ne s'applique pas dans le cas du pluriel, les trois consonnes de la racine sont apparentes, et l'on aboutit à une opacification de la relation entre le singulier et le pluriel de ce mot.

En dépit de cette complexité, l'association entre les formes du singulier et du pluriel présente de fortes régularités. Ratcliffe (1998, p. 73) indique que le principal facteur conditionnant cette relation est la forme morphophonologique du singulier, définie en termes des quatre critères suivants, par ordre d'importance décroissante: (i) la structure syllabique, (ii) la présence ou l'absence du suffixe /-ah/, (iii) la présence ou l'absence d'une consonne faible (/w/, /y/, /ʔ/) et (iv) la qualité des voyelles. Sur la base de ces critères, Ratcliffe dégage 7 groupes principaux d'associations entre singuliers et pluriels, dont les plus réguliers sont les 4 premiers:

– Le groupe (1) comprend les formes contenant au plus trois consonnes, pas de voyelles longues, et pas de suffixe /-ah/ (ces formes peuvent être désignées par le schème sous-spécifié /_V_(V)_/, où le symbole «V» représente une voyelle brève quelconque (/a/, /i/ ou /u/) et les parenthèses dénotent le caractère facultatif de leur contenu); elles s'associent avec les schèmes /a__aa_/, /_i_aa_/, /_u_uu_/ et /a__u_/ au pluriel, avec des préférences qui dépendent en partie de la voyelle du singulier pour les formes en /_V__/ (les formes en /_V_V_/ favorisent le pluriel a__aa_). Les noms masculins peu nombreux dont la base contient moins de trois consonnes ont le plus souvent une ou plusieurs consonnes additionnelles (/w/, /y/ ou /ʔ/) au pluriel, ce qui les rend conformes à des schèmes standards de ce groupe.

– Le groupe (2) comprend les formes ayant la même base que le groupe (1), mais contenant le suffixe /-ah/ (/_V_(V)_ah/); le plus souvent, leur pluriel est formé soit par insertion d'une voyelle /a/ après la deuxième consonne et suppression du suffixe (/_V__ah/ → /_V_a_/), soit par flexion externe (/_V_(V)_ah/ → /_V_(V)_aat/), soit par une combinaison des deux.[4] Certains noms féminins contenant deux consonnes

---

4   Murtonen (1964) et Levy (1971) relèvent aussi l'usage du schème /_i_aa_/.

reçoivent une consonne supplémentaire au pluriel, de façon similaire à leurs équivalents dans le groupe (1); d'autres se conforment au modèle du pluriel externe (/_V_ah/ → /_V_aat/).

– Le groupe (3) est composé des formes basées sur des racines quadrilitères /_V__V(V)_/, qui sont très régulièrement associées avec le schème /_a_aa_i(i)_/; la longueur du /i/ dans le schème du pluriel correspond à la longueur de la voyelle dans la deuxième syllabe du singulier.

– Le groupe (4) contient des formes avec ou sans suffixe /-ah/, dont la racine est trilitère, contenant une ou plusieurs voyelles longues, et dont le pluriel s'obtient par insertion d'une consonne faible (ou copie de la deuxième consonne radicale), suppression de /-ah/ le cas échéant et flexion interne avec les mêmes schèmes que les formes du groupe (3). Si une seule des voyelles est longue, le schème /_a_aa_i_/ est utilisé; si c'est la seconde voyelle, la consonne additionnelle est un /ʔ/ en troisième position (/_V_VV_(ah)/ → /_a_aaʔi_/), sinon c'est un /w/ en deuxième position (/_VV_V_(ah)/ → /_awaa_i_/). Lorsque les deux voyelles sont longues, le schème /_a_aa_ii_/ est utilisé, soit avec insertion de /w/ en deuxième position, soit avec copie de la deuxième consonne radicale en troisième position (p. ex. /diinaar/ 'dinar' → /danaaniir/).

Les groupes (5) et (6) contiennent des noms dérivés contenant une voyelle longue (se conformant notamment aux schèmes /_aa_i_/ et /_a_ii_/) et ne suivant pas le modèle du groupe (4). Le pluriel de ces formes est essentiellement irrégulier, de même que celui de l'ensemble d'adjectifs formant le groupe (7).

En résumé, bien qu'il soit souvent impossible de prédire avec certitude le pluriel d'un nom arabe, et donc que cette information doive être stockée dans le lexique, l'incertitude peut être considérablement réduite en adoptant une représentation de la forme du singulier spécifiée dans les termes indiqués plus haut: structure syllabique, présence ou absence du suffixe /-ah/, présence ou absence de consonnes faibles et qualité des voyelles. Dans un contexte d'apprentissage automatique, seule une portion réduite de ces spécifications est accessible au système; c'est ce qui fait du problème un réel défi, et un choix intéressant pour examiner les performances d'ARABICA dans un domaine morphologique restreint.

12.2   Constitution du corpus

Ayant retenu le système du pluriel nominal arabe pour évaluer ARABICA, j'ai constitué un corpus de noms arabes (voir annexe C) en me basant essentiellement sur trois sources: la liste de mots de Morris Swadesh (1952, 1955), le dictionnaire Larousse arabe – français / français – arabe (Reig, 2006) et le dictionnaire arabe – anglais de Hans Wehr (1994). Du fait que je n'ai pas consulté de locuteur de l'arabe lors de la constitution du corpus, il n'y a aucune chance que ces données soient une représentation de la langue plus fidèle que les dictionnaires consultés. Toutefois, la procédure que j'ai adoptée et que je décris ici est aussi mécanique que j'ai pu la rendre, afin de limiter autant que possible la tentation de soumettre à ARABICA des données dont je savais qu'il pourrait les traiter efficacement.

La procédure en question repose sur la liste de mots établie par Morris Swadesh (1952, 1955) pour les besoins de sa méthode de *glottochronologie,* dont le principal objectif est de déterminer le moment où une langue donnée s'est scindée en deux langues apparentées. Dans sa version la plus longue, la liste de Swadesh comprend 215 mots, sélectionnés pour leur caractère général et, en principe, indépendant d'une culture particulière:

> [...] they must refer to things found anywhere in the world and familiar to every member of a society [...] Moreover, they must be easily identifiable broad concepts, which can be matched with simple terms in most languages. (Swadesh, 1952, p. 457)

Sur ces 215 mots, 84 sont des noms, référant essentiellement à des personnes (*woman, child, ...*), relations de parenté (*sister, husband, ...*), parties du corps (*head, leg, ...*), animaux (*snake, dog, ...*), plantes et parties de plantes (*tree, root, ...*), et objets et phénomènes naturels (*mountain, rain, ...*) (Swadesh, 1955, p. 132).

La référence que j'ai utilisée pour relever la ou les formes du pluriel pour un mot donné est le dictionnaire arabe – anglais de Hans Wehr (1994). Outre le fait que cet ouvrage jouit d'une bonne réputation dans son domaine, il présente l'intérêt de fournir une transcription des formes arabes dans l'alphabet latin augmenté de signes diacritiques particuliers (voir annexe C). Cette caractéristique n'est pas seulement appréciable parce qu'elle facilite considérablement la recherche dans le dictionnaire: elle rétablit l'indication indispensable des voyelles brèves, qui ne sont pas transcrites en arabe dans ce dictionnaire. Cette transcription aisément lisible pour les non arabophones sera systématiquement utilisée pour la notation des formes arabes dans la suite de cette discussion; la version informatique du corpus utilise une translittération de cette transcription vers des symboles élémentaires du code ASCII (voir ci-dessous).

Le dictionnaire de Wehr indique une ou plusieurs formes du pluriel pour la quasi-totalité des noms de la liste utilisée; à défaut d'un critère permettant de choisir parmi des formes concurrentes, j'ai toujours relevé la totalité d'entre elles.[5] Par ailleurs, plusieurs mots de la liste marquent une distinction entre nom d'unité et collectif (voir section précédente), et dans ce cas j'ai également relevé le collectif. Pour des raisons qui ne sont pas explicitées dans le dictionnaire, le nom d'unité figure tantôt comme une sous-entrée du collectif, tantôt comme une entrée séparée. Dans la plupart des cas, une ou des formes du pluriel sont associées au collectif; lorsque le nom d'unité constitue une entrée séparée, le dictionnaire indique en général un pluriel distinct de celui du collectif. Pour la constitution du corpus, j'ai choisi indiquer sous une même entrée (c'est-à-dire un même mot de la liste de Swadesh) (i) le singulier ou le nom d'unité, (ii) le collectif s'il existe, et (iii) la ou les formes du pluriel associées à (i) *et* à (ii) si elles existent.[6] Ce choix présente le défaut de confondre singulier et nom d'unité, et les pluriels de (i) et (ii) s'ils sont distincts. La première «confusion» ne semble pas problématique, dans la mesure où aucun des mots de la liste ne s'est trouvé correspondre simultanément à un singulier et un nom d'unité distincts; la seconde l'est sans doute plus, mais il m'a paru plus important de privilégier le caractère systématique de la procédure de constitution du corpus que le degré de détail de la représentation.

5   Dans la suite et pour alléger le texte, je parlerai souvent *du* pluriel d'un nom même lorsque plusieurs formes sont en question.

6   Il convient de préciser que l'«existence» d'une forme du pluriel est ici entièrement déterminée par son apparition dans le dictionnaire. Dans le cas des noms d'unité qui figurent comme sous-entrée d'un collectif, cela peut impliquer que leur pluriel ne figure pas dans le corpus, car il semble que dans ce cas, seul le pluriel du collectif soit indiqué; en effet, le pluriel externe en /-ah/ n'est généralement indiqué que pour les noms d'unité constituant une entrée à part. A la rigueur, dans la perspective d'une évaluation empirique, on pourrait arguer que ce type de lacune est un écart souhaitable à une exhaustivité irréaliste des données.

Il reste à expliciter la façon dont j'ai fait le lien entre les entrées anglaises de la liste de Swadesh et celles, arabes, du dictionnaire de Wehr. Le dictionnaire Larousse arabe – français / français – arabe (Reig, 2006) s'est avéré un auxiliaire indispensable à cet effet: les entrées arabes y sont numérotées, et peuvent être aisément retrouvées à partir de la partie français – arabe (qui se réduit en fait à un index). J'ai donc traduit les mots de la liste en français, et lorsque plusieurs mots arabes sont associés à une entrée française dans le dictionnaire, j'ai systématiquement choisi le premier qui corresponde au sens du mot anglais de la liste de Swadesh. J'ai ainsi obtenu, pour chaque mot de la liste, une forme en arabe écrit[7] qui m'a permis de retrouver l'entrée correspondante dans le dictionnaire de Wehr, et relever les transcriptions disponibles pour les formes discutées plus haut (singulier[8], nom d'unité, collectif et pluriel).

La totalité du corpus résultant de cette procédure figure dans l'annexe C (pp. 235-242). Les transcriptions arabes données dans le dictionnaire de Wehr (sans voyelles) sont également inclues dans cette liste. Pour stocker ces données sous forme de fichier informatique, j'ai utilisé une convention de translittération basée sur celle de Tim Buckwalter[9] et décrite dans l'annexe. Le fichier en question est librement téléchargeable à l'adresse *http://www.unil.ch/imm.*

---

7   Au contraire de la notation arabe utilisée dans le dictionnaire de Wehr, celle de Reig inclut les voyelles brèves.

8   Pour quelques mots de la liste, le dictionnaire de Wehr indique plusieurs formes du singulier. Dans ce cas, j'ai systématiquement relevé la première, et uniquement celle-ci. Cette divergence de traitement entre singulier et pluriel traduit la différence de fréquence entre les variations des formes du singulier, qui concernent quelques mots dans la liste, et celles du pluriel, qui concernent la plupart des mots (voir section suivante).

9   Il semble impossible de trouver une référence imprimée sur cette convention pourtant bien connue et exploitée par plusieurs ressources informatisées relatives à langue arabe. Des informations sont accessibles en ligne sur la page personnelle de Tim Buckwalter *(http://www.qamus. org/transliteration.htm)* ainsi que sur le site du Xerox Research Center Europe *(http://www.xrce.xerox.com/competencies/content-analysis/arabic/ info/buckwalter-about.html).*

Nb. pluriels	Effectif	Proportion
0	5	6%
1	31	37%
2	34	40%
3	10	12%
4	2	2%
5	1	1%
6	1	1%
Total	84	

Tableau nº 5. Distribution du nombre de pluriels distincts par nom.

12.3 Analyse du corpus

Avant d'examiner les résultats de l'application d'ARABICA au corpus dont j'ai décrit la constitution dans la section précédente, je rapporte ici certaines observations sur les propriétés statistiques de ces données. Cette analyse met l'accent sur les éléments pertinents pour la prédiction du pluriel d'un nom donné, qui sont selon Ratcliffe (1998) essentiellement liés à la forme morpho-phonologique du singulier (voir section 12.1). Dans ce qui suit, j'utiliserai le terme «singulier» pour référer également aux noms d'unité lorsque la distinction n'est pas nécessaire.

12.3.1 Généralités

Les 84 entrées du corpus contiennent au total 247 formes, dont 242 formes distinctes. La différence est due au fait que les entrées 27 ('pied') et 40 ('jambe') d'une part, et 36 ('glace') et 68 ('neige') d'autre part, sont traduites par les mêmes noms arabes; en outre, le pluriel *anhur* est commun aux entrées 13 ('jour') et 55 ('rivière'), qui correspondent à la même entrée du dictionnaire de Wehr (*nhr,* نهر). Sur ces 247 formes, 84 sont des singuliers, 15 sont des collectifs et 148 sont des pluriels. La distribution du nombre de pluriels distincts par nom est reportée dans le tableau 5.

Nb. consonnes	Effectif	Proportion
1	2	2%
2	16	19%
3	65	77%
4	1	1%
Total	84	

Tableau n° 6. Distribution du nombre de consonnes par forme du singulier.

12.3.2   Formes du singulier

Distribution du nombre de consonnes

Le nombre de consonnes par forme du singulier est indiqué dans le tableau 6. Ces valeurs sont obtenues en comptant le nombre de symboles autres que les voyelles brèves (*a, i, u*) et longues (*ā, ī, ū*), avec une exception pour les symboles transcrits par *i* et *u* dans le dictionnaire de Wehr mais correspondant aux semi-voyelles ي et و en arabe écrit, comme c'est le cas dans les entrées 6 (*ṭair*, طير) et 11 (*ṯaub*, ثوب) par exemple (voir annexe C); ces symboles sont comptés comme des consonnes si la forme du singulier considérée a au moins un pluriel dans lequel la semi-voyelle est transcrite par *y* ou *w* (respectivement), et peut être rattachée sans ambiguïté à la racine. Par exemple, *ṭair* et *ṯaub* prennent les pluriels respectifs *ṭuyūr* et *aṯwāb*, où le traitement de *y* et *w* comme des consonnes radicales permet de dégager les schèmes très fréquents _u_ū_ et a__ā_ ; on admettra donc que *i* et *u* représentent des consonnes dans les formes du singulier, qui comptent par conséquent 3 consonnes chacune. En fait, seule l'entrée 37 (*buḥaira*) échoue à satisfaire ce critère et justifie de compter le symbole *i* comme la seconde voyelle d'une diphtongue *ai*.

Cette analyse montre qu'environ trois quarts des formes du singulier contiennent 3 consonnes. Sur les 19 formes restantes, 16 contiennent 2 consonnes; il s'agit essentiellement de formes dont le pluriel contient une consonne additionnelle qui les met en conformité avec un schème standard (p. ex. 7: *dam* → *dimā'*, 23: *nār* → *nirān*, pour le schème _i_ā_), ou qui prennent un pluriel irrégulier (p. ex. 45: *umm* → *ummahāt*). Les deux formes contenant une seule consonne ont également un pluriel irrégulier

(9: *aḵ* 'frère' → *iḵwa, iḵwān* et 21: *ab* 'père' → *ābā'*). Enfin, seule l'entrée 70 *(kaukab)* contient une racine quadrilitère.

Modifications de la structure consonantique

A partir du tableau 6 (p. 182), on trouve un total de 233 consonnes dans les 84 formes du singulier. 7% d'entre elles sont des consonnes faibles (9 *y/i*, 2 *w/u* et 5 '); elles sont réparties dans 15 formes du singulier. Dans 18 des 30 formes du pluriel correspondantes, ces consonnes subissent des modifications: un peu plus de la moitié de ces modifications sont liées au problème de transcription des semi-voyelles mentionné plus haut (p. ex. 6: *ṭair* → *ṭuyūr*); les autres sont des cas de substitutions de consonnes faibles (11: *ṯaub* → *ṯiyāb*, 53: *šitā'* → *aštiyā, šutīy*, 65: *samā'* → *samāwāt*, 77: *mā ' * → *miyāh, amwāh*) ou de supplétion[10] (81: *imra'a* → *niswa, niswān*).

Plus généralement, en faisant abstraction du suffixe du pluriel externe *-āt*, on trouve que 51 formes du pluriel ne contiennent pas exactement les mêmes consonnes que les formes du singulier correspondantes. En l'état du développement d'ARABICA, la relation entre ces formes ne sera pas identifiée; cela signifie qu'au moins 34% des formes du pluriel ne pourront pas être rattachées au singulier correspondant.

Suffixe féminin

Le suffixe féminin *-a,* transcrit par la lettre ة à l'écrit, apparaît dans 9 formes du singulier et 15 noms d'unité, soit 29% des entrées du corpus.[11] Tous les noms d'unité sont obtenus par l'ajout de *-a* à un collectif (p. ex. 12: *saḥāb* → *saḥāba*), et 7 d'entre eux ont (entre autres) un pluriel externe formé en substituant *-a* par *-āt* (p. ex. 18: *baida* → *baidāt*).[12] Seules 3 formes du singulier suivent le même modèle (37: *buḥaira*, 49: *raqaba* et 67: *ḥayya*). Rappelons qu'il ne s'agit là que des pluriels externes notés explicitement dans le dictionnaire de Wehr.

10 Voir note 17, p. 128.
11 La transcription de Wehr (1994) est en forme pausale; en transcription phonologique, la forme non réduite du suffixe féminin s'écrit souvent /-at/ (et la forme pausale /-ah/).
12 L'entrée 31 a la particularité de former son pluriel par suffixation *et* modification du schème: *šahr* → *šaharāt*.

Structure	Effectif
CVVC	6
VCC	5
CVC	4
VCVC	1
Total	16

Structure	Effectif	Proportion
CVCC	35	54%
CVCVVC	16	25%
CVCVC	13	20%
VCCVCV	1	2%
Total	65	

Tableau nº 7. Structure syllabique des formes du singulier contenant 2 consonnes (gauche) ou 3 (droite).

Structure syllabique

En comptant les voyelles et consonnes comme indiqué ci-dessus et en faisant abstraction du suffixe féminin, on observe que la structure syllabique des formes du singulier contenant 3 consonnes est répartie comme indiqué dans le tableau 7 (à droite). On voit ainsi que trois quarts des formes présentent la structure caractéristique des groupes 1 et 2 de Ratcliffe (1998), c'est-à-dire *CVC(V)C* (voir section 12.1). Les autres, à l'exception de l'entrée 81 (*imra'a*), ont une structure *CVCVVC* correspondant aux groupes 4 et 6.

Parmi les formes contenant 2 consonnes (à gauche dans le tableau 7), la structure la plus fréquente, *CVVC,* est typiquement associée à des formes dont la racine contient une consonne faible que des règles phonologiques font disparaître au singulier ou qui se traduit par une voyelle longue (p. ex. 23: *nār*, de la racine *nwr,* ou 79: *rīḥ*, de *ryḥ*). Dans ces cas, à l'exception d'un pluriel externe (22: *rīša* → *rīšāt*), soit la consonne effacée (ou une autre consonne faible) est rétablie au pluriel (*rīḥ* → *riyāḥ, arwāḥ, aryāḥ*), soit un *n* final fait son apparition (*nār* → *nīrān*).

La plupart des formes du singulier associées aux autres structures syllabiques (*VCC* et *CVC* en particulier) prennent un pluriel qui se conforme à l'un des schème du groupe 1 après l'addition d'une consonne faible (p. ex. 7: *dam* → *dimā'*, 48: *ism* → *asmā'*), ou au schème *_a_ā_i_* après l'addition d'un *n* final et celle, implicite et jamais transcrite par Wehr (1994), d'un ' épenthétique initial (p. ex. 17: *arḍ* → (')*arāḍin*, 32: *yad* → (')*ayādin*). En ce qui concerne le *n* final, tout se passe comme si le singulier muni d'une désinence casuelle (p. ex. nominatif *arḍun*, voir note 2,

	CVCC	CVCVVC	CVCVC	CVVC	VCC	CVC
	_a__ 28	_a_ā_ 5	_a_a_ 11	_ā_ 3	a__ 2	_a_ 4
	_i__ 6	_a_ī_ 5	_a_i_ 1	_ī_ 2	u__ 2	
	_u__ 1	_i_ā_ 3	_a_u_ 1	_ū_ 1	i__ 1	
		_u_ā_ 2				
		_u_ī_ 1				
Total	35	16	13	6	5	4

Tableau n° 8. Distribution des vocalismes pour les structures syllabiques des formes du singulier.

p. 175) était analysé comme contenant une racine trilitère *CCn* (en l'occurrence **rḍn*); l'association avec le schème du pluriel (')a_ā_i_ peut alors être rapprochée du phénomène comparable observé pour certaines racines trilitères authentiques (p. ex. 25: *zahra → azāhir*).[13]

Qualité vocalique

Le tableau 8 donne la distribution des vocalismes pour les structures syllabiques du singulier ayant un effectif supérieur à 1 et contenant 2 ou 3 consonnes (voir tableau 7, p. 184). La plupart de ces vocalismes ne contiennent que la voyelle *a* (53 formes sur 79). Viennent ensuite les vocalismes ne contenant que *i* (9 formes), ou *i* précédé d'une autre voyelle (7 formes). Les formes contenant *a* ou *u* précédés d'une autre voyelle et celles ne contenant que *u* sont plus rares.

12.3.3 Associations entre singulier et pluriel

Comme on l'a vu, la version actuelle d'ARABICA ne peut identifier de relations morphologiques qu'entre des formes contenant exactement la même

13 En fait, près d'un tiers des pluriels associés aux formes contenant deux consonnes au singulier sont caractérisés par l'apparition d'un *n* final, dont on peut souvent trouver l'origine dans les désinences casuelles (voir Ratcliffe, 1998, pp. 81-88).

	_u_ū_	_i_ā_	a__ā_	a__u_	a__i_a	_a__āt	_a_a_āt	_u_u_	Autres	Total
_a__	13	6	2	7					3	31
_i__	2	1	3	1	1				1	9
_a_a_		2	2						2	6
_a__a	3	2	1	1		4	1		2	14
_a_a_a		4	4				3		1	12
_u_ā_					2					2
_i_ā_				1	1					2
_a_ā_				2	2			1		5
_a_ī_					1			2	3	6
Autres	1	1	1					1	5	9
Total	19	16	13	12	7	4	4	4	17	96

Tableau n° 9. Associations entre schème singulier (en ligne) et pluriel (en colonne) sans modifications consonantiques.

séquence de consonnes.[14] En définissant les voyelles et consonnes comme indiqué dans la section 12.3.2, on observe que le corpus contient 96 paires de formes du singulier et du pluriel qui satisfont à cette condition. En identifiant le schème correspondant à chaque forme de chaque paire, on peut calculer l'effectif des associations entre paires de *schèmes*. Ces effectifs sont reportés dans le tableau 9, où chaque ligne correspond à un schème du singulier, et chaque colonne à un schème du pluriel.

Les schèmes n'apparaissant qu'une seule fois en ligne ou en colonne sont regroupés dans la catégorie «Autres»; les formes du pluriel externe sont traitées comme des schèmes. Sur l'axe vertical, en plus de la catégorie «Autres», les schèmes du singulier sont regroupés en trois classes[15]: (i) les schèmes correspondant au groupe 1 de Ratcliffe (1998), soit ceux qui ont la structure syllabique *CVC(V)C* et ne contiennent pas le suffixe *-a;* (ii) les schèmes du groupe 2, qui ont la même structure syllabique que le groupe 1

---

14   Le pluriel externe en *-āt* constitue un cas particulier: nous verrons plus loin qu'il peut être en partie identifié par LINGUISTICA.

15   Dans cette section, le terme de *classe* et la numérotation en chiffres romains seront utilisés pour désigner les catégories que je propose pour l'analyse du corpus; le terme de *groupe* et la numérotation en chiffres arabes réfèreront à la catégorisation plus complète de Ratcliffe (1998) présentée dans la section 12.1.

mais contiennent le suffixe -*a;* (iii) les schèmes des groupes 4 et 6, dont la structure syllabique est *CVCVVC.*

Les schèmes singuliers de la classe (i) sont associés essentiellement avec les schèmes pluriels _*u*_*ū*_, _*i*_*ā*_, *a*__*ā*_ et *a*__*u*_. Les associations les plus fréquentes sont celles entre le singulier _*a*__ et les pluriels _*u*_*ū*_ (13 occurrences), *a*__*u*_ (7) et _*i*_*ā*_ (6). Les associations de la classe (ii) recoupent partiellement celles de la classe (i). Certains de ces recoupements sont attestés dans le système du pluriel arabe: les pluriels _*u*_*ū*_ et _*i*_*ā*_ sont assez fréquents dans le groupe 2 de Ratcliffe, en particulier. Toutefois, la similarité entre les classes (i) et (ii) s'explique également par le traitement particulier fait ici des noms d'unité et des collectifs.[16]

C'est sans doute parce que seules les occurrences du pluriel externe explicitement notées dans le dictionnaire figurent dans le corpus que les associations entre les formes du singulier de la classe (ii) et celles du pluriel externe sont relativement peu fréquentes: 4 occurrences pour le singulier _*a*__*a*, et 3 pour _*a*_*a*_*a*. C'est pourtant bien la possibilité de former un pluriel externe qui distingue cette classe des deux autres. Par contraste, les pluriels de la classe (iii) se conforment prioritairement aux schèmes *a*__*i*_*a*, _*u*_*u*_ et *a*__*u*_. La dernière de ces formes est plus fréquente en association avec les singuliers de la classe (i), mais les deux autres n'apparaissent qu'avec des singuliers de cette classe, à l'exception d'une occurrence de *a*__*i*_*a* en relation avec _*i*__ (27: *sinn* → *asinna*).

En résumé, les principales associations entre schèmes singulier et pluriel dans le corpus sont celles qui figurent dans le tableau 10 (p. 188), qu'on peut comparer au tableau correspondant de Ratcliffe (1998, p. 116). Prendre en considération les collectifs dans cette analyse aurait pour effet d'atténuer encore la distinction entre les classes (i) et (ii), en «créant» des associations entre la classe (i) et le pluriel externe. A l'exception du plu-

---

16 Rappelons que les collectifs du corpus (qui sont d'ailleurs exclus de la présente analyse) ont tous la structure *CVC(V)C* caractéristique de la classe (i), et les noms d'unité la structure *CVC(V)Ca* propre à la classe (ii). Lors de la constitution du corpus, j'ai fait le choix d'agréger les pluriels associés aux deux types, parce que la distinction n'est pas maintenue de façon systématique pour toutes les entrées concernées du dictionnaire de Wehr (voir section 12.2). En conséquence, les classes (i) et (ii) apparaissent comme moins distinctes que les groupes 1 et 2 dans la description de Ratcliffe (1998).

Classe	Singulier	Pluriel
(i)	_V_(V)_	_u_ū_, a__u_, _i_ā_, a__ā_
(ii)	_V_(V)_a	comme groupe 1, plus externe -āt
(iii)	_V_VV_	a__i_a, _u_u_, a__u_

Tableau n° 10. Résumé des principales associations entre singulier et pluriel.

riel externe, qui sera partiellement traité par LINGUISTICA, le tableau 10 donne une idée de la structure qu'on peut espérer découvrir en appliquant ARABICA au corpus.

12.4 Résultats de l'apprentissage

Dans cette section, je présente les résultats de l'application d'ARABICA au corpus décrit dans la section précédente. Je commencerai par une discussion du prétraitement des suffixes par LINGUISTICA. Puis j'examinerai les performances d'ARABICA, en considérant séparément l'heuristique d'amorçage et celle d'extension des structures RS connues; je tenterai également d'estimer les progrès qu'on pourrait effectuer en implémentant d'autres heuristiques incrémentielles. Nous reviendrons ensuite sur la question de l'attribution des classes de phonèmes, pour conclure en comparant le modèle inféré par le programme avec le modèle zéro.

12.4.1 Prétraitement avec Linguistica

La première étape de l'apprentissage consiste à identifier – et supprimer – les suffixes avec LINGUISTICA. Le fait d'effectuer cette opération avant l'application d'ARABICA reflète l'hypothèse, bien établie dans les approches formalistes de la morphologie de l'arabe (voir p. ex. Levy, 1971; Ratcliffe, 1998), que la formation du mot est un processus qui opère à deux niveaux consécutifs: le premier niveau est celui qui relie les mots de même *racine* mais de *bases* différentes, p. ex. *kalbun* 'chien (nom. sg.)' et *kilābun* 'chien (nom. pl.)'; le second niveau relie des mots différents ayant la même *base,* p. ex. *kalbun* 'chien (nom. sg.)' et *kalban* 'chien (acc. sg.)'. Je reviendrai dans la conclusion de cette partie sur cette conception qui s'avère utile pour la description du système du pluriel nominal arabe mais paraît trop simple pour le traitement d'autres problèmes de morphologie non-concaténative.

Pour cette analyse, j'ai utilisé la version 2.0.0 de LINGUISTICA sans modification des paramètres par défaut.[17] Avec ce réglage, le programme identifie deux signatures. La première associe les bases *baiḍ* (entrée 18), *rīš* (22), *zahr* (25), *ṭamar* (28), *lail* (50), *šajar* (76) et *haraj* (82) aux suffixes ∅, *-a* et *-āt*; elle couvre ainsi tous les triplets nom d'unité – collectif – pluriel externe du corpus. Supprimer ces suffixes revient à réduire les formes de chaque triplet à celle, non dérivée, du collectif (p. ex. *baiḍ* pour le singulier *baiḍa* et le pluriel *baiḍāt*). Sans cela, ARABICA serait incapable d'établir une relation entre le pluriel et les deux autres formes, puisqu'il serait analysé comme contenant une racine $CC(C)t$. En outre, la réduction du singulier au collectif permet d'assimiler les ensembles de schèmes associés à ces entrées à des ensembles plus simples, et ainsi d'accroître les chances de rattacher les racines de ces entrées à des structures RS.

La seconde signature associe les bases *šuhūm* (20) et *turuq* (56) aux suffixes ∅ et *-āt*. Il s'agit dans les deux cas de variantes du pluriel, où le suffixe *-āt* peut optionnellement être attaché à un pluriel interne standard (*šaḥm* → *šuhūm, šuhūmāt, tarīq* → *turuq, turuqāt*). Ici aussi, la suppression du suffixe permet à ARABICA de faire le lien entre le pluriel avec suffixe et les autres formes – ou plus précisément, lui évite d'avoir à traiter séparément deux racines $CCCt$ fallacieuses.

Notons que le paramétrage par défaut de LINGUISTICA n'est pas optimal pour le corpus traité ici: il est conçu pour l'analyse de corpus d'au moins 5 000 mots, typiquement des textes littéraires ou journalistiques. Dans ce contexte, les «coïncidences» phonologiques ayant toutes les apparences de régularités morphologiques sont une source importante d'erreurs pour un système d'apprentissage non-supervisé, et l'observation de la fréquence de ces structures est un moyen efficace pour séparer le bon grain

---

17 La seule exception est la réduction des majuscules; il est nécessaire de la désactiver car la distinction entre minuscules et majuscules est pertinente pour le système de transcription utilisé (voir annexe C).

de l'ivraie. C'est pourquoi les capacités d'apprentissage de LINGUISTICA sont bridées par divers filtres fréquentiels[18], qui ont pour effet de maintenir la précision du système à un niveau élevé, au prix d'une certaine réduction de son rappel.

Cette approche est doublement inappropriée pour un corpus comme le nôtre, à la fois beaucoup plus petit (moins de 250 mots en tout) et beaucoup plus homogène (uniquement des noms) que les corpus pour lesquels LINGUISTICA est optimisé. D'une part, le risque d'inférer des structures fallacieuses est bien moindre qu'avec du texte «tout-venant»; d'autre part, de nombreuses structures bien réelles n'ont pas la fréquence nécessaire pour gagner la confiance du programme. En conséquence, on pourrait obtenir un rappel nettement meilleur sans véritable perte de précision en rendant les filtres de LINGUISTICA moins sélectifs.[19]

Je m'abstiendrai toutefois de faire ici cet ajustement, par fidélité à une certaine conception de l'apprentissage *non-supervisé.* Dans cette perspective, constater que le paramétrage d'un système d'apprentissage n'est pas optimal pour un sous-ensemble des données qu'on est susceptible de lui soumettre ne justifie pas de modifier à sa guise ledit paramétrage à la recherche du résultat le plus avantageux pour le programme et le programmeur; cela justifie plutôt de s'interroger sur la possibilité d'étendre la couverture du système à ces données récalcitrantes, par exemple en le dotant de la capacité d'évaluer si un ajustement (automatique) de ses paramètres pourrait être approprié.

Pour l'heure, c'est donc le résultat des réglages par défaut de LINGUISTICA qu'on retiendra pour la suite de l'apprentissage. Ces résultats sont l'identification et la suppression du suffixe *-a* dans 7 formes du singulier et du suffixe *-āt* dans 9 formes du pluriel. Cette opération revient à convertir

---

18   Par exemple, lors de l'heuristique d'amorçage, les signatures contenant moins de 25 bases doivent satisfaire des critères additionnels pour être retenues (Goldsmith, 2006).

19   En la matière, une expérience informelle aboutit à l'apprentissage d'une signature supplémentaire associant aux suffixes ∅ et *-a* (i) les 8 paires nom d'unité – collectif qui n'ont pas été rattachées à la première signature mentionnée ci-dessus parce qu'il leur manque la forme du pluriel externe *-āt*; (ii) les paires de pluriels *buʿūl, buʿūla* (entrée 35) et *ḥijār, ḥijāra* (72); (iii) la paire de singuliers 35: *baʿl* 'mari' et 78: *baʿla* 'épouse'.

	Robustesse	Racines	Schèmes
1.	21	*ṯmr* (28), *jbl* (46), *ḥrj* (82)	$\_a\_a\_$, $\_i\_\bar{a}\_$, $a\_\_\bar{a}\_$
2.	19	*ẓhr* (3), *bṭn* (5), *r's* (33)	$\_a\_\_$, $\_u\_\bar{u}\_$, $a\_\_u\_$
3.	15	*šḥm* (20), *qlb* (34), *ṯlj* (36/68), *šms* (73)	$\_a\_\_$, $\_u\_\bar{u}\_$
4.	5	*trb* (15), *dḵn* (66)	$\_u\_\bar{a}\_$, $a\_\_i\_a$
5.	4	*ryš* (22), *ryḥ* (79)	$\_i\_\bar{a}\_$, $a\_\_\bar{a}\_$
6.	4	*sdm* (26), *ṭrq* (56)	$\_a\_\bar{\imath}\_$, $\_u\_u\_$
7.	3	*qšr* (4), *'rq* (57)	$\_i\_\_$, $\_u\_\bar{u}\_$
8.	3	*klb* (14), *rml* (60)	$\_a\_\_$, $\_i\_\bar{a}\_$

Tableau n° 11. Structures RS formées par l'heuristique d'amorçage (les chiffres entre parenthèses désignent les entrées correspondantes dans le corpus).

les 242 mots distincts du corpus original en 226 *bases* distinctes. Le nouveau corpus, contenant 247 bases en tout, est ensuite soumis à ARABICA.

12.4.2   Heuristique d'amorçage

En phase d'amorçage, l'algorithme de Sukhotin effectue la séparation attendue entre les 6 voyelles (*a, i, u, ā, ī* et *ū*) et les autres symboles du corpus. En utilisant les voyelles pour la formation des schèmes (voir section 12.4.5 ci-dessous), l'heuristique d'amorçage aboutit à la formation de 8 structures RS (en plus de la structure $\pi_{\emptyset}$). Ces structures associent 20 racines trilitères distinctes à 10 schèmes distincts (voir tableau 11). Elles couvrent 46 bases distinctes, soit 20.4% des bases distinctes du corpus; en nombre total d'occurrences, cela représente 54 bases, soit 21.9% du corpus.

    La plupart de ces structures (1, 2, 3, 7 et 8) associent des singuliers ou collectifs dont la structure est $\_V\_(V)\_$ à tout ou partie des pluriels $\_u\_\bar{u}\_$, $a\_\_u\_$ et $\_i\_\bar{a}\_$; ces associations correspondent aux classes (i) et (ii) dégagées plus haut (voir tableau 10, p. 188).[20] La structure 5 associe

---

20   La suppression des suffixes *-a* au singulier et *-āt* au pluriel achève de neutraliser la distinction entre ces deux classes.

deux racines de la classe (ii) à leurs pluriels $\_i\_\bar{a}\_$ et $a\_\_\bar{a}\_$; l'absence des formes du singulier s'explique dans ce cas par le fait que la semi-voyelle ﻯ est transcrite au singulier par une voyelle longue $\bar{i}$ et au pluriel par une consonne *y* (voir section 12.3.2). Enfin, les structures 4 et 6 associent des singuliers de la classe (iii), de structure $\_V\_VV\_$, aux pluriels $a\_\_i\_a$ et $\_u\_u\_$.

Notons que le rappel plutôt faible obtenu à ce point de l'apprentissage résulte entre autres d'une volonté explicite de conserver un degré élevé de précision au niveau de l'amorçage. Cet objectif est atteint, puisque chaque ensemble de bases générées par combinaison d'une des racines inférées avec les schèmes qui lui sont associés correspond à une seule et même en- trée du corpus. *Pour ce corpus particulier,* on pourrait obtenir un rappel nettement meilleur (de l'ordre de 70%) et une précision toujours élevée en assouplissant la contrainte qu'une structure RS doit contenir au moins 2 ra- cines et 2 schèmes distincts pour être retenue par l'heuristique d'amorçage. Toutefois, comme on le verra en section 12.5, cette exigence d'analogie est la meilleure protection d'ARABICA contre l'identification de structures RS fallacieuses dans des corpus tirés de langues où ce type de morpho- logie n'est pas attesté. Il est donc important de la maintenir au niveau de l'amorçage, et de développer plutôt les heuristiques incrémentielles pour améliorer le rappel.

12.4.3   Extension des structures RS connues

Passé le stade de l'amorçage, le risque d'inférer des structures fallacieuses est réduit, car les modifications proposées par les heuristiques incrémen- tielles sont en général basées sur les éléments fiables identifiés précédem- ment. L'exigence d'analogie peut donc être assouplie, et en particulier on peut admettre la formation de structures RS ne contenant qu'une seule ra- cine; en revanche, on maintiendra pour le moment la contrainte qu'une structure RS doit contenir au moins 2 schèmes.[21] Sur les 180 bases dis-

---

[21]   Cette décision n'a pas d'influence sur les résultats de la version actuelle de d'ARABICA, puisqu'elle n'inclut encore qu'une seule heuristique incrémen- tielle qui n'aboutit jamais à la formation de nouvelles structures RS. Elle est toutefois pertinente pour la suite de cette discussion.

	Robustesse	Racines	Schèmes
2.	19	*ẓhr* (3), *bṭn* (5), *r's* (33) *ẓhr* (25), **nhr** (55), **ḥbl** (58), **bḥr** (61)	$\_a\_\_$, $\_u\_\bar{u}\_$, $a\_\_u\_$
1.	21	*ṭmr* (28), *jbl* (46), *ḥrj* (82) **smk** (24), **ḥjr** (72)	$\_a\_a\_$, $\_i\_\bar{a}\_$, $a\_\_\bar{a}\_$
3.	15	*šḥm* (20), *qlb* (34), *ṭlj* (36/68), *šms* (73), **š'r** (31), **b'l** (35), **lḥm** (44), **bdr** (62)	$\_a\_\_$, $\_u\_\bar{u}\_$
5.	4	*ryš* (22), *ryḥ* (79), **mlḥ** (59)	$\_i\_\bar{a}\_$, $a\_\_\bar{a}\_$
8.	3	*klb* (14), *rml* (60), *'ẓm* (8)	$\_a\_\_$, $\_i\_\bar{a}\_$
4.	5	*trb* (15), *dkn* (66)	$\_u\_\bar{a}\_$, $a\_\_i\_a$
6.	4	*sdm* (26), *ṭrq* (56)	$\_a\_\bar{\imath}\_$, $\_u\_u\_$
7.	3	*qšr* (4), *'rq* (57)	$\_i\_\_$, $\_u\_\bar{u}\_$

Tableau n° 12. Structures RS après l'application de l'heuristique d'extension des structures RS connues; les nouvelles racines sont notées en gras.

tinctes (193 occurrences) que l'heuristique d'amorçage renonce à analyser parce qu'elles ne permettent pas de former des structures RS contenant au moins 2 racines et 2 schèmes, 66 bases distinctes (70 occurrences) contiennent une séquence de consonnes n'apparaissant qu'avec un seul schème; ce sont là 29.2% des bases distinctes du corpus (28.3% des occurrences) qui resteront associées à la structure RS zéro en attendant le développement d'une heuristique de «contrôle des structures RS» (voir section 11.3.2).

Les 114 autres bases non analysées (123 occurrences) contiennent 37 séquences de consonnes distinctes, qui s'associent avec au moins 2 et au plus 6 schèmes. Ces racines potentielles peuvent être réparties en trois catégories:

a) 8 sont associées à un ensemble de schèmes entièrement inclus dans une ou plusieurs structures RS existantes (p. ex. 76: *šajar, ašjār*, 6: *ṭuyūr, aṭyār*);

b) 23 sont associées à un ensemble de schèmes partiellement inclus dans une ou plusieurs structures RS existantes (p. ex. 2: *ramād, armida*, 80: *janāḥ, ajniḥa, ajnuḥ*);

c) 6 sont associées à un ensemble de schèmes entièrement disjoint des structures RS existantes (p. ex. 83: *dūd, dūda*).

Les catégories a) et b) sont les cibles de l'heuristique d'extension des structures RS connues. Plus précisément, elle vise à identifier des ensembles de bases qui peuvent être décomposées en une racine inconnue associée à un ensemble de schèmes entièrement inclus dans *une* structure RS existante; on espère donc analyser toutes les bases contenant certaines racines de la catégorie a), et une partie des bases contenant certaines racines de la catégorie b).

L'application de cette heuristique aboutit à la création de 12 nouvelles racines rattachées aux structure RS 1, 2, 3, 5 et 8 (voir tableau 12, p. 193), où l'ordre des structures RS a été modifié pour refléter les nouvelles valeurs de robustesse). Cela représente 30 nouvelles bases distinctes analysées (33 occurrences), et la proportion totale de bases analysées s'élève maintenant à 33.6% des bases distinctes (35.2% des occurrences). Toutes les bases que ce modèle associe à une même racine correspondent à une seule entrée du corpus.[22]

12.4.4   Autres heuristiques incrémentielles

En l'état actuel du développement d'Arabica, le modèle présenté dans le tableau 12 (p. 193) est le résultat final de l'apprentissage. On peut toutefois tenter d'estimer dans quelle mesure ce résultat pourrait être amélioré en implémentant d'autres heuristiques incrémentielles. Notons d'abord que le développement d'une heuristique de *contrôle des structures RS* (voir section 11.3.2) semble un problème relativement difficile, de même que l'estimation de la portion des cas de modifications consonantiques qu'on peut espérer traiter par ce moyen. Il est certainement possible de progresser sur ce front, mais c'est un sujet de recherche en soi, et pour l'heure on admettra que les 66 bases distinctes concernées (70 occurrences) resteront non analysées. Si l'on ajoute à cela les 13 bases distinctes (et autant d'oc-

---

22   On peut relever à ce propos que sur les 6 bases distinctes contenant la séquence de consonnes *nhr*, dont 2 correspondent à l'entrée 13 (*nahār* et *nuhur*), 3 à l'entrée 55 (*nahr*, *anhār* et *nuhūr*) et une est commune aux deux entrées *(anhur)*, l'heuristique incrémentielle n'a inféré de relation morphologique qu'entre des bases correspondant effectivement à la même entrée du corpus (*nahr*, *nuhūr* et *anhur*).

currences) associées aux racines potentielles de la catégorie c) ci-dessus, c'est-à-dire n'apparaissant avec aucun schème connu, on obtient un «plafond» d'environ 65% de bases analysées.

C'est essentiellement l'importance accordée au maintien d'une précision élevée qui détermine dans quelle mesure on peut approcher cette limite. Une heuristique qui pourrait être implémentée facilement et n'aurait probablement qu'un impact mineur sur la précision consisterait à créer de nouvelles structures RS pour les ensembles de bases associées à un sous-ensemble de schèmes d'*une* structure RS existante. En admettant que ces modifications réduisent la longueur de description (ce qu'on supposera implicitement dans toute cette discussion), et en exigeant qu'un sous-ensemble contienne au moins deux schèmes, on aboutirait ici à la création des racines *'yn* (entrée 19) et *šjr* (76) et des structure RS associant la première aux schèmes $a\_\_u\_$ et $\_u\_\bar{u}\_$, et la seconde à $\_a\_a\_$ et $a\_\_\bar{a}\_$; le modèle couvrirait ainsi 4 bases distinctes de plus (6 occurrences) à l'issue de ce traitement qu'on pourrait appeler *extension des fragments de structures RS connues*.

L'étape suivante pourrait être l'*extension des racines connues vers des schèmes connus* mentionnée en section 11.3.2. L'objectif serait d'analyser une partie des bases associées à des racines de la catégorie b) et qui sont restées non analysées après l'extension des structures RS connues. Au mieux, on pourrait analyser par ce moyen 11 bases distinctes supplémentaires (13 occurrences). On observe une première erreur de précision à ce stade: le regroupement de toutes les bases correspondant aux entrées 13 et 55 du corpus (voir note 22, p. 194).[23]

En continuant cette progression vers des heuristiques plus «risquées», on pourrait envisager de créer de nouvelles racines et structures RS pour des ensembles de bases encore non analysées et associées à un ensemble de schèmes connus. Cette stratégie d'*extension des schèmes connus* permettrait d'analyser au plus 16 nouvelles bases distinctes (18 occurrences). On

---

23 Notons que les regroupements qu'on qualifie ici et plus loin d'erreurs de précision concernent en général des entrées du corpus qui apparaissent effectivement sous la même entrée dans le dictionnaire de Wehr (1994). L'interprétation de ces cas soulève un problème auquel nous reviendrons dans la conclusion de cette partie: la contrainte qu'une racine donnée n'apparaisse que dans une seule structure RS.

peut à nouveau illustrer la perte de précision résultante par un cas concret: c'est à ce point que des bases correspondant aux entrées 27/40 et 43 seraient associées à une même racine *rjl.*

Les 40 bases distinctes (et autant d'occurrences) restant à analyser pour atteindre le «plafond» mentionné ci-dessus constituent la portion la plus délicate du corpus car il n'est plus possible d'y trouver des paires de bases contenant la même séquence de consonnes et pouvant être associées à deux ou plusieurs schèmes connus. On est donc contraint de créer de nouveaux schèmes pour progresser dans l'apprentissage. La façon la plus prudente de le faire est sans doute par *extension des racines connues,* c'est-à-dire en identifiant des bases pouvant être décomposées en une racine connue et un nouveau schème. On pourrait ainsi analyser jusqu'à 17 bases supplémentaires contenant 14 nouveaux schèmes. Le nombre d'erreurs de précision croîtrait encore, puisque cette opération aboutirait à associer à une même racine toutes les bases des entrées 35 et 78 d'une part, et celles des entrées 37 et 61 d'autre part (mais voir note 23, p. 195).

Une fois ces nouveaux schèmes ajoutés au modèle, il serait possible de poursuivre l'apprentissage en exécutant une seconde fois toutes les heuristiques incrémentielles. En particulier, les schèmes _a__a et _a_a_a, et _a_ā_ nouvellement créés se retrouvent dans plusieurs bases non analysées. Les deux premiers sont des singuliers de la classe (ii) (voir tableau 10, p. 188), c'est-à-dire de structure _V_(V)_a, et dont le suffixe -a n'a pas été supprimé lors du prétraitement par Linguistica; le troisième est un singulier de la classe (iii). Au terme du second passage, on pourrait analyser jusqu'à 13 bases supplémentaires, avec une erreur de précision associant les formes *asmā'* (48) et *samā'* (65) à une même racine *sm'.*

Le tableau 13 (p. 197) résume cette discussion. Il indique d'abord la proportion cumulée de bases analysées (distinctes et totales) mesurée à l'issue de l'heuristique d'amorçage et de l'heuristique d'extension des structures RS connues. Puis il donne une estimation (arrondie à 5%) de la proportion cumulée maximale après l'application des trois heuristiques qui se basent uniquement sur des schèmes connus, d'une part, et après l'application de l'extension des racines connues (et donc la création de nouveaux schèmes) et un second passage par toutes les heuristiques incrémentielles, d'autre part. Ma prédiction est donc qu'Arabica pourrait être développé relativement facilement pour analyser jusqu'à 45-50% des bases avec une

	Bases distinctes	Occurrences
Amorçage	20.4%	21.9%
Ext. des structures RS connues	33.6%	35.2%
Ext. des fragments de structures RS connues		
Ext. des racines connues vers des schèmes connus		
Ext. des schèmes connus	*~45%*	*~50%*
Ext. des racines connues		
Second passage	*~60%*	*~60%*

Tableau n⁰ 13. Proportion cumulée de bases analysées à chaque étape de l'apprentissage; les valeurs notées en italique sont des estimations de la proportion cumulée maximale pour des heuristiques incrémentielles restant à implémenter (voir texte).

réduction marginale de la précision, et jusqu'à 60% avec une perte de précision plus considérable. L'implémentation du contrôle des structures RS est sans doute la clé permettant de franchir ce seuil, mais il est difficile d'estimer son impact potentiel sur les résultats.

12.4.5 Attribution des classes de phonèmes

Dans toute la discussion des résultats du programme, j'ai tenu pour acquis que la classe de symboles identifiée par l'algorithme de Sukhotin comme celle des «voyelles» serait utilisée pour la formation des schèmes, tandis que la classe complémentaire servirait à constituer les racines. Or, comme on l'a vu dans la partie I, l'algorithme identifie la classe des voyelles au fait qu'elle contient le symbole le plus fréquent, ce qui n'est pas un indice très fiable. En section 11.3.3, j'ai proposé de baser plutôt la décision sur le critère de la longueur de description; on peut en effet construire les deux modèles alternatifs (en formant les schèmes soit à partir des voyelles identifiées par l'algorithme, soit à partir de l'autre classe de symboles), et sélectionner celui dont la longueur de description totale est la moindre.

Il se trouve que si l'on utilise les «consonnes» de l'algorithme de Su-khotin pour constituer les schèmes, ARABICA ne parvient à former *aucune* structure RS associant deux racines (vocaliques) à deux schèmes (consonantiques). Autrement dit, le résultat de l'apprentissage est le modèle zéro: la liste de racines contient toutes les bases distinctes du corpus, la liste des schèmes ne contient que le schème zéro, et la liste de structures RS ne contient que la structure zéro qui associe toutes les racines au schème zéro. La longueur de description totale de ce modèle vaut 9 334.34 bits (voir aussi la prochaine section).

La comparaison avec le modèle constitué en formant les schèmes à partir des «voyelles» de l'algorithme de Sukhotin est sans équivoque. Ce modèle a une longueur de decription totale de 7 881.83 bits, soit 1 453.51 bits de moins que le modèle alternatif. C'est donc cette analyse qu'on retiendra en définitive, et c'est bien celle qu'on a examinée en détail dans les sections précédentes.

12.4.6   Comparaison avec le modèle zéro

A ce point de l'apprentissage, nous disposons d'une analyse M^{RS} des bases du corpus D en termes de racines et schèmes; cette analyse est optimale conditionnellement aux procédures de découverte et d'évaluation utilisées. Il reste à répondre à la question suivante: dans quelle mesure les données justifient-elles une analyse en racines et schèmes? Dans la section 11.4, j'ai proposé de baser la réponse sur le critère du MDL, et en particulier sur la comparaison entre le modèle inféré M et le modèle zéro $M_\emptyset$.

	Modèle inféré	Modèle zéro
Liste de racines:	4 290.20	5 632.32
Liste de schèmes:	155.18	0
Liste de structures RP:	1 517.96	1 786.06
Corpus compressé:	1 918.49	1 915.96
Total:	7 881.83	9 334.34

Tableau n⁰ 14. Comparaison de la longueur de description (en bits) du modèle inféré par ARABICA et du modèle zéro.

Le tableau 14 donne les éléments du calcul de la longueur de description totale pour les deux modèles. La différence entre ces longueurs de description vaut $\Delta(D, M) = 9\,334.34 - 7\,881.83 = 1\,453.51$ bits. Pour évaluer ce gain relativement à la longueur de description du modèle zéro, on applique l'équation 11.11 (p. 171), et l'on trouve que la *compression relative* $\delta(D, M)$ vaut $1\,453.51 / 9\,334.34 = 15.6\%$. Cette valeur représente la compression totale rendue possible par l'analyse en racines et schèmes inférée par ARABICA, comparativement au modèle zéro.

Pour le moment, il est difficile d'évaluer où se situe cette valeur par rapport à un seuil en deçà duquel une analyse en racine et schèmes devrait être rejetée. Il faudrait pour cela examiner le comportement de cette mesure pour des corpus de tailles différentes, représentant des langues où la structuration en racines et schèmes est attestée ou non, et constitués de diverses façons.[24] Cela reste une question ouverte pour le moment, mais je donnerai dans la section suivante quelques indications préliminaires sur la base de corpus anglais et français.

12.5 Application à d'autres langues

Au terme de cette étude empirique de l'apprentissage des structures racine–schème avec ARABICA, je rapporte brièvement quelques observations relatives à l'application du programme aux corpus anglais et français utilisés dans la partie I (voir section 5.1.2). Ces corpus sont incomparablement plus grands que le corpus arabe étudié dans ce chapitre, et aussi beaucoup moins homogènes, mais l'examen du résultat de l'apprentissage sur ces données permet de se faire une idée du comportement d'ARABICA pour des langues où une analyse en racines et schèmes est difficilement justifiable.

Pour les deux corpus, j'ai appliqué exactement la même procédure que précédemment: le corpus est d'abord analysé avec LINGUISTICA (sans modifier ses paramètres par défaut) pour supprimer les suffixes, puis soumis à ARABICA. Je ne reviens pas ici sur les résultats du prétraitement: les performances de LINGUISTICA sur des corpus anglais et français sont examinées en détail par Goldsmith (2001).

---

24 Rappelons que le corpus utilisé ici est beaucoup plus homogène qu'un corpus journalistique ou littéraire par exemple.

		Corpus anglais	Corpus français
Nb. bases (total)	types:	74 674	20 970
	tokens:	101 621	29 490
Nb. bases analysées	types:	1 296 (1.7%)	48 (0.2%)
	tokens:	2 010 (2%)	67 (0.2%)
Nb. racines (hors $\pi_\emptyset$):		648	24
Nb. schèmes:		82 (+1)	14 (+1)
Nb. structures RS:		54 (+1)	8 (+1)
Compression relative:		0.6%	0.1%

Tableau n° 15. Vue d'ensemble des résultats de l'apprentissage sur les corpus anglais et français.

12.5.1   Anglais

A l'issue du prétraitement, le corpus anglais contient 74 674 bases[25] distinctes pour un total de 101 621 occurrences (voir tableau 15). La classification des symboles du corpus anglais par l'algorithme de Sukhotin présente un écart à la classification phonétique: la rétroflexe [ɹ] est classée parmi les voyelles (voir partie I, section 5.2); elle apparaît donc dans les schèmes identifiés par ARABICA.

En plus de la structure RS zéro, l'apprentissage aboutit à la création de 54 structures RS qui couvrent un total de 1 296 bases distinctes (2 010 occurrences). Ces structures associent 648 racines à 82 schèmes distincts. La grande majorité d'entre elles ne constituent rien de plus que des paires de structures phonologiques fréquentes. Ainsi, les 5 structures RS les plus robustes associent un nombre élevé de racines (entre 26 et 185) à des paires de schèmes comme [_æ__]–[_ɪ__] (p. ex. *thank–think*) ou [_i__]–[_eɪ__] (p. ex. *fiend–feigned*); à elles seules, ces structures couvrent 1 156 bases distinctes (1 548 occurrences), soit 89.2% des bases analysées (77% des occurrences).

---

25 Dans cette section, j'utilise les termes *base, racine* et *schème* pour désigner les éléments identifiés par LINGUISTICA et ARABICA, indépendamment du fait qu'ils correspondent ou non à ce qu'un expert humain appellerait ainsi.

Une poignée de structures RS mettent en relation des paires de schèmes qui ne diffèrent que par la présence ou l'absence d'une séquence de symboles initiale ou finale, par exemple [_u__] et [_u__ɚ]. L'examen des 31 paires de bases générées par cette structure RS particulière montre qu'il s'agit essentiellement de paires de noms étrangers, p. ex. *Buehl* et *Buehler*, ou de paires contenant un nom étranger et un mot anglais sans relation morphologique, p. ex. *stool* 'tabouret' et *Stuhler*. En général, les paires correspondant à une relation morphologique régulière de l'anglais sont l'exception plutôt que la règle; on peut donner à ce propos l'exemple de la structure contenant les schèmes [_ʌ__ɪ_] et [ri_ʌ__ɪ_] et générant entre autres les paires *submit–resubmit* et *condit(-ion)–recondit(-ion)*.

On relève quelques cas marginaux où l'analyse faite par ARABICA met en évidence des phénomènes d'allomorphie impliquant des modifications uniquement vocaliques. Par exemple, le programme infère une structure RS associant les racines [lklz], [sʃlz] et [mblz] aux schèmes [_oʊ_ʌ_aɪ_] et [_oʊ_ʌ_ʌ_]; il rend compte ainsi de la modification vocalique régulière qu'on observe dans les paires du type *localize–localiz-ation*. Une autre structure RS associe par ailleurs les racines [nmlz] et [fmlz] aux schèmes [_ɔr_ʌ_aɪ_] et [_ɔr_ʌ_ʌ_]. L'existence de ces deux structures en parallèle montre que bien qu'il existe des aspects de la morphologie de l'anglais pour lesquels la distinction entre voyelles et consonnes est pertinente, la structuration en racines et schèmes ne permet pas de formuler le type de généralisation qu'un morphologue pourrait utiliser dans ce cas, c'est-à-dire que le suffixe [-aɪz] devient [-ʌz] devant le suffixe [-eɪʃʌn].

Du point de vue de la longueur de description, on peut faire deux observations en particulier. D'une part, le modèle où les schèmes sont formés avec les voyelles de l'algorithme de Sukhotin s'impose, avec une longueur de description totale de 5 098 553 bits contre 5 126 547 bits pour le modèle alternatif (qui se trouve être un modèle zéro). D'autre part, la compression relative vaut 0.6% seulement; par contraste avec la compression de 15.6% obtenue pour le corpus arabe, cette valeur traduit bien le rôle marginal des structures inférées par ARABICA pour la description du corpus anglais.

Racines	Schèmes	Exemple
1. [hns], [dbt], [ʒms], etc.	[_ɛ_i_], [_ɛ_i_ɑ̃]	*hennisse, hennissant*
2. [flʃ], [fjf], [pld], etc.	[__ɛ_], [__e_e]	*flèche, fléché*
3. [bjl], [mjl], [mjn], [vjl]	[__ɛ_], [_aʁ_ɔ_]	*bielle, bariol(-é)*
4. [mtjk], [ptjk]	[_a_ʁi_aʁ_], [_a_ʁi_aʁ_a]	*matriarc(-al), matriarcat*
5. [fltp], [mztp]	[_i_ɑ̃_ʁɔ_], [_i_ɑ̃_ʁɔ_i]	*philanthrope, philanthropie*
6. [fkfb], [fkfn]	[_ʁɑ̃_ɔ_ɔ_], [_ʁɑ̃_ɔ_ɔ_i]	*francophobe, francophobie*
7. [ftfj], [mtfj]	[_ɔʁ_i__], [_ɔʁ_i__ɑ̃]	*fortifi(-er), fortifiant*
8. [lntp], [snnm]	[_i_ɔ_i_], [_i_ɔ_i_i]	*linotype, linotypie*

Tableau n⁰ 16. Structures RS inférées pour le corpus français.

12.5.2   Français

Le corpus français soumis à ARABICA après la suppression des suffixes par LINGUISTICA compte 20 970 bases distinctes (29 490 occurrences). De même qu'en anglais, on observe un écart à la classification phonétique: la classification de [ʁ] parmi les voyelles (voir partie I, section 5.2). L'apprentissage aboutit à la formation de 8 structures RS seulement en plus de la structure zéro. Ces structures, qui associent 24 racines et 14 schèmes pour générer 48 bases distinctes (67 occurrences), sont reportées dans le tableau 16. Par contraste avec les résultats observés en anglais, le programme n'infère que peu de relations qui ne soient que des coïncidences phonologiques: le seul exemple est celui de la structure 3, qui associe les schèmes [__ɛ_] et [_aʁ_ɔ_] et génère les paires *bielle–bariol(-é), miel–mariole*, etc.

La plupart des structures RS inférées concernent des paires de formes distinguées par des préfixes et/ou des suffixes non identifiés par LINGUIS-TICA. Dans certains cas, une seule structure RS rend compte de la relation entre des formes contenant jusqu'à 2 affixes chacune: ainsi, la structure 5 génère les formes *mis-anthrope, mis-anthrop-ie, phil-anthrope, phil-anthrop-ie*. Leur regroupement dans une même structure RS s'explique par le fait que la distinction entre les préfixes *mis-* et *phil-* est uniquement consonantique, et celle entre les suffixes *-ie* et ∅ uniquement vocalique;

la première distinction aboutit donc à créer deux racines différentes et la seconde deux schèmes différents. Même s'il s'agit indéniablement d'une relation morphologique, l'apprentissage de cette structure par ARABICA est le fruit d'une double coïncidence: d'une part, les affixes en question n'ont pas été identifiés lors du prétraitement, et d'autre part leur structure phonologique présente des propriétés particulières qui aboutissent à la formation d'une structure RS.

Seule la structure 2 décrit un phénomène qu'on peut qualifier de non-concaténatif: elle rend compte de l'alternance [ɛ] → [e] que subit la voyelle de certains monosyllabes en présence d'un suffixe [-e] (p. ex. *flèche–fléché, fief–fieffé*). C'est une observation intéressante, mais comme dans le cas des verbes anglais en -*ize* (voir section précédente), la description en racines et schèmes n'est pas optimale pour en rendre compte; l'alternance en question est en effet indépendante des structures *CCVC–CCVCV*, puisqu'on l'observe également dans des paires comme *mêle–mélé* par exemple.

L'examen de la longueur de description montre qu'on obtient une plus forte compression en utilisant les voyelles de l'algorithme de Sukhotin pour la formation des schèmes (1 350 918 bits contre 1 351 703 bits en utilisant les consonnes); la différence est moins prononcée qu'en anglais car le modèle retenu en français est moins différent du modèle zéro. En particulier, la compression relative vaut seulement 0.1%. Une façon de vérifier si cette quantité est un indicateur fiable de la légitimité d'une analyse en racines et schèmes serait de la mesurer sur un lexique arabe de taille comparable (plusieurs dizaines de milliers de formes) et déterminer si elle est significativement plus élevée que les valeurs observées pour l'anglais et le français.

Pour conclure cette discussion des résultats de l'apprentissage sur des corpus tirés de deux langues où la structuration en racines et schèmes n'est pas attestée, on peut dire que les structures RS inférées décrivent en général des phénomènes de trois types (éventuellement combinés): de simples coïncidences phonologiques, des cas d'affixation non identifiés lors du prétraitement et des variations allomorphiques portant uniquement sur le matériel vocalique. Le premier type est sans intérêt du point de vue morphologique; le deuxième type serait mieux traité par le module en charge de la morphologie concaténative; le troisième type justifierait le développement d'un autre genre de représentation, comme le proposent Goldwater et Johnson (2004) ou Goldsmith (2006) notamment.

Chapitre 13

Synthèse et discussion

Nous parvenons au terme de cette partie consacrée à l'apprentissage non-supervisé des structures racine–schème. Ce parcours a commencé par un rappel des notions de base de la morphologie, pour enchaîner sur une discussion des principales explications linguistiques proposées pour rendre compte de la structuration du mot dans les langues du type introflexionnel comme l'arabe ou l'hébreu. Ces explications peuvent être réparties en deux grandes catégories. Les unes (p. ex. Harris, 1941; Chomsky, 1979; McCarthy, 1979) postulent que la base du mot est décomposable en deux ou plusieurs morphes: une *racine* consonantique associée à un *schème* vocalique, lui-même parfois analysé comme la combinaison d'un *squelette* prosodique et d'un *vocalisme*. Les autres (p. ex. Kilani-Schoch et Dressler, 1985; Darden, 1992) traitent la base comme une unité élémentaire soumise à des règles morphologiques, en particulier l'*apophonie multiple,* c'est-à-dire la modification simultanée des voyelles de la base).

Ensuite, j'ai proposé un survol thématique du champ de l'apprentissage non-supervisé de la morphologie. Nous avons vu que les approches du problème diffèrent du point de vue du type de données sur lequel elles opèrent, du type de modèles qu'elles permettent d'inférer pour rendre compte de ces données, des procédures heuristiques au moyen desquelles elles contruisent ces modèles, et des procédures d'évaluation par lesquelles elles quantifient le degré de conformité d'un modèle donné à certains critères spécifiques.[1] Puis j'ai présenté en détail la structure et le fonctionnement du programme LINGUISTICA (Goldsmith, 2001), non seulement pour donner un exemple complet d'une approche moderne de l'apprentissage automatique de la morphologie, mais aussi pour introduire le cadre théorique et formel dans lequel s'inscrit ma contribution personnelle. J'ai conclu l'exposé des travaux antérieurs dans ce domaine par une discussion des problèmes par-

---

1 En général, ces critères peuvent être conçus comme des formulations probabilistes des principes d'*adéquation* et de *simplicité* auxquels Chomsky (1969) fait référence dans sa discussion des buts de la théorie linguistique.

ticuliers posés par la morphologie des langues introflexionnelles, ainsi que
des méthodes d'apprentissage proposées spécifiquement pour ces langues.
Le chapitre 11 a été consacré à une description détaillée de la méthode
que je propose pour l'apprentissage des structures racines–schèmes. L'originalité de cette approche réside dans la combinaison de deux éléments: (i)
une procédure de découverte *phonologique,* basée sur une des techniques
de classification non-supervisée des phonèmes présentées dans la partie I;
et (ii) un formalisme pour la représentation et l'évaluation d'une analyse en
racines et schèmes inspiré par celui utilisé dans LINGUISTICA. La méthode
proposée est implémentée sous la forme d'un script Perl intitulé ARABICA
et qui peut être librement téléchargé à l'adresse *http://www.unil.ch/imm.*
  Les résultats de l'application d'ARABICA à des données linguistiques
réelles sont examinés au chapitre 12. Après une brève introduction au problème de description linguistique considéré, le système du pluriel nominal
arabe, j'explique la procédure adoptée pour constituer un corpus de noms
arabes à partir de la liste de mots de Swadesh (1952, 1955) et des dictionnaires de Wehr (1994) et Reig (2006). Ce corpus est ensuite analysé quantitativement pour mettre en évidence les facteurs susceptibles de faciliter
ou au contraire de faire obstacle au déroulement de l'apprentissage tel qu'il
est effectué par ARABICA. Les résultats de l'apprentissage proprement dit
sont présentés séparément pour la phase d'*amorçage* et la phase *incrémentielle.* Dans l'ensemble, ils sont caractérisés par une précision élevée et un
rappel plutôt faible: les structures inférées par le programme sont généralement satisfaisantes, mais la plupart des bases restent non analysées. Je
pense toutefois que le développement d'autres heuristiques incrémentielles
permettra d'augmenter considérablement le rappel sans réduire drastiquement la précision; cette intuition est étayée par une estimation de l'effet
probable de plusieurs heuristiques qui restent à implémenter.
  Toujours dans la discussion des résultats de l'apprentissage, nous avons
vu que le critère de la longueur de description minimale permet de répondre à la question laissée en suspens dans la partie I: quelle catégorie
phonologique doit-on nommer «voyelles» ou «consonnes»? Je propose de
nommer «voyelles» la catégorie dont l'utilisation pour la formation des
schèmes aboutit à la moindre longueur de description totale. Ce critère
concorde avec la classification phonétique non seulement pour notre corpus de noms arabes, mais aussi pour des corpus anglais et français. On

examine également la *compression relative* associée au modèle inféré par ARABICA; cette valeur permet d'estimer dans quelle mesure une analyse en racines et schèmes est justifiée pour le corpus considéré. On observe qu'elle est beaucoup plus élevée pour le corpus arabe que pour les corpus anglais et français. Sans doute cette différence est-elle au moins partiellement imputable à la différence de taille et d'homogénéité des corpus en question; toutefois, l'examen des structures inférées par le programme pour l'anglais et le français confirme qu'elles ne sont que marginalement pertinentes pour la description de ces langues.

J'aimerais introduire ici des éléments de discussion portant sur plusieurs aspects de cette recherche: la méthode d'apprentissage, le choix des représentations et les possibilités de généralisation à d'autres problèmes de description morphologique. En ce qui concerne l'apprentissage, j'ai indiqué à plusieurs reprises que l'utilisation d'un amorçage phonologique est l'un des points les plus originaux de ce travail, mais je n'ai pas justifié le choix de l'algorithme de Sukhotin parmi les alternatives examinées dans la partie I. Nous avons pourtant constaté que les résultats de cet algorithme sur des données anglaises et françaises s'écartent plus de la classification phonétique que les résultats de la méthode HMM (voir partie I, section 5.2). Ma principale motivation pour avoir utilisé l'algorithme de Sukhotin est son incomparable simplicité. La vocation d'une heuristique d'amorçage est d'identifier rapidement une zone favorable de l'espace de recherche, à l'intérieur de laquelle les heuristiques incrémentielles se chargeront de trouver une solution localement optimale. L'algorithme de Sukhotin est idéal de ce point de vue, et les éventuelles divergences à la classification phonétique pourraient être corrigées, si nécessaire, par l'heuristique de *contrôle des structures RS* évoquée dans les sections 11.3.2 et 12.4.4.[2]

---

2   On peut toutefois mentionner un argument important en faveur de l'utilisation des HMM pour l'amorçage: cette approche permet une classification des phonèmes en fonction de leur contexte d'occurrence (voir partie I, section 4.3). Dans le cas de l'arabe, cette circonstance serait favorable si elle aboutissait à traiter les semi-voyelles *w* et *y* comme des consonnes lorsqu'elles appartiennent à la racine et comme des voyelles lorsqu'elles apparaissent par défaut pour combler un point d'insertion dans un schème, comme dans l'exemple (11-3), p. 169.

On peut se demander s'il serait bénéfique d'adopter une approche plus générale de l'amorçage; je pense en particulier à l'usage d'une heuristique basée sur la *distance d'édition* (voir section 9.3.2). Les résultats de Hu et al. (2005a) montrent que la distance d'édition a certaines capacités de segmentation morphologique pour des langues agglutinantes aussi bien que flexionnelles, et ceux de De Roeck et Al-Fares (2000) indiquent qu'une heuristique de ce type peut aussi être utilisée pour l'apprentissage de la morphologie de l'arabe. En l'état actuel de la recherche, la distance d'édition est sans doute l'outil le plus général pour l'identification des divers types de similarités formelles qui caractérisent les relations morphologiques. S'il est possible de rendre son application moins coûteuse du point de vue computationnel – ou si l'augmentation de la puissance de calcul des ordinateurs rend ce problème insignifiant – il est vraisemblable que cet outil devienne le standard des procédures heuristiques dans ce domaine; le problème central de la recherche ne serait plus tant d'identifier des structures morphologiques de types variés que de développer des *représentations* suffisamment générales pour décrire ces diverses structures.

Dans cette recherche, on a fait l'hypothèse que la formation du mot se déroule à deux niveaux successifs: celui où la base est formée par combinaison d'une racine et d'un schème, et celui où elle est soumise à des règles d'affixation (voir section 12.4.1). L'adoption de cette hypothèse se traduit, dans l'apprentissage, par la suppression des affixes préalablement à l'application d'ARABICA. Cette procédure fonctionne particulièrement bien pour le système du pluriel nominal arabe, parce que le plus souvent, le pluriel est signalé *soit* par suffixation, *soit* par modification du schème. En revanche, elle s'avère problématique dans d'autres cas. En hébreu, par exemple, le pluriel d'un nom masculin est généralement marqué par le suffixe [-im], parfois accompagné d'une modification des voyelles de la base. Lorsque les deux phénomènes sont conjoints, la forme du singulier et celle du pluriel ne partagent plus la même base (puisque les voyelles diffèrent) et donc une heuristique basée sur le nombre de successeurs (voir section 9.3.1) échouera à les mettre en relation; en conséquence, le suffixe ne sera pas supprimé et ARABICA sera également incapable d'identifier la racine commune aux deux formes, puisque le pluriel contiendra une consonne finale [m] supplémentaire.[3]

Dans le cadre d'ARABICA, on pourrait esquisser une solution à ce problème de la façon suivante. Après l'application de LINGUISTICA, les «bases» résultantes seraient transmises normalement à ARABICA. Après l'amorçage, les *séquences de consonnes* contenues dans des bases non analysées seraient elles-mêmes traitées avec la méthode du nombre de successeurs pour identifier des «suffixes» potentiels; dans le cas de l'hébreu, le [m] du suffixe pluriel masculin serait ainsi identifié comme potentiellement détachable de la séquence de consonnes précédente – de même que certaines véritables consonnes radicales. La consonne (ou séquence de consonnes) potentiellement détachable serait alors provisoirement transférée dans le schème, et les formes concernées seraient soumises au test suivant: si la terminaison du schème (à partir de la première consonne transférée, au moins[4]) correspond à un suffixe existant, que la suppression de cette terminaison produit un schème existant, et que ce schème forme, avec les autres schèmes associés à la nouvelle racine, un sous-ensemble des schèmes d'une structure RS existante, alors la terminaison est effectivement réanalysée comme un suffixe et les modifications subséquentes sont effectuées.

La recherche présentée dans ces pages soulève également des remarques relatives aux représentations adoptées pour rendre compte de la morphologie des langues introflexionnelles. L'une de ces remarques concerne la limitation à une seule structure RS par racine. Cette limitation implique qu'il n'y a aucun moyen de rendre compte des cas où une même séquence de consonnes s'associe avec plusieurs ensembles de schèmes différents. Or c'est là une des caractéristiques fascinantes de l'arabe, dont on a pu relever plusieurs exemples dans notre corpus de taille pourtant modeste: ainsi, la racine *rjl* apparaît dans les formes *rijl* et *arjul* (singulier et pluriel de 'pied/jambe', voir entrées 27/40 du corpus), *rajul* et *rijāl* ('homme', entrée 43), ainsi que divers autres noms et verbes dont les relations sémantiques

---

3   Le même problème se pose en allemand pour des paires comme *Wald–Wälder.*
4   Si plusieurs terminaisons satisfont les conditions suivantes, la plus longue est utilisée.

sont plus ou moins évidentes.[5] En fait, l'existence de cette limitation dans
ARABICA n'est pas un aspect constitutif du modèle sous-jacent, mais une
conséquence du processus d'apprentissage. C'est en effet le mécanisme de
formation des premières structures RS (voir section 11.3.1) qui aboutit à ce
que chaque racine ne figure que dans une seule structure. En principe, on
pourrait tout à fait concevoir une heuristique qui examine les partitionnements possibles d'un ensemble de formes comme *rijl, arjul, rajul* et *rijāl*
en deux ou plusieurs groupes qui pourraient être rattachés à des structures
RS existantes – et l'on aurait certainement intérêt à le faire pour un traitement correct d'une langue comme l'arabe.

Un point qu'il importe de discuter au sujet des représentations utilisées
dans ARABICA est le choix d'une analyse en racines et schèmes. Comme
on l'a vu au chapitre 8, les principales alternatives sont le modèle «base
continue et apophonie multiple» d'une part (Kilani-Schoch et Dressler,
1985), et le modèle autosegmental d'autre part (McCarthy, 1979). La première raison pour laquelle j'ai préféré le modèle racine–schème est que
le développement d'ARABICA a été largement inspiré par LINGUISTICA,
dont l'une des caractéristiques les plus importantes est la décomposition
des formes en deux constituants et l'encodage des associations entre paires
de constituants au moyen de signatures. Choisir de décomposer les bases
en racines et schèmes et de représenter les relations entre ces constituants
au moyen de structures RS m'est apparu comme une façon naturelle d'inscrire la présente contribution dans le cadre théorique posé par John Goldsmith pour l'apprentissage de la morphologie.

Cela dit, l'adoption d'un formalisme inspiré par LINGUISTICA n'explique pas entièrement – et peut-être pas définitivement – le rejet du modèle autosegmental. En effet, le programme de John Goldsmith est en
mesure de décomposer récursivement un mot en trois composants, par
exemple en identifiant d'abord la base dérivée *working* dans *working-s,*
puis la base simple *work* dans *work-ing*, d'où la segmentation *work-ing-
s*. On pourrait imaginer de façon similaire qu'une forme arabe comme
/luḥuum/ 'montagnes' soit d'abord analysée comme la composition de
/lḥm/ et /_u_uu_/, ainsi qu'ARABICA le fait déjà, puis que le schème (et

---

5   La situation n'est pas fondamentalement différente dans le cas d'une base
     française comme *marche*, qui apparaît aussi bien dans les contextes *il* ...,
     nous ...*-rons* que *une* ..., *des* ...*-s*.

non la racine) soit à son tour analysé comme la composition de /_V_VV_/ et /uuu/, par comparaison avec l'autre schème du pluriel pour ce mot, /_i_aa_/. Il en résulterait une décomposition en trois composants, /lḥm/, /_V_VV_/ et /uuu/, qu'on pourrait convertir en représentation autosegmentale sur la base des conventions d'associations entre paliers définies dans cette théorie (voir p. ex. Goldsmith, 1990):

(13-1)

Il convient toutefois de noter que la représentation (13-1) ne reflèterait qu'approximativement la représentation «interne» du programme, où la décomposition de la base en racine et schème s'effectuerait à un autre niveau que celle du schème en squelette et vocalisme. Dans l'esprit du modèle développé dans cette thèse, cette structuration récursive pourrait se traduire par la création d'un autre mécanisme d'apprentissage, qui serait appliqué à la description produite par ARABICA de la même manière qu'ARABICA est appliqué à la description produite par LINGUISTICA. Cela impliquerait d'introduire de nouveaux types d'objets (non seulement squelettes et vocalismes, mais aussi l'équivalent dans ce domaine des signatures et des structures RS), de définir un nouveau mode de combinaison si l'on souhaite exploiter la compression rendue possible par les conventions d'associations[6], et d'adapter le calcul de la longueur de description et les diverses heuristiques. Ce développement est tout à fait réalisable et, j'espère, utilement balisé par la recherche présentée dans cette thèse. Il restera bien sûr à démontrer l'apport descriptif des nouvelles représentations et, de ce point de vue, l'étude de la morphologie *verbale* de l'arabe fournira sans doute plus d'arguments que sa morphologie nominale.

Je conclurai cette discussion en évoquant des extensions possibles de cette recherche à d'autres questions de morphologie. Un problème auquel il semble qu'ARABICA pourrait être appliqué avec profit est celui de

---

6   C'est ce qui justifie de représenter le vocalisme par un unique phonème /u/ en (13-1).

l'harmonie vocalique (voir note 1, p. 15). En finnois, par exemple, l'existence d'un système d'harmonie vocalique opposant voyelles d'avant et voyelles d'arrière a pour conséquence que de nombreux suffixes sont réalisés par deux allomorphes différant uniquement par leurs voyelles: ainsi, pour les marqueurs de cas, on a les paires *-ssa/-ssä* 'inessif', *-sta/-stä* 'élatif', *-lta/-ltä* 'ablatif', etc. En appliquant ARABICA à ces suffixes de la même manière qu'aux bases des noms arabes, on pourrait rendre compte de ces alternances par le biais d'une structure associant les «racines» *ss, st, lt,* etc. aux «schèmes» *__a* et *__ä*.[7]

Cet exemple est l'occasion de revenir sur une caractéristique du modèle racine–schème qui le rend difficilement adaptable à la description d'autres phénomènes que ceux pour lesquels il a été développé. Parmi les marqueurs de cas finnois, on trouve encore des paires comme *-ta/-tä* 'partitif' ou *-na/-nä* 'essif', qui présentent la même alternance que les précédentes, mais donneraient lieu à la formation d'une autre «structure RS» du fait qu'elles ne comportent qu'une seule consonne. Cela n'est pas seulement problématique parce que le modèle échoue à rendre compte du phénomène de façon unifiée; diviser un ensemble de formes en plusieurs sous-ensembles accroît également le risque que l'un ou l'autre des sous-ensembles ne satisfasse pas les contraintes d'analogie implémentées dans l'algorithme d'apprentissage.

En somme, on souhaiterait disposer ici d'une façon de spécifier que la différence entre *-ssa* et *-ssä* est la même que celle entre *-ta* et *-tä,* par exemple. Il ne semble pas que cela requière de modifier drastiquement la structure d'ARABICA. On pourrait par exemple admettre que le symbole «_» soit utilisé dans les *racines* pour spécifier la position des voyelles (et non l'inverse). Les marqueurs de cas pourraient ainsi être réunis dans une même structure associant les racines *ss_, st_, lt_, t_* et *n_* aux schèmes *a* et *ä*. Afin de représenter de la sorte les racines et schèmes de l'arabe, on pourrait réserver un symbole supplémentaire, par exemple «·», pour séparer les séquences de voyelles (éventuellement vides) correspondant aux points d'insertion successifs. Par exemple, la structure RS 8 de la table 11

---

7   Il resterait bien sûr à expliquer le conditionnement phonologique de ces alternances, et de ce point de vue, les méthodes discutées dans la partie I pourraient fournir des informations utiles (voir Goldsmith et Xanthos, soumis pour publication).

(p. 191), associant les racines *klb* et *rml* aux schèmes *_a__* et *_i_ā_*, se-rait remplacée par une structure associant les racines *k_l_b* et *r_m_l* aux schèmes *a·* et *i·ā* (ou *a·* doit être compris comme la séquence d'un *a* et d'une voyelle «zéro»).[8]

Dans le cas des langues introflexionnelles, cette nouvelle notation est sensiblement moins compacte que l'originale. En revanche, elle permet une simplification à un niveau plus général, puisqu'elle rend possible de décrire dans le même formalisme aussi bien la formation du mot en arabe que les alternances vocaliques du finnois. En fait, la généralisation ne s'ar-rête pas là, puisqu'on peut représenter de la même façon des cas de pure concaténation (p. ex. en anglais l'association de *park_*, *walk_*, etc. avec $\emptyset$, *ed, ing* et *s*), ou des cas hybrides comme *Wald–Wälder* en allemand (par association de *W_ld_* avec *a·* et *ä·er*). L'algorithme de Sukhotin n'est na-turellement pas un point de départ idéal pour inférer des structures comme celles des deux derniers exemples, mais comme on l'a vu, la distance d'édi-tion pourrait constituer la base d'une procédure générale de découverte pour la morphologie concaténative et non concaténative. En résumé, il ne paraît pas impossible de concevoir un système capable d'apprendre et de représenter simultanément ces deux types de structures morphologiques.

---

8 En fait, cette représentation généralise celle de Chomsky (1979), où les points d'insertion sont omis parce que la structure C_C_C est partagée par toutes les racines (voir note 6, p. 108).

Conclusion

Le travail qui s'achève a été consacré à la conception d'un algorithme pour l'apprentissage non-supervisé de la morphologie des langues introflexionnelles, sur la base d'une liste de mots transcrits symboliquement. L'originalité de cette contribution réside dans le traitement séparé des aspects phonologiques et morphologiques du problème. J'ai ainsi fait l'hypothèse que l'analyse des mots en termes de racines et schèmes peut être traitée comme une séquence de deux sous-problèmes. Il s'agit, tout d'abord, de classer les phonèmes du corpus en consonnes et voyelles, en se basant sur leur tendance à alterner dans la chaîne parlée plutôt qu'à former des séquences homogènes. Puis, la séquence des consonnes et celle des voyelles de chaque mot sont considérées comme des morphes distincts, et les règles de combinaisons de ces morphes sont décrites au moyen d'un type particulier d'automates à états finis, les *structures RS*. La construction de cette description est soumise à des exigences spécifiques d'analogie et de parcimonie; le résultat est une grammaire morphologique probabiliste contenant une liste de racines, une liste de schèmes et une liste de structures RS, et fournissant une analyse de chaque mot du corpus en termes de ces éléments.

L'algorithme proposé constitue une théorie formelle de la structuration du mot en racine et schème. Cette théorie impose naturellement des contraintes sur la forme possible des grammaires (morphologiques), mais elles sont relativement simples et générales: elles sont simples dans la mesure où elles peuvent être spécifiées par un nombre restreint de propositions[9], et générales en ce sens qu'elles portent sur des concepts de base de l'analyse phonologique et morphologique, comme la double articulation du langage, l'existence de classes d'unités, etc. En particulier, rien dans cette théorie n'aboutit à rendre fini l'ensemble des grammaires possibles; elle se distingue en cela d'une théorie «paramétrique» au sens de Chomsky (1981).

---

9   Pour donner un sens concret à cette assertion, il faudrait définir une mesure de longueur de description des *théories;* Goldsmith (à paraître) fait le premier pas dans cette direction.

En compensation de cette moindre réduction *a priori* de la complexité de l'apprentissage, une part importante de la théorie est consacrée à la spécification de mécanismes d'induction. L'un de ces mécanismes a pour fonction de partitionner les phonèmes en catégories distributionnelles; c'est sur la base d'une hypothèse sur la relation entre ce partitionnement et l'analyse morphologique que la recherche d'une grammaire est organisée – et à vrai dire simplifiée. La question qui se pose alors est de savoir dans quelle mesure cette conception de l'apprentissage permet effectivement de construire des grammaires représentant adéquatement les données; en particulier, où cette approche échoue-t-elle?

Il me semble qu'il y surtout trois limitations qu'il importe de relever. D'abord, les méthodes de classification non-supervisée des phonèmes donnent de bons résultats, mais aucune de celles que nous avons examinées ne reproduit exactement la classification phonétique dans tous les cas. La divergence est généralement faible, mais elle a des répercussions pour l'analyse morphologique. Par ailleurs, il existe des cas limites, des phonèmes dont la distribution ne diffère radicalement ni de celle des voyelles, ni de celle des consonnes. Autrement dit, considérer que les phonèmes d'une langue peuvent toujours être partitionnés en deux classes distributionnelles clairement disjointes est une simplification utile, mais une simplification tout de même.

La seconde limitation concerne l'hypothèse que la racine et le schème d'un mot peuvent être identifiés respectivement aux séquences de consonnes et de voyelles qu'il contient. Dans le cas de notre corpus arabe, nous avons constaté qu'un tiers des formes du pluriel nominal ne contiennent pas la même séquence de consonnes que la forme du singulier correspondante. Cette observation fournit une estimation de la limite absolue d'une approche où la racine est définie comme la séquence des consonnes d'un mot. Dans certains cas, cette limite pourrait être repoussée en se donnant les moyens de transférer du matériel phonologique des racines vers les schèmes. D'autres cas exigeraient une révision plus profonde du modèle, par exemple en traitant les morphes comme des objets distincts des séquences de phonèmes qui les composent, et en admettant la possibilité qu'un même morphe soit associé à plusieurs séquences différentes; on touche ici au problème de l'allomorphie, dont le traitement par les systèmes d'apprentissage automatique est encore à un stade préliminaire.[10]

La troisième limitation est, je pense, la plus intéressante du point de vue de ses implications pour une théorie de l'apprentissage automatique. Elle a trait à la tension qui existe entre la généralité – en fait, l'universalité – de la distinction entre voyelles et consonnes et la spécificité de la morphologie introflexionnelle. Si l'on peut toujours compter sur la disponibilité de l'information phonologique pour amorcer l'apprentissage de la morphologie, on ne peut jamais se fier uniquement à elle, car il n'y a que peu de langues où la catégorisation des phonèmes est systématiquement exploitée à des fins morphologiques. Ainsi, comme c'est souvent le cas dans le paradigme de l'apprentissage non-supervisé, la difficulté n'est pas tant d'identifier des structures existantes que de ne pas inférer de structures fallacieuses.

En général, le recours à une procédure d'évaluation a précisément pour vocation de limiter le risque de faire de fausses inférences. En particulier, l'adoption du principe de la longueur de description minimale (MDL) revient à soumettre l'apprentissage à l'exigence qu'il aboutisse à une simplification globale du modèle et de la description des données sous ce modèle. Dans le cas de l'inférence des structures racine–schème, toutefois, ce critère voit son application «parasitée» par la structure phonologique: en effet, l'une des leçons qu'on peut tirer de la recherche d'Ellison (1991) est que la catégorisation des phonèmes en voyelles et consonnes aboutit à une compression indépendamment de toute considération d'ordre morphologique. Comment dès lors distinguer les cas où la compression observée traduit effectivement la présence, dans les données, de la structure *morphologique* recherchée?

Une stratégie efficace, proposée par Goldsmith (2001), consiste à commencer l'apprentissage par l'identification d'un ensemble restreint d'éléments *fiables,* en ce sens qu'ils satisfont des exigences particulières d'*analogie.* Ainsi, dans le cas d'ARABICA, il n'est possible de décomposer un mot en une racine r et un schème s que si le corpus contient, par ailleurs, trois mots qui peuvent s'analyser comme:

1. la combinaison de r avec un autre schème $\tilde{s}$,
2. celle de s avec une autre racine $\tilde{r}$,
3. celle de $\tilde{r}$ avec $\tilde{s}$.

10   Voir à ce sujet Goldwater et Johnson (2004); Goldsmith (2006).

Cette contrainte aboutit à laisser la majeure partie des mots du corpus in-
analysés, mais elle livre un premier ensemble de racines, schèmes et structure RS fiables, qui pourront être utilisés pour en découvrir d'autres.[11]

Dans cette perspective, l'apprentissage repose sur des heuristiques *incrémentielles* pour étendre la couverture de la grammaire aux cas jugés
initialement moins fiables. ARABICA inclut un exemple d'une telle heuristique, et j'ai donné des indications sur la façon dont d'autres heuristiques
pourraient être conçues, mais leur intégration dans le programme et leur
évaluation restent à effectuer. Le point sur lequel je souhaite insister ici est
l'importance particulière, pour la découverte des structures racine–schème,
de marquer la distinction entre une phase d'amorçage, où l'apprentissage
est sévèrement contraint par des principes analogiques, et une phase incrémentielle, où les résultats de la première phase sont graduellement étendus
à des cas plus litigieux. Cette architecture semble essentielle pour résoudre
l'opposition entre le fait que toutes les langues connaissent une distinction
entre voyelles et consonnes, mais que seules quelques-unes en font la base
d'un système introflexionnel.

On peut s'interroger sur la relation entre la recherche présentée dans
cette thèse et la connaissance que nous avons de l'acquisition d'une langue
par l'humain. L'algorithme que j'ai présenté ici constitue une hypothèse
formelle sur la façon dont des données linguistiques peuvent être utilisées pour construire une grammaire morphologique introflexionnelle, étant
donné un ensemble de contraintes sur la forme des données et du modèle. Certains des éléments que présuppose cette hypothèse ont reçu une
attention particulière, ces dernières années, dans le cadre de la psycholinguistique et l'étude de l'acquisition. Ainsi, à partir d'un ensemble d'observations sur la structure des langues et de résultats psycholinguistiques,
Nespor, Peña et Mehler (2003) suggèrent que les consonnes et les voyelles
jouent un rôle partiellement différent dans l'acquisition:

> vowels are specialised for conveying information about grammar and conso-
> nants about the lexicon. This is a plausible scenario if the different roles of
> vowels and consonants are part of [the Universal Grammar], so that human

---

11 Naturellement, on ne peut exclure l'existence marginale d'analogies pure-
    ment anecdotiques, telles que les paires anglaises *hotel–hotly* et *rowed–
    rowdy,* qui justifient la création d'une structure RS parfaitement bien formée
    associant les «racines» *htl* et *rwd* aux «schèmes» *_o_e_* et *_o__y.*

beings come into the world knowing that languages are structured in such a way [...] (p. 224)

La recherche présentée dans cette thèse adopte une perspective différente. Elle partage le présupposé que la distinction entre consonnes et voyelles peut être liée à une distinction de fonction au sein de la grammaire, en l'occurrence de la morphologie. En revanche, elle montre que les termes précis de cette correspondance entre phonologie et grammaire (c'est-à-dire le rôle grammatical de chacune des catégories de phonèmes) peuvent être *inférés* sur la base du principe très général de la longueur de description minimale. Si cet aspect de la grammaire peut être appris, faire l'hypothèse de son innéité n'aboutit qu'à restreindre la généralité de la théorie linguistique – à moins que cet apprentissage soit à la portée des machines mais non des humains.

Dans le paradigme de l'*apprentissage statistique*, Newport et Aslin (2004) font une autre observation sur la relation entre catégorisation des phonèmes et acquisition: tandis que des sujets adultes s'avèrent incapables d'identifier, dans une langue artificielle non segmentée, des relations régulières entre *syllabes* non adjacentes, ils sont en mesure d'apprendre de telles relations lorsqu'elles portent sur des *voyelles* ou sur des *consonnes* non adjacentes. Pour expliquer ce phénomène, Newport et Aslin suggèrent que la similarité entre les membres d'une catégorie rend les relations entre unités non adjacentes plus saillantes, et facilite ainsi leur acquisition. Si cette interprétation est correcte, cela signifie que la catégorisation des phonèmes pourrait assumer, dans l'apprentissage de la langue par l'humain, une fonction d'«amorçage» comparable à celle qui lui est assignée dans le cadre d'ARABICA.

Aussi intéressantes que soient les correspondances entre apprentissage automatique et apprentissage humain, elle ne remettent pas en question le fait suivant: montrer qu'un algorithme est capable de découvrir un type de structures linguistiques de façon non supervisée ne prouve en rien qu'un mécanisme similaire soit en jeu chez l'apprenant humain. Et de fait, tous les linguistes ne considèrent pas qu'il leur appartienne de déterminer la nature des processus impliqués dans l'apprentissage humain. Au lieu de cela, certains s'intéressent à la façon dont la structure d'une langue peut être inférée sur la base des données de cette langue – sans référence particulière aux spécificités du cerveau ou de l'esprit humain. Cette conception de la science du langage est celle qui prédominait dans la linguistique structurale américaine de la première moitié du XXe siècle. Dans la thèse qui s'achève, je me suis efforcé de renouer avec cette tradition, et de montrer comment elle peut être conjuguée avec le formalisme de la théorie de l'information.

Annexe A

Corpus d'exemple

Le corpus suivant est utilisé pour illustrer les algorithmes d'identification des consonnes et voyelles décrits dans la partie I:

> *ban banana bib binis nab saab sans sins*

Le tableau 17 ci-dessous indique le nombre d'occurrences de chaque phonème et chaque séquence de deux phonèmes dans ce corpus. Le symbole # dénote une frontière de mot; les frontières en position finale ne sont pas utilisées dans les méthodes considérées et donc n'apparaissent pas ce tableau.

Phonème	Fréq. abs.	Séquence	Fréq. abs.
a	8	*aa*	1
b	7	*ab*	2
i	4	*an*	4
n	7	*ba*	2
s	6	*bi*	2
		ib	1
		in	2
		is	1
		na	3
		ni	1
		ns	2
		sa	2
		si	1
		#b	4
		#n	1
		#s	3

Tableau n° 17. Fréquence des phonèmes et séquences de deux phonèmes.

Annexe B

Classifications phonologiques

Les tableaux 18 à 26 ci-dessous présentent l'ensemble des classifications en consonnes et voyelles sur lesquelles est basée l'évaluation conduite au chapitre 5. Chaque tableau correspond à l'application d'une des méthodes à l'une des langues. Les trois premiers tableaux correspondent respectivement aux partitions obtenues par l'algorithme de Sukhotin, la classification spectrale et le modèle HMM sur le corpus anglais; les suivants contiennent, dans le même ordre, les résultats observés pour le corpus français puis le corpus finnois. Tous les tableaux sont structurés de la même façon. Chaque ligne correspond à un symbole (phonétique ou orthographique) du corpus considéré; ce symbole est noté dans la deuxième colonne. La première colonne indique la classification phonétique *de référence* pour ce symbole (voir tableau 2, p. 78): en particulier, les voyelles sont marquées par un •. Les colonnes situées à droite du symbole phonétique ou orthographique (colonnes 3 à 27) indiquent la classification *inférée* par la méthode en question sur chacun des 25 échantillons de cette langue. Afin de permettre une comparaison visuelle avec la classification de référence, les classifications inférées sont codées de la même façon: les voyelles sont marquées d'un •. Or, seul l'algorithme de Sukhotin indique explicitement quelle est la classe des voyelles (voir section 2.2.1). Pour les deux autres méthodes, la classe des voyelles (inférées) est définie ici comme celle qui contient la plus grande proportion de symboles classés comme des voyelles phonétiques selon la référence. Dans la mesure où ce critère repose sur la connaissance de la référence, il ne peut s'agir que d'une convention destinée à rendre la représentation des résultats plus objective, et aucunement d'une solution au problème des classes anonymes (voir chapitre 6).

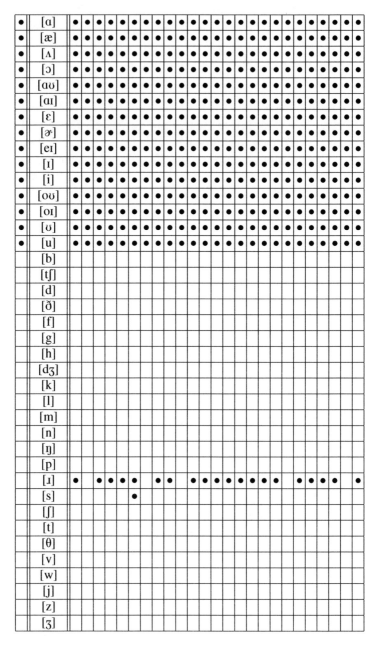

Tableau n° 18. Corpus anglais, algorithme de Sukhotin.

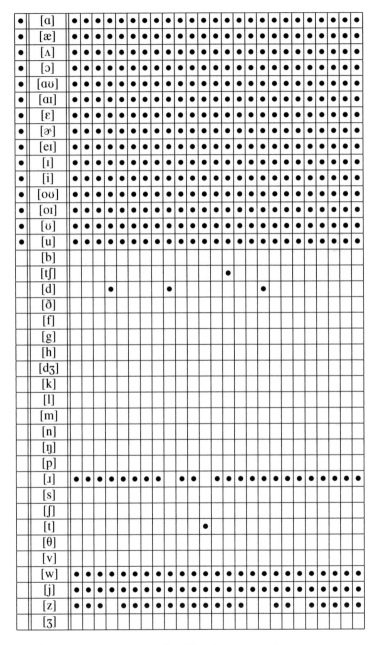

Tableau nº 19. Corpus anglais, classification spectrale.

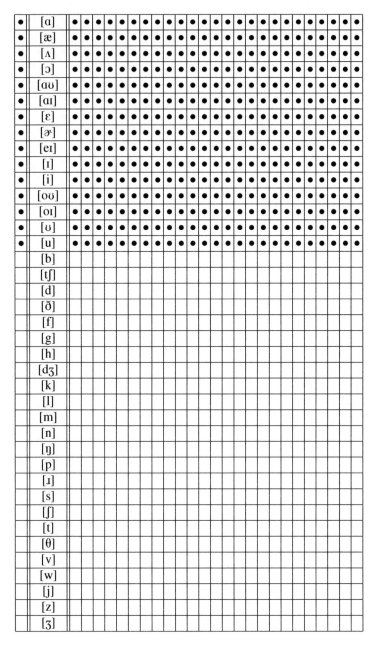

Tableau n° 20. Corpus anglais, HMM.

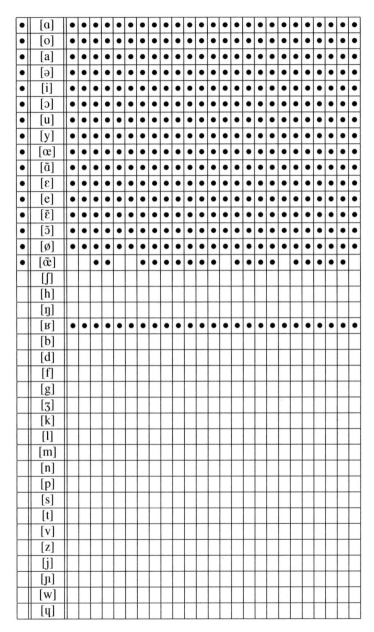

Tableau n° 21. Corpus français, algorithme de Sukhotin.

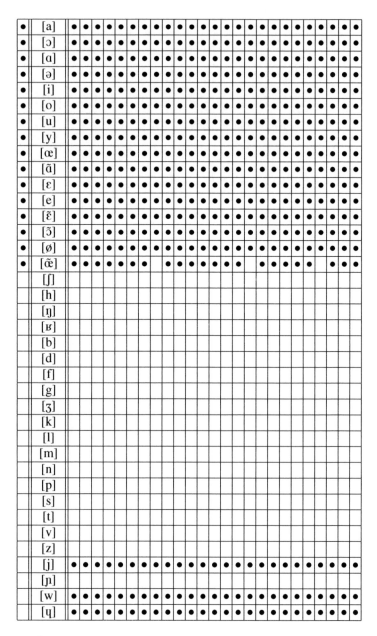

Tableau n⁰ 22. Corpus français, classification spectrale.

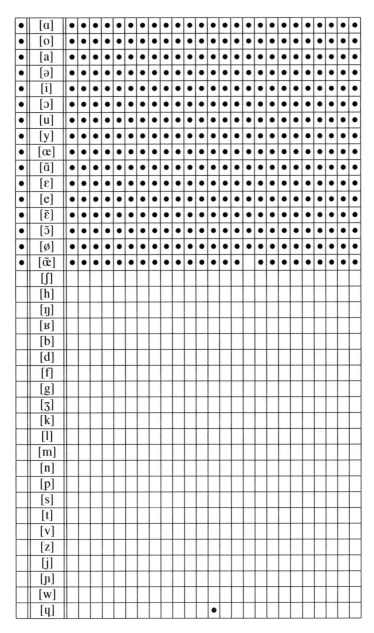

Tableau n° 23. Corpus français, HMM.

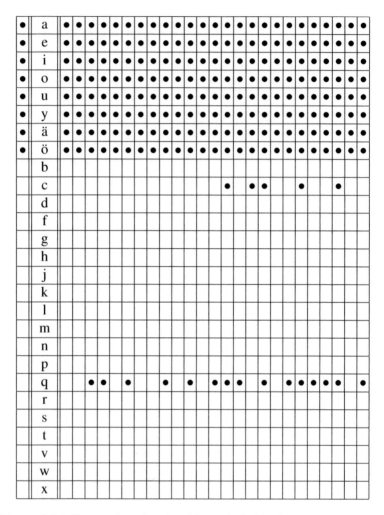

Tableau n° 24. Corpus finnois, algorithme de Sukhotin.

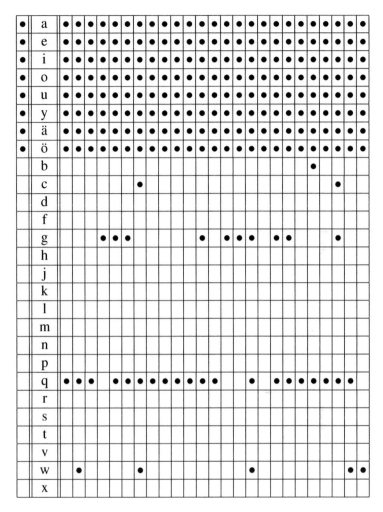

Tableau n° 25. Corpus finnois, classification spectrale.

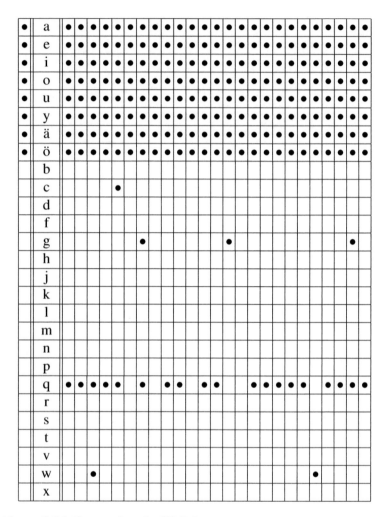

Tableau n° 26. Corpus finnois, HMM.

Annexe C

Corpus de noms arabes

La table 27 résume les conventions adoptées pour la transcription du corpus arabe analysé au chapitre 12 et reproduit ci-après. La première colonne contient les lettres de l'alphabet arabe. La deuxième colonne indique le ou les symboles correspondants dans le schéma de transcription du dictionnaire de Wehr (1994), que j'ai utilisé dans le texte du chapitre 12. La colonne «ASCII» donne le ou les symboles correspondants dans l'adaptation du schéma de translittération de Buckwalter (voir note 9, p. 180) que j'ai utilisée pour la version informatisée du corpus.

La table ne contient pas les trois signes diacritiques arabes utilisés pour transcrire les voyelles brèves (أ, إ et أُ); ils sont codés respectivement par les lettres *a*, *i* et *u* dans la transcription de Wehr et la transcription ASCII. Il manque également le signe diacritique *hamza* (ء), transcrit par une apostrophe ' dans les deux schémas et correspondant à l'occlusive glottale notée [ʔ] dans l'alphabet phonétique international.[1] Cette notation ne se confond pas avec l'apostrophe inversée ʿ utilisée pour transcrire la lettre ع (réalisée comme une fricative pharyngale sonore [ʕ]).

Dans la transcription de Wehr, l'usage des signes diacritiques se conforme en partie aux conventions traditionnelles pour la transcription des langues sémitiques. La barre souscrite signale les fricatives (*ṯ*: [θ], *ḏ*: [ð] et *ḵ*: [x]). La vélaire sonore [ɣ] fait exception puisqu'elle porte une barre suscrite (*ḡ*); le même signe indique par ailleurs l'allongement des voyelles. La notation *ḥ* représente la fricative pharyngale sonore [ħ]; par extension, le point souscrit signale les consonnes *emphatiques,* caractérisées par un recul de la racine de la langue et une pharyngalisation (p. ex. *ṭ*: [tˤ]). Enfin, la notation *š* désigne la chuintante alvéolaire sourde [ʃ].

Les semi-voyelles و et ي sont transcrites par des symboles différents selon qu'elles sont utilisées pour représenter des consonnes (*w* et *y*) ou des voyelles longues (Wehr: *ū* et *ī*, ASCII: U et I). Par ailleurs, elles sont

---

1   Notons à ce propos que la hamza n'est jamais transcrite par Wehr en début de mot.

Arabe	Wehr	ASCII	Arabe	Wehr	ASCII
ا	$\bar{a}$	A	ط	t	T
ب	b	b	ظ	z	Z
ت	t	t	ع	'	E
ث	$\underline{t}$	v	غ	$\bar{g}$	g
ج	j	j	ف	f	f
ح	h	H	ق	q	q
خ	$\underline{k}$	x	ك	k	k
د	d	d	ل	l	l
ذ	$\underline{d}$	*	م	m	m
ر	r	r	ن	n	n
ز	z	z	ه	h	h
س	s	s	و	$w / \bar{u} / u$	w / U / u
ش	$\check{s}$	$	ي	$y / \bar{i} / i$	y / I / i
ص	s	S	ى	y	y
ض	d	D	ة	a	a

Tableau nº 27. Conventions de transcription.

transcrites par *u* et *i* lorsqu'elle forment une diphtongue avec un *a* bref précédent. Les quelques occurrences de la lettre ى dans le corpus sont toujours précédées par un *i* bref; cette séquence est transcrite *īy* par Wehr (ASCII: Iy). Enfin, la lettre ة correspondant au suffixe féminin et singulatif est simplement transcrite par un *a* bref.

La table 28 contient la totalité du corpus. Chaque entrée correspond à un nom de la liste de Swadesh (1952, 1955) (voir section 12.2). De gauche à droite, les colonnes indiquent le numéro de l'entrée, la forme anglaise, sa traduction française, le singulier ou nom d'unité correspondant en arabe, le collectif s'il existe, et la ou les formes du pluriel si elles existent; toutes les formes arabes sont données dans la transcription de Wehr et dans l'orthographe arabe telle qu'elle apparaît dans ce dictionnaire, c'est-à-dire sans indication des voyelles brèves.

	Anglais	Français	Arabe		
			Sg./N. un.	Coll.	Pl.
1	animal	animal	*bahīma* بهيمة	- -	*bahā'im* بهائم
2	ashes	cendres	*ramād* رماد	- -	*armida* ارمد
3	back	dos	*ẓahr* ظهر	- -	*ẓuhūr* *aẓhur* اظهر ظهور
4	bark	écorce	*qišr* قشر	- -	*qušūr* قشور
5	belly	ventre	*baṭn* بطن	- -	*buṭūn* *abṭun* ابطن بطون
6	bird	oiseau	*ṭair* طير	- -	*ṭuyūr* *aṭyār* اطيار طيور
7	blood	sang	*dam* دم	- -	*dimā'* دماء
8	bone	os	*'aẓm* عظم	- -	*a'ẓum* *'iẓām* عظام اعظم
9	brother	frère	*ak̲* اخ	- -	*ik̲wa* *ik̲wān* اخوان اخوة
10	child	enfant	*ṣabīy* صبي	- -	*ṣibya* *ṣabya* صبية صبية
					ṣubyān *ṣibyān* صبيان صبيان
					aṣbiya اصبية

Tableau n° 28. Corpus de noms arabes.

	Anglais	Français	Arabe		
			Sg./N. un.	Coll.	Pl.
11	clothing	vêtements	*ṯaub* ثوب	- -	*ṯiyāb aṯwāb* اثواب ثياب
12	cloud	nuage	*saḥāba* سحابة	*saḥāb* سحاب	*suḥub saḥā'ib* سحائب سحب
13	day	jour	*nahār* نهار	- -	*anhur nuhur* نهر أنهر
14	dog	chien	*kalb* كلب	- -	*kilāb* كلاب
15	dust	poussière	*turāb* تراب	- -	*atriba tirbān* تربان اتربة
16	ear	oreille	*uḏun* اذن	- -	*āḏān* آذان
17	earth	terre	*arḍ* ارض	- -	*arāḍin araḍūn* ارضون اراضن
18	egg	œuf	*baiḍa* بيضة	*baiḍ* بيض	*baiḍāt buyūḍ* بيوض بيضات
19	eye	œil	*'ain* عين	- -	*'uyūn a'yun* اعين عيون
20	fat	graisse	*šaḥm* شحم	- -	*šuḥūm šuḥūmāt* شحومات شحوم
21	father	père	*ab* اب	- -	*ābā'* آباء

Tableau n° 28. Corpus de noms arabes (suite).

	Anglais	Français	Sg./N. un.	Coll.	Pl. (Arabe)		
22	feather	plume	*rīša* ريشة	*rīš* ريش	*rīšāt riyāš aryāš* اریاش ریاش ریشات		
23	fire	feu	*nār* نار	- -	*nīrān* نيران		
24	fish	poisson	*samaka* سمكة	*samak* سمك	*simāk asmāk* اسماك سماك		
25	flower	fleur	*zahra* زهرة	*zahr* زهر	*zahrāt zuhūr azhur* ازهر زهور زهرات *azhār azāhir azāhīr* ازاهير ازاهر ازهار		
26	fog	brouillard	*sadīm* سديم	- -	*sudum* سدم		
27	foot	pied	*rijl* رجل	- -	*arjul* ارجل		
28	fruit	fruit	*ṯamara* ثمرة	*ṯamar* ثمر	*ṯamarāt ṯimār aṯmār* اثمار ثمار ثمرات		
29	grass	herbe	*ʿušba* عشبة	*ʿušb* عشب	*aʿšāb* اعشاب		
30	guts	entrailles	*ḥašan* حشن	- -	*aḥšāʾ* احشاء		
31	hair	cheveux	*šaʿra* شعرة	*šaʿr* شعر	*šaʿarāt šuʿūr* شعور شعرات		
32	hand	main	*yad* يد	- -	*aidin ayādin* اياد ايد		

Tableau n° 28. Corpus de noms arabes (suite).

	Anglais	Français	Arabe		
			Sg./N. un.	Coll.	Pl.
33	head	tête	*ra's* رأس	-	*ru'ūs* *ar'us* ارؤس رؤوس
34	heart	cœur	*qalb* قلب	-	*qulūb* قلوب
35	husband	mari	*ba'l* بعل	-	*bu'ūl* *bu'ūla* بعول بعولة
36	ice	glace	*ṯalj* ثلج	-	*ṯulūj* ثلوج
37	lake	lac	*buḥaira* بحيرة	-	*buḥairāt* *baḥā'ir* بحيرات بحائر
38	leaf	feuille	*waraqa* ورقة	*waraq* ورق	*aurāq* اوراق
39	left	gauche	*šimāl* شمال	-	-
40	leg	jambe	*rijl* رجل	-	*arjul* ارجل
41	liver	foie	*kabid* كبد	-	*akbād* *kubūd* اكباد كبود
42	louse	pou	*qamla* قملة	*qaml* قمل	-
43	man	homme	*rajul* رجل	-	*rijāl* رجال

Tableau nº 28. Corpus de noms arabes (suite).

	Anglais	Français	Sg./N. un.	Coll.	Pl.
44	meat	viande	*laḥm* لحم	- -	*luḥūm* *liḥām* لحام لحوم
45	mother	mère	*umm* امّ	- -	*ummahāt* امهات
46	mountain	montagne	*jabal* جبل	- -	*jibāl* *ajbāl* اجبال جبال
47	mouth	bouche	*fam* فم	- -	*afwāh* افواه
48	name	nom	*ism* اسم	- -	*asmā'* *asāmin* اسام اسماء
49	neck	cou	*raqaba* رقبة	- -	*raqabāt* *riqāb* رقاب رقبات
50	night	nuit	*laila* ليلة	*lail* ليل	*lailāt* *layālin* ليال ليلات *layā'il* ليائل
51	nose	nez	*anf* انف	- -	*ānāf* *unūf* انوف آناف
52	person	personne	*ḏāt* ذات	- -	*ḏawāt* ذوات
53	rain	pluie	*šitā'* شتاء	- -	*aštiya* *šutīy* شتى اشتية
54	right	droite	*yamīn* يمين	- -	- -

Tableau n° 28. Corpus de noms arabes (suite).

	Anglais	Français	Arabe		
			Sg./N. un.	Coll.	Pl.
55	river	rivière	*nahr* نهر	- -	*anhur anhār nuhūr* انهر انهار نهور
56	road	route	*ṭarīq* طريق	- -	*ṭuruq ṭuruqāt* طرق طرقات
57	root	racine	*ʿirq* عرق	- -	*ʿurūq* عروق
58	rope	corde	*ḥabl* حبل	- -	*ḥibāl aḥbul ḥubūl* حبول احبل حبال *aḥbāl* احبال
59	salt	sel	*milḥ* ملح	- -	*amlāḥ milāḥ* ملاح املاح
60	sand	sable	*raml* رمل	- -	*rimāl* رمال
61	sea	mer	*baḥr* بحر	- -	*biḥār buḥūr abḥār* ابحار بحور بحار *abḥur* ابحر
62	seed	graine	*badra* بذرة	*badr* بذر	*budūr bidār* بذار بذور
63	sister	sœur	*uḵt* اخت	- -	*aḵawāt* اخوات
64	skin	peau	*bašara* بشرة	- -	- -

Tableau n° 28. Corpus de noms arabes (suite).

	Anglais	Français	Arabe		
			Sg./N. un.	Coll.	Pl.
65	sky	ciel	*samā'* سماء	- -	*samāwāt* سماوات
66	smoke	fumée	*duk̲ān* دخان	- -	*adk̲ina* ادخنة
67	snake	serpent	*ḥayya* حية	- -	*ḥayyāt* حيات
68	snow	neige	*t̲alj* ثلج	- -	*t̲ulūj* ثلوج
69	spear	lance	*ḥarba* حربة	- -	*ḥirāb* حراب
70	star	étoile	*kaukab* كوكب	- -	*kawākib* كواكب
71	stick	bâton	*'aṣan* عص	- -	*'uṣīy* اعص *'iṣīy* عصى *a'ṣin* عصى
72	stone	pierre	*ḥajar* حجر	- -	*aḥjār* حجار *ḥijāra* حجارة *ḥijār* احجار
73	sun	soleil	*šams* شمس	- -	*šumūs* شموس
74	tongue	langue	*lisān* لسان	- -	*alsina* السن *alsun* السنة
75	tooth	dent	*sinn* سن	- -	*asnān* اسن *asinna* اسنة *asunn* اسنان

Tableau n° 28. Corpus de noms arabes (suite).

	Anglais	Français	Arabe		
			Sg./N. un.	Coll.	Pl.
76	tree	arbre	*šajara* شجرة	*šajar* شجر	*šajarāt* شجرات *ašjār* اشجار
77	water	eau	*mā'* ماء	- -	*miyāh* مياه *amwāh* امواه
78	wife	épouse	*ba'la* بعلة	- -	- -
79	wind	vent	*rīḥ* ريح	- -	*riyāḥ* رياح *arwāḥ* ارواح *aryāḥ* ارياح
80	wing	aile	*janāḥ* جناح	- -	*ajniḥa* اجنحة *ajnuḥ* اجنح
81	woman	femme	*imra'a* امرأة	- -	*niswa* نسوة *niswān* نسوان *nisā'* نساء
82	woods	forêt	*ḥaraja* حرجة	*ḥaraj* حرج	*ḥarajāt* حرجات *ḥirāj* حراج *aḥrāj* احراج
83	worm	ver	*dūda* دودة	*dūd* دود	*dīdān* ديدان
84	year	année	*sana* سنة	- -	*sinūn* سنون *sanawāt* سنوات

Tableau n° 28. Corpus de noms arabes (suite et fin).

Bibliographie

Adamson, George W. et Boreham, Jillian. (1974). The use of an association measure based on character structure to identify semantically related pairs of words and document titles. *Information Storage and Retrieval*, 10(7/8): 253-260.

Albright, Adam et Hayes, Bruce. (2002). Modeling English past tense intuitions with Minimal Generalization. In *Proceedings of the sixth Workshop of the ACL Special Interest Group in Computational Phonology*, 58-69.

Apresjan, Juri D. (1973). *Eléments sur les idées et les méthodes de la linguistique structurale contemporaine*. Paris: Dunod. Traduction de J.-P. de Wrangel.

Arabie, Phipps et Boorman, Scott A. (1973). Multidimensional scaling of measures of distance between partitions. *Journal of Mathematical Psychology*, 10: 148-203.

Arnold, Gerald F. (1956). A phonological approach to vowel, consonant, and syllable in modern French. *Lingua*, 5(2): 253-287.

–, (1964). Vowel and consonant – A phonological definition re-examined. In *In Honour of Daniel Jones*, ed. D. Abercrombie, D. G. Fry, P. A. D. MacCarthy, N. C. Scott et J. L. Trim, 16-25. London: Longmans.

Baroni, Marco. (2003). Distribution-driven morpheme discovery: A computational/experimental study. In *Yearbook of morphology 2003*, ed. Geert Booij et Jaap van Marle, 213-248. Dordrecht: Springer.

Baroni, Marco, Matiasek, Johannes et Trost, Harald. (2002). Unsupervised discovery of morphologically related words based on orthographic and semantic similarity. In *Proceedings of the sixth Workshop of the ACL Special Interest Group in Computational Phonology*, 48-57.

Bateson, Mary C. (1967). *Arabic Language Handbook*. Washington, D.C.: Center for Applied Linguistics.

Bauer, Laurie. (2004). *A Glossary of Morphology*. Washington, D.C.: Georgetown University Press.

Bavaud, François. (2001). *Cours de statistiques multivariées*. Université de Lausanne.

–, (2004a). Generalized factor analyses for contingency tables. In *Classification, Clustering and Data Mining Applications*, ed. D. Banks, L. House, F. R. McMorris, P. Arabie et W. Gaul, 597-606. New York: Springer Verlag.

–, (2004b). On the comparison and representation of fuzzy partitions. *Student*, 5: 29-42.

–, (2006). Spectral clustering and multidimensional scaling: a unified view. In *Data science and classification*, ed. V. Batagelj, H.-H. Bock, A. Ferligoj et A. Ziberna, 131-139. New York: Springer.

Bavaud, François et Xanthos, Aris. (2005). Markov associativities. *Journal of Quantitative Linguistics*, 12(2-3): 123-137.

Beesley, Kenneth R. et Karttunen, Lauri. (2000). Finite-state non-concatenative morphotactics. In *Proceedings of the 38th annual meeting of the Association for Computational Linguistics (ACL-00)*, 191-198.

Belkin, Mikhail et Goldsmith, John A. (2002). Using eigenvectors of the bigram graph to infer morpheme identity. In *Proceedings of the sixth Workshop of the ACL Special Interest Group in Computational Phonology*, 41-47.

Benzécri, Jean-Paul. (1980). *Pratique de l'analyse des données*. Paris: Dunod.

Biggs, Norman. (1993). *Algebraic Graph Theory*. 2e éd. Cambridge: Cambrige University Press.

Bloomfield, Leonard. (1926). A set of postulates for the science of language. *Language*, 2(3): 153-164. Traduction française: Un ensemble de postulats pour la science du langage. In A. Jacob (Ed.), *Genèse de la pensée linguistique*. Paris: Armand Colin, 1973, 184-96.

–, (1970). *Le langage*. Paris: Payot. Traduction de J. Gazio.

Bouchard, Denis. (2001). La pauvreté des stimuli: quels sont les faits? Trente ans de syntaxe. *Revue québécoise de linguistique*, 30(1): 43-62.

Brent, Michael R., Murthy, Sreerama K. et Lundberg, Andrew. (1995). Discovering morphemic suffixes : A case study in MDL induction. In *Proceedings of the fifth international workshop on artificial intelligence and statistics*.

Bronkhorst, Johannes. (1979). The role of meanings in Pāṇini's grammar. *Indian Linguistics*, 40: 146-157.

Broselow, Ellen. (2000). Transfixation. In *Morphologie / Morphology. Ein internationales Handbuch zur Flexion und Wortbildung / An International Handbook on Inflection and Word Formation*, ed. Geert Booij, Christian Lehmann et Joachim Mugdan, vol. 1. Berlin: Walter de Gruyter.

Buckwalter, Tim. (2002). *Buckwalter Arabic Morphological Analyzer version 1.0.* Linguistic Data Consortium, Philadelphia. *http://www.ldc.upenn.edu/Catalog/CatalogEntry.jsp?catalogId=LDC2002L49.*

Cantineau, Jean. (1950). La notion de « schème » et son altération dans diverses langues sémitiques. *Semitica*, 3: 73-83.

Chomsky, Noam. (1969). *Structures syntaxiques*. Paris: Seuil. Traduction de M. Braudeau.

–, (1979). *Morphophonemics of Modern Hebrew*. Outstanding Dissertations in Linguistics 12, New York: Garland Publishing Co. Mémoire de maîtrise déposé en 1951, University of Pennsylvania.

–, (1981). *Lectures on government and binding*. Dordrecht: Foris.

Chomsky, Noam et Halle, Morris. (1968). *The Sound Pattern of English*. New York: Harper & Row.

Chomsky, Noam et Miller, George A. (1968). *L'analyse formelle des langues naturelles*. Paris: Mouton/Gauthier-Villars. Traduction des chapitres 11 et 12 du Volume II du *Handbook of Mathematical Psychology*, par Ph. Richard et N. Ruwet.

Chung, Fan R. K. (1997). *Spectral Graph Theory*. Providence: American Mathematical Society.

Clark, Alexander. (2001). *Unsupervised Language Acquisition: Theory and Practice*. Thèse de doctorat, University of Sussex.

Cohen-Sygal, Yael et Wintner, Shuly. (2006). Finite-state registered automata for non-concatenative morphology. *Computational Linguistics*, 32(1): 49-82.

Content, Alain, Mousty, Philippe et Radeau, Monique. (1990). BRULEX: Une base de données lexicales informatisée pour le français écrit et parlé. *L'Année Psychologique*, 90: 551-566. *ftp://ftp.ulb.ac.be/pub/packages/psyling/Brulex/Brulex_PC/BRLX_TXT.EXE.*

Creutz, Mathias et Lagus, Krista. à paraître. Unsupervised models for morpheme segmentation and morphology learning. *ACM Transactions on Speech and Language Processing* 4.

–, (2002). Unsupervised discovery of morphemes. In *Proceedings of the sixth Workshop of the ACL Special Interest Group in Computational Phonology*, 21-30.

–, (2004). Induction of a simple morphology for highly-inflecting languages. In *Proceedings of the international and interdisciplinary conference on adaptive knowledge representation and reasoning (AKRR05)*, 106-113.

–, (2005). Inducing the morphological lexicon of a natural language from unannotated text. In *Proceedings of the seventh Workshop of the ACL Special Interest Group in Computational Phonology*, 43-51.

Dagan, Ido, Lee, Lillian et Pereira, Fernando. (1999). Similarity-based models of word cooccurrence probabilities. *Machine Learning*, 34(1-3): 43-69.

Darden, Bill. (1992). The Cairene Arabic verb without form classes. In *The Joy of Grammar: A Festschrift in Honor of James D. McCawley*, ed. D. Brentari, G. N. Larson et L. A. MacLeod, 11-24. Amsterdam: John Benjamins.

Darwish, Kareem. (2002). Building a shallow Arabic morphological analyzer in one day. In *Proceedings of the ACL-02 Workshop on computational approaches to Semitic languages*, 1-8.

Day, William H. E. (1981). The complexity of computing metric distances between partitions. *Mathematical Social Sciences*, 1: 269-287.

Daya, Ezra, Roth, Dan et Wintner, Shuly. (2004). Learning Hebrew roots: Machine learning with linguistic constraints. In *Proceedings of the 2004 Conference on Empirical Methods in Natural Language Processing*, 357-364.

De Roeck, Anne et Al-Fares, Waleed. (2000). A morphologically sensitive clustering algorithm for identifying Arabic roots. In *Proceedings of the 38th annual meeting of the Association for Computational Linguistics (ACL-00)*, 199-206.

Deerwester, Scott C., Dumais, Susan T., Landauer, Thomas K., Furnas, George W. et Harshman, Richard A. (1990). Indexing by latent semantic analysis. *Journal of the American Society of Information Science*, 41(6): 391-407.

Déjean, Hervé. (1998). Morphemes as necessary concept for structures discovery from untagged corpora. In *Proceedings of the Joint Confe-*

rence on New Methods in Language Processing and Computational Language Learning, 295-298.

Elghamry, Khaled. (2004). A constraint-based algorithm for the identification of Arabic roots. In *Proceedings of the Midwest Computational Linguistics Colloquium*.

Ellison, T. Mark. (1991). Discovering planar segregations. In *Proceedings of AAAI Spring Symposium on Machine Learning of Natural Language and Ontology*, 42-47.

–, (1994). *The Machine Learning of Phonological Structure*. Thèse de doctorat, University of Western Australia.

Finch, Steven. (1993). *Finding Structure in Language*. Thèse de doctorat, University of Edinburgh.

Fischer-Jørgensen, Eli. (1952). On the definition of phoneme categories on a distributional basis. *Acta Linguistica*, 7: 8-39.

Fowlkes, Edward B. et Mallows, Colin L. (1983). A method for comparing two hierarchical clusterings. *Journal of the American Statistical Association*, 78: 553-569.

Gammon, Edward. (1969). Quantitative approximations to the word. In *Papers presented to the International Conference on Computational Linguistics COLING–69*.

Gaussier, Eric. (1999). Unsupervised learning of derivational morphology from inflectional lexicons. In *Proceedings of the workshop on unsupervised learning in natural language processing at ACL'99*, 24-30.

Goldberg, David E. (1989). *Genetic Algorithms in Search, Optimization and Machine Learning*. Addison-Wesley.

Goldsmith, John A. à paraître. Towards a new empiricism. *Recherches Linguistiques de Vincennes*, 36.

–, (1976). *Autosegmental Phonology*. Thèse de doctorat, MIT, Cambridge (MA).

–, (1990). *Autosegmental and Metrical Phonology*. Cambridge (MA): Basil Blackwell.

–, (2001). Unsupervised learning of the morphology of a natural language. *Computational Linguistics*, 27(2): 153-198.

–, (2006). An algorithm for the unsupervised learning of morphology. *Natural Language Engineering*, 12(4): 353-371.

Goldsmith, John A. et Hu, Yu. (2004). *From signatures to finite–state automata*. Technical report TR-2005-05, Department of Computer Science, University of Chicago.

Goldsmith, John A. et O'Brien, Jeremy. (2006). Learning inflectional classes. *Language Learning and Development*, 2(4): 219-250.

Goldsmith, John A. et Xanthos, Aris. soumis pour publication. Learning phonological categories.

Goldwater, Sharon et Johnson, Mark. (2004). Priors in Bayesian learning of phonological rules. In *Proceedings of the seventh Workshop of the ACL Special Interest Group in Computational Phonology*, 35-42.

Goodman, Leo A. et Kruskal, William H. (1954). Measures of association for cross-classifications. *Journal of the American Statistical Association*, 49: 732-764.

Green, David M. et Swets, John A. (1966). *Signal Detection Theory and Psychophysics*. New York: John Wiley and Sons.

Grünwald, Peter D., Myung, In Jae et Pitt, Mark A., eds. (2005). *Advances in Minimum Description Length Theory and Applications*. Cambridge (MA): MIT Press.

Guy, Jacques. (1991). Vowel identification: an old (but good) algorithm. *Cryptologia*, 15(3): 258-262.

Hafer, Margaret A. et Weiss, Stephen F. (1974). Word segmentation by letter successor varieties. *Information Storage and Retrieval*, 10: 371-385.

Harris, Zellig S. (1941). Linguistic structure of Hebrew. *Journal of the American Oriental Society*, 61(3): 143-167.

–, (1942). Morpheme alternants in linguistic analysis. *Language*, 18(3): 169-180.

–, (1944). Yokuts structure and newman's grammar. *International Journal of American Linguistics*, 10(4): 196-211.

–, (1951). *Methods in Structural Linguistics*. Chicago: The University of Chicago Press.

–, (1955). From phoneme to morpheme. *Language*, 31: 190-222.

–, (1967). Morpheme boundaries within words: Report on a computer test. *Transformations and Discourse Analysis Papers* 73.

Haspelmath, Martin, Dryer, Matthew S. et Comrie, Bernard, eds. (2005). *The world atlas of language structures*. Oxford: Oxford University

Press.

Hjelmslev, Louis. (1942). Langue et parole. *Cahiers Ferdinand de Saussure*, 2: 29-44.

Householder, Fred W. (1962). The distributional determination of English phonemes. *Lingua*, 11: 186-191.

Hu, Yu, Matveeva, Irina, Goldsmith, John A. et Sprague, Colin. (2005a). Refining the SED heuristic for morpheme discovery: Another look at Swahili. In *Proceedings of the Workshop on Psychocomputational Models of Human Language Acquisition at ACL-05*, 28-35.

–, (2005b). Using morphology and syntax together in unsupervised learning. In *Proceedings of the Workshop on Psychocomputational Models of Human Language Acquisition at ACL-05*, 20-27.

Hubert, Lawrence et Arabie, Phipps. (1985). Comparing partitions. *Journal of Classification*, 2: 193-218.

van der Hulst, Harry J. et van de Weijer, Jeroen. (1995). Vowel harmony. In *Handbook of Phonological Theory*, ed. J. Goldsmith, 494-534. Oxford: Basil Blackwell.

Jacquemin, Christian. (1997). Guessing morphology from terms and corpora. In *Proceedings of the 20th annual international ACM SIGIR Conference on research and development in information retrieval*, 156-165.

Jakobson, Roman. (1963). *Essais de linguistique générale*. Paris: Les Editions de Minuit.

Johnson, Howard et Martin, Joel. (2003). Unsupervised learning of morphology for English and Inuktitut. In *Proceedings of HLT/NAACL-03*.

Kannan, Ravi, Vempala, Santosh et Vetta, Adrian. (2000). On clusterings: Good, bad, and spectral. In *Proceedings of the 41st annual symposium on the foundation of computer science*, 367-380.

Kazakov, Dimitar. (1997). Unsupervised learning of naïve morphology with genetic algorithms. In *Workshop notes of the ECML/MLnet Workshop on empirical learning of natural language processing tasks*, 105-112.

Kilani-Schoch, Marianne. (1988a). Discontinuité ou continuité de la base morphologique en arabe classique et en arabe tunisien? *Zeitschrift für arabische Linguistik*, 19: 91-92.

–, (1988b). *Introduction à la morphologie naturelle*. Berne: Peter Lang.

Kilani-Schoch, Marianne et Dressler, Wolfgang U. (1985). Natural morphology and Classical vs. Tunisian Arabic. *Studia Grammatyczne VII*, 7: 27-47.

–, (2005). *Morphologie naturelle et flexion du verbe français.* Tübingen: Gunter Narr.

Kiraz, George Anton. (2000). Multi-tiered nonlinear morphology using multi-tape finite automata: A case study on Syriac and Arabic. *Computational Linguistics*, 26(1): 77-105.

Kirkpatrick, Scott, Gelatt, Daniel et Vecchi, Mario P. (1983). Optimization by simulated annealing. *Science*, 220(4598): 671-680.

Koskenniemi, Kimmo. (1983). *Two-level Morphology: A General Computational Model for Word-Form Recognition and Production.* Publication no.11, Department of General Linguistics, University of Helsinki.

Lappin, Shalom et Schieber, Stuart. (2007). Machine learning theory and practice as a source of insight into Universal Grammar. *Journal of Linguistics*, 43: 1-34.

Lee, Young-Suk, Papineni, Kishore, Roukos, Salim, Emam, Ossama et Hassan, Hany. (2003). Language model based Arabic word segmentation. In *Proceedings of the 41th annual meeting of the Association for Computational Linguistics (ACL-03)*, 399-406.

Levenshtein, Vladimir. (1965). Binary codes capable of correcting deletions, insertions, reversals. *Cybernetics and Control Theory*, 10(8): 707-710.

Levy, Mary M. (1971). *The plural of the noun in modern standard Arabic.* Thèse de doctorat, University of Michigan.

Li, Ming et Vitànyi, Paul. (1997). *An Introduction to Kolmogorov Complexity and Its Applications.* 2e éd. New York: Springer-Verlag.

Manning, Christopher D. et Schütze, Hinrich. (1999). *Foundations of Statistical Natural Language Processing.* Cambridge (MA): MIT Press.

Martinet, André. (1996). *Eléments de linguistique générale.* 4e éd. Paris: Armand Colin.

McCarthy, John. (1979). *Formal Problems in Semitic Phonology and Morphology.* Thèse de doctorat, MIT, Cambridge (MA).

McCarthy, John et Prince, Alan. (1990). Foot and word in prosodic morphology: The Arabic broken plural. *Natural Language and Linguistic Theory*, 8(2): 209-283.

Mel'čuk, Igor. (1993). *Cours de morphologie générale (théorique et descriptive) – vol.1. Introduction et 1e partie: Le mot.* Montréal: Presses de l'Université de Montréal.

Mirkin, Boris G. et Chernyi, L. B. (1970). Measurement of the distance between distinct partitions of a finite set of objects. *Automation and Remote Control*, 31: 786-792.

Murtonen, Aimo E. (1964). *Broken Plurals, the Origin and Development of the System.* Leiden: E. J. Brill.

Nespor, Marina, Peña, Marcela et Mehler, Jacques. (2003). On the different roles of vowels and consonants in speech processing and language acquisition. *Lingue e Linguaggio*, 2: 203-229.

Neuvel, Sylvain et Fulop, Sean A. (2002). Unsupervised learning of morphology without morphemes. In *Proceedings of the sixth Workshop of the ACL Special Interest Group in Computational Phonology*, 31-40.

Newport, Elissa L. et Aslin, Richard N. (2004). Learning at a distance: I. Statistical learning of non-adjacent dependencies. *Cognitive Psychology*, 48: 127-162.

O'Connor, Joseph D. et Trim, John. (1953). Vowel, consonant and syllable – A phonological definition. *Word*, 9(2): 103-122.

Pike, Kenneth L. (1968). *Phonemics. A Technique for Reducing Languages to Writing.* Ann Arbor: The University of Michigan Press.

Plunkett, Kim et Marchman, Victoria. (1993). From rote learning to system building: Acquiring verb morphology in children and connectionnist nets. *Cognition*, 38: 43-102.

Plunkett, Kim et Nakisa, Ramin C. (1997). A connectionist model of the Arabic plural system. *Language and Cognitive Processes*, 12(5/6): 807-836.

Pothen, Alex, Simon, Horst D. et Liou, Kang-Pu. (1990). Partitioning sparse matrices with eigenvectors of graphs. *SIAM Journal of Matrix Analysis and Applications*, 11(3): 430-452.

Powers, David M. W. (1991). How far can self-organization go? Results in unsupervised language learning. In *Proceedings of AAAI Spring Symposium on Machine Learning of Natural Language and Ontology*, 131-137.

–, (1997). Unsupervised learning of linguistic structure: an empirical evaluation. *International Journal of Corpus Linguistics*, 2(1): 91-131.

Pullum, Geoffrey K. et Scholz, Barbara C. (2002). Empirical assessment of stimulus poverty arguments. *The Linguistic Review*, 19: 9-50.

Rabiner, Lawrence R. (1989). A tutorial on hidden Markov models and selected applications in speech recognition. In *Proceedings of the IEEE*, 257-286.

Rand, William M. (1971). Objective criteria for the evaluation of clustering methods. *Journal of the American Statistical Association*, 66: 846-850.

Ratcliffe, Robert R. (1998). The «Broken» Plural Problem in Arabic and Comparative Semitic. *Current Issues in Linguistic Theory 168*, Amsterdam: John Benjamins.

Reig, Daniel, ed. (2006). *Dictionnaire arabe–français / français–arabe*. Paris: Larousse.

Rissanen, Jorma. (1978). Modeling by shortest data description. *Automatica*, 14: 465-471.

–, (1989). *Stochastic Complexity in Statistical Inquiry*. Singapore: World Scientific Publishing Co.

Roche, Emmanuel et Schabes, Yves. (1997). *Finite-State Language Processing*. Cambridge (MA): MIT Press.

Rodrigues, Paul et Ćavar, Damir. à paraître. Learning Arabic morphology using statistical constraint satisfaction models. In *Proceedings of the 19th annual symposium on Arabic linguistics (ALS-19)*.

Rogati, Monica, McCarley, Scott et Yang, Yiming. (2003). Unsupervised learning of Arabic stemming using a parallel corpus. In *Proceedings of the 41st annual meeting of the Association for Computational Linguistics*, 391-398.

Rohlf, F. James. (1974). Methods of comparing classifications. *Annual Review of Ecology and Systematics*, 5: 101-113.

Roth, Dan. (1998). Learning to resolve natural language ambiguities: A unified approach. In *Proceedings of AAAI-98 and IAAI-98*, 806-813.

Rumelhart, David E. et McClelland, James L. (1986). *Parallel Distributed Processing: Explorations in the Microstructure of Cognition*. Cambridge (MA): MIT Press.

Sapir, Edward. (1925). Sound patterns in language. *Language*, 1(2): 37-51. Traduction française: La notion de structure phonétique. In E. Sapir, *Linguistique*. Paris: Les Editions de Minuit, 1968, 143-164.

Sassoon, George T. (1992). The application of Sukhotin's algorithm to certain non-English languages. *Cryptologia*, 16(2): 165-173.

Schifferdecker, G. (1994). *Finding Structure in Language*. Mémoire de diplôme, Université de Karlsruhe.

Schone, Patrick et Jurafsky, Daniel. (2000). Knowledge-free induction of morphology using latent semantic analysis. In *Proceedings of the fourth conference on computational natural language learning (CoNLL-2000)*, 67-72.

–, (2001). Knowledge-free induction of inflectional morphologies. In *2nd meeting of the North American Chapter of the Association for Computational Linguistics*, 1-9.

Shannon, Claude E. (1948). A mathematical theory of communication. *Bell Systems Technical Journal*, 27: 379-423.

Shi, Jianbo et Malik, Jitendra. (1997). Normalized cuts and image segmentation. In *IEEE conference on computer vision and pattern recognition*, 731-737.

Snover, Matthew G. et Brent, Michael R. (2001). A bayesian model for morpheme and paradigm identification. In *Proceedings of the 39th annual meeting of the Association for Computational Linguistics (ACL-01)*, 490-498.

Snover, Matthew G., Jarosz, Gaja et Brent, Michael R. (2002). Unsupervised learning of morphology using a novel directed search algorithm: Taking the first step. In *Proceedings of the sixth Workshop of the ACL Special Interest Group in Computational Phonology*, 11-20.

Sukhotin, Boris V. (1962). Eksperimental'noe vydelenie klassov bukv s pomoščju EVM. *Problemy strukturnoj lingvistiki*, 234: 189-206.

–, (1973). Méthode de déchiffrage, outil de recherche en linguistique. *T.A. Informations*, 2: 1-43.

Swadesh, Morris. (1952). Lexico-statistic dating of prehistoric ethnic contacts: With special reference to North American Indians and Eskimos. *Proceedings of the American Philosophical Society*, 96(4): 452-463.

–, (1955). Towards greater accuracy in lexicostatistic dating. *International Journal of American Linguistics*, 21(2): 121-137.

Togeby, Knud. (1951). Structure immanente de la langue française. *Travaux du Cercle Linguistique de Copenhague*, 6: 44-88.

Troubetzkoy, Nicolas S. (1957). *Principes de phonologie*. Paris: C. Klinck-sieck. Traduction de J. Cantineau.

Verma, Deepak et Meila, Marina. (2003). *A comparison of spectral clustering algorithms*. UW CSE Technical report 03-05-01.

Vogt, Hans. (1942). The structure of the Norwegian monosyllables. *Norsk Tidsskrift for Sprogvidenskap*, 12: 5-29.

Wallace, David L. (1983). Comment. *Journal of the American Statistical Association*, 78: 569-576.

Ward, Joe H. (1963). Hierarchical grouping to optimize an objective function. *Journal of the American Statistical Association*, 58(301): 236-244.

Wehr, Hans. (1994). *A dictionary of modern written Arabic*. Urbana (IL): Spoken Language Services, Inc.

Weide, Robert L. (1995). *The Carnegie Mellon pronouncing dictionary (CMUDICT.0.6)*. *http://www.speech.cs.cmu.edu/cgi-bin/cmudict*.

Welsh, Dominic. (1988). *Codes and Cryptography*. Oxford: Clarendon Press.

Williams, W. T. et Clifford, H. T. (1971). On the comparison of two classifications of the same set of elements. *Taxon*, 20: 519-522.

Xanthos, Aris. (2003). Du k-gramme au mot: variation sur un thème distributionnaliste. *Bulletin de linguistique et des sciences du langage (BIL)*, 21.

–, (2004a). Combining utterance-boundary and predictability approaches to speech segmentation. In *Proceedings of the Psycho-computational Models of Language Acquisition Workshop at COLING 2004*, 93-100.

–, (2004b). An incremental implementation of the utterance-boundary approach to speech segmentation. In *Proceedings of Computational Linguistics in the Netherlands 2003 (CLIN 2003)*, 171-180.

Xanthos, Aris, Hu, Yu et Goldsmith, John A. (2006). Exploring variant definitions of pointer length in MDL. In *Proceedings of the eighth meeting of the ACL Special Interest Group on Computational Phonology and Morphology at HLT-NAACL 2006*, 32-40.

Živov, Victor. (1973). Une procédure de classification des consonnes destinée à la description de leurs combinaisons. In *Proceedings of the International Conference on Computational Linguistics (COLING 1973)*, 235-253.

Favoriser la confrontation interdisciplinaire et internationale de toutes les formes de recherches consacrées à la communication humaine, en publiant sans délai des travaux scientifiques d'actualité: tel est le rôle de la collection SCIENCES POUR LA COMMUNICATION. Elle se propose de réunir des études portant sur tous les langages, naturels ou artificiels, et relevant de toutes les disciplines sémiologiques: linguistique, psychologie ou sociologie du langage, sémiotiques diverses, logique, traitement automatique, systèmes formels, etc. Ces textes s'adressent à tous ceux qui voudront, à quelque titre que ce soit et où que ce soit, se tenir au courant des développements les plus récents des sciences du langage.

Ouvrages parus

1. Alain Berrendonner – L'éternel grammairien Etude du discours normatif, 1982 (épuisé)

2. Jacques Moeschler – Dire et contredire Pragmatique de la négation et acte de réfutation dans la conversation, 1982 (épuisé)

3. C. Bertaux / J.-P. Desclés / D. Dubarle / Y. Gentilhomme / J.-B. Grize / I. Mel'Cuk / P. Scheurer / R. Thom – Linguistique et mathématiques Peut-on construire un discours cohérent en linguistique? · Table ronde organisée par l'ATALA, le Séminaire de philosophie et mathématiques de l'Ecole Normale Supérieure de Paris et le Centre de recherches sémiologiques de Neuchâtel (Neuchâtel, 29-31 mai 1980), 1982

4. Marie-Jeanne Borel / Jean-Blaise Grize / Denis Miéville – Essai de logique naturelle, 1983, 1992

5. P. Bange / A. Bannour / A. Berrendonner / O. Ducrot / J. Kohler-Chesny / G. Lüdi / Ch. Perelman / B. Py / E. Roulet – Logique, argumentation, conversation · Actes du Colloque de pragmatique (Fribourg, 1981), 1983

6. Alphonse Costadau: Traité des signes (tome I) – Edition établie, présentée et annotée par Odile Le Guern-Forel, 1983

7. Abdelmadjid Ali Bouacha – Le discours universitaire · La rhétorique et ses pouvoirs, 1984

8. Maurice de Montmollin – L'intelligence de la tâche · Eléments d'ergonomie cognitive, 1984, 1986 (épuisé)

9. Jean-Blaise Grize (éd.) – Sémiologie du raisonnement · Textes de D. Apothéloz, M.-J. Borel, J.-B. Grize, D. Miéville, C. Péquegnat, 1984

10. Catherine Fuchs (éd.) – Aspects de l'ambiguïté et de la paraphrase dans les langues naturelles Textes de G. Bès, G. Boulakia, N. Catach, F. François, J.-B. Grize, R. Martin, D. Slakta, 1985

11. E. Roulet / A. Auchlin / J. Moeschler / C. Rubattel / M. Schelling – L'articulation du discours en français contemporain, 1985, 1987, 1991 (épuisé)

12. Norbert Dupont – Linguistique du détachement en français, 1985

13. Yves Gentilhomme – Essai d'approche microsystémique · Théorie et pratique · Application dans le domaine des sciences du langage, 1985

14. Thomas Bearth – L'articulation du temps et de l'aspect dans le discours toura, 1986

15. Herman Parret – Prolégomènes à la théorie de l'énonciation · De Husserl à la pragmatique, 1987

16. Marc Bonhomme – Linguistique de la métonymie · Préface de M. Le Guern, 1987 (épuisé)

17. Jacques Rouault – Linguistique automatique · Applications documentaires, 1987

18. Pierre Bange (éd.) – L'analyse des interactions verbales: «La dame de Caluire. Une consultation» · Actes du Colloque tenu à l'Université Lyon II (13-15 décembre 1985), 1987

19. Georges Kleiber – Du côté de la référence verbale · Les phrases habituelles, 1987

41. Sophie Moirand / Abdelmadjid Ali Bouacha / Jean-Claude Beacco / André Collinot (éds) – Parcours linguistiques de discours spécialisés · Colloque en Sorbonne les 23-24-25 septembre 1992, 1994, 1995

42. Josiane Boutet – Construire le sens · Préface de Jean-Blaise Grize, 1994, 1997

43. Michel Goyens – Emergence et évolution du syntagme nominal en français, 1994

44. Daniel Duprey – L'universalité de «bien» · Linguistique et philosophie du langage, 1995

45. Chantal Rittaud-Hutinet – La phonopragmatique, 1995

46. Stéphane Robert (éd.) – Langage et sciences humaines: propos croisés · Actes du colloque «Langues et langages» en hommage à Antoine Culioli (Ecole normale supérieure. Paris, 11 décembre 1992), 1995

47. Gisèle Holtzer – La page et le petit écran: culture et télévision · Le cas d'Apostrophes, 1996

48. Jean Wirtz – Métadiscours et déceptivité · Julien Torma vu par le Collège de 'Pataphysique, 1996

49. Vlad Alexandrescu – Le paradoxe chez Blaise Pascal · Préface de Oswald Ducrot, 1997

50. Michèle Grossen, Bernard Py (éds) – Pratiques sociales et médiations symboliques, 1997

51. Daniel Luzzati / Jean-Claude Beacco / Reza Mir-Samii / Michel Murat / Martial Vivet (éds) – Le Dialogique · Colloque international sur les formes philosophiques, linguistiques, littéraires, et cognitives du dialogue (Université du Maine, 15-16 septembre 1994), 1997

52. Denis Miéville / Alain Berrendonner (éds) – Logique, discours et pensée · Mélanges offerts à Jean-Blaise Grize, 1997, 1999

53. Claude Guimier (éd.) – La thématisation dans les langues · Actes du colloque de Caen, 9-11 octobre 1997, 1999, 2000

54. Jean-Philippe Babin – Lexique mental et morphologie lexicale, 1998, 2000

55. Thérèse Jeanneret – La coénonciation en français · Approches discursive, conversationnelle et syntaxique, 1999

56. Pierre Boudon – Le réseau du sens · Une approche monadologique pour la compréhension du discours, 1999 (épuisé)

58. Jacques Moeschler, Marie-José Béguelin (éds) – Référence temporelle et nominale. Actes du 3e cycle romand de Sciences du langage, Cluny (15–20 avril 1996), 2000

59. Henriette Gezundhajt – Adverbes en -ment et opérations énonciatives · Analyse linguistique et discursive, 2000

60. Christa Thomsen – Stratégies d'argumentation et de politesse dans les conversations d'affaires · La séquence de requête, 2000

61. Anne-Claude Berthoud, Lorenza Mondada (éds) – Modèles du discours en confrontation, 2000

62. Eddy Roulet, Anne Grobet, Laurent Filliettaz, avec la collaboration de Marcel Burger – Un modèle et un instrument d'analyse de l'organisation du discours, 2001

63. Annie Kuyumcuyan – Diction et mention Pour une pragmatique du discours narratif, 2002

64. Patrizia Giuliano – La négation linguistique dans l'acquisition d'une langue étrangère · Un débat conclu? 2004

65. Pierre Boudon – Le réseau du sens II · Extension d'un principe monadologique à l'ensemble du discours, 2002

66. Pascal Singy (éd.) – Le français parlé dans le domaine francoprovençal · Une réalité plurinationale, 2002

67. Violaine de Nuchèze, Jean-Marc Colletta (éds) – Guide terminologique pour l'analyse des discours · Lexique des approches pragmatiques du langage, 2002

68. Hanne Leth Andersen, Henning Nølke – Macro-syntaxe et macro-sémantique · Actes du colloque international d'Århus, 17-19 mai 2001, 2002

69. Jean Charconnet – Analogie et logique naturelle · Une étude des traces linguistiques du raisonnement analogique à travers différents discours, 2003

70. Christopher Laenzlinger – Initiation à la Syntaxe formelle du français · Le modèle *Principes et Paramètres* de la Grammaire Générative Transformationnelle, 2003

71. Hanne Leth Andersen, Christa Thomsen (éds) – Sept approches à un corpus · Analyses du français parlé, 2004

72. Patricia Schulz – Description critique du concept traditionnel de «métaphore», 2004

73. Joël Gapany – Formes et fonctions des relatives en français · Etude syntaxique et sémantique, 2004

74. Anne Catherine Simon – La structuration prosodique du discours en français · Une approche mulitdimensionnelle et expérentielle, 2004

75. Corinne Rossari, Anne Beaulieu-Masson, Corina Cojocariu, Anna Razgouliaeva – Autour des connecteurs · Réflexions sur l'énonciation et la portée, 2004

76. Pascal Singy (éd.) – Identités de genre, identités de classe et insécurité linguistique, 2004.

77. Liana Pop – La grammaire graduelle, à une virgule près, 2005.

78. Injoo Choi-Jonin, Myriam Bras, Anne Dagnac, Magali Rouquier (éds) – Questions de classification en linguistique: méthodes et descriptions · Mélanges offerts au Professeur Christian Molinier, 2005.

79. Marc Bonhomme – Le discours métonymique, 2005.

80. Jasmina Milićević – La paraphrase · Modélisation de la paraphrase langagière, 2007.

81. Gilles Siouffi, Agnès Steuckardt (éds) – Les linguistes et la norme · Aspects normatifs du discours linguistique, 2007.

82. Agnès Celle, Stéphane Gresset, Ruth Huart (éds) – Les connecteurs, jalons du discours, 2007.

83. Nicolas Pepin – Identités fragmentées · Eléments pour une grammaire de l'identité, 2007.

84. Olivier Bertrand, Sophie Prévost, Michel Charolles, Jacques François, Catherine Schnedecker (éds) – Discours, diachronie, stylistique du français · Etudes en hommage à Bernard Combettes, 2008.

85. Sylvie Mellet (dir.) – Concession et dialogisme · Les connecteurs concessifs à l'épreuve des corpus, 2008.

86. Benjamin Fagard, Sophie Prévost, Bernard Combettes, Olivier Bertrand (éds) – Evolutions en français · Etudes de linguistique diachronique, 2008.

87. Denis Apothéloz, Bernard Combettes, Franck Neveu (éds) – Les linguistiques du détachement · Actes du colloque international de Nancy (7-9 juin 2006), 2008.

88. Aris Xanthos – Apprentissage automatique de la morphologie · Le cas des structures racine–schème, 2008.